Führung neu denken

Kompetent managen
Band 3

Michael Löhner, Jahrgang 1945, ist seit 1978 als selbstständiger Unternehmensberater tätig, seit 1994 in eigener Firma. Er berät unter anderem Unternehmensberatungen wie Accenture oder Management Engineers, Banken oder Großunternehmen wie Deutsche Bank, Daimler, Lufthansa und Siemens. Er lebt in Zürich.

Dr. Gerhard Kebbel, Jahrgang 1961, ist promovierter Literaturwissenschaftler. Nach Stationen im Verlagswesen und als Unternehmensberater bei der Boston Consulting Group stieß er 2003 zur Commerzbank-Gruppe und ist dort seit Anfang 2009 als Chief Operating Officer für das Segment Commercial Real Estate tätig.

Anne Jacoby, Jahrgang 1969, ist freie Wirtschaftsjournalistin und Autorin;

Carsten Hennig, Jahrgang 1972, ist Trainer, Berater und Dozent. Sie leben und arbeiten zusammen in Frankfurt am Main.

Michael Löhner

Führung neu denken

Das Drei-Stufen-Konzept für erfolgreiche Manager und Unternehmen

Unter Mitarbeit von Carsten Hennig, Anne Jacoby
und Gerhard Kebbel

Campus Verlag
Frankfurt/New York

Die Sonderedition *Kompetent managen* ist eine Gemeinschaftsaktion des Campus Verlags und der Handelsblatt GmbH.

Bibliografische Information der Deutschen Nationalbibliothek:
Die Deutsche Nationalbibliothek verzeichnet diese Publikation in der Deutschen Nationalbibliografie. Detaillierte bibliografische Daten sind im Internet unter http://dnb.d-nb.de abrufbar.
ISBN 978-3-593-38977-6 (Band 3)
ISBN 978-3-593-38981-3 (Gesamtedition)

Limitierte Sonderausgabe 2009

Umschlaggestaltung: Guido Klütsch, Köln
Satz: Publikations Atelier, Dreieich
Druck und Bindung: CPI – Ebner & Spiegel, Ulm
Gedruckt auf säurefreiem und chlorfrei gebleichtem Papier.
Printed in Germany

Besuchen Sie uns im Internet: www.campus.de

Inhalt

Vorwort

Strategie und Umsetzung sind zwei Seiten einer Medaille – untrennbar miteinander verbunden. Die Strategie lehrt uns, das Richtige zu tun, die Umsetzung lässt uns das Richtige richtig machen. Strategische Pläne und Maßnahmenbündel mögen hilfreich – bisweilen auch notwendig – sein, hinreichend für den nachhaltigen Erfolg aber ist erst eine effektive Führungsstruktur, klar definierte Prozesse, vor allem aber glaubwürdige Führungspersönlichkeiten. Dies sind Wettbewerbsvorteile, die ungleich viel schwerer zu kopieren sind als Strategien an sich. Das gilt umso mehr, je stärker sich unsere Unternehmen dem globalen Wettbewerb ausgesetzt sehen.

Michael Löhner zeigt in seinem Buch, wie Strategien durch eine intelligente Organisation der Führung effektiv realisiert werden können. Sein Drei-Stufen-Modell ist klar und zugleich flexibel, sodass es – weitgehend kulturunabhängig – in Unternehmen auf der ganzen Welt einsetzbar ist, sei es bei einem High-Tech-Konzern in Asien, einem amerikanischen Automobilhersteller oder einem europäischen Pharmaunternehmen. Löhner beschränkt sich aber nicht auf das System der Führung, sondern stellt den Menschen in den Mittelpunkt. Denn ein fachlich kompetenter Manager ist nur dann effektiv und effizient, wenn er mit seinen Kunden, seinem Team und mit der Führungsspitze nicht nur professionell, sondern vor allem menschlich umzugehen in der Lage ist. Dazu braucht es mehr als eine geschliffene Rhetorik. Es kommt auf Integrität an, auf Konsistenz von Worten und Taten, auf eine ständige und kritische Reflektion der eigenen Erfahrungen und Werte.

Werte können nicht gemanagt, sondern nur (vor)gelebt werden. Deren Vermittlung und Wirksamkeit muss ständig an der Wirklichkeit überprüft werden. Um den Spiegel der Wirklichkeit nicht blind werden zu lassen, ist die Führungskraft gut beraten, den konstruktiven Ungehorsam von seinen Mitarbeiterinnen und Mitarbeitern einzufordern und jede Art von Angstkultur zu vermeiden. Manager, die sich an Löhners zutiefst humanistischem Menschenbild orientieren, strahlen im Unternehmen und in der Öffentlichkeit etwas aus, nach dem unsere weltumspannende und schnell getaktete Wirtschaft heute mehr verlangt denn je: Glaubwürdigkeit. Damit können aus Managern Führungspersönlichkeiten werden.

Dr. Peter Strüven
Vice President, The Boston Consulting Group
München, Juli 2005

Kapitel 1

Führung neu denken

Zu teuer, zu langsam, zu verkrustet. Unternehmen am Standort Deutschland geraten angesichts der dynamischen Märkte Asiens und der aufstrebenden Mitglieder der erweiterten EU zunehmend unter Druck. Ein Wust an staatlichen Regelungen und ein dichtes Netz diverser Interessensverbände engen ihre Handlungsfreiheit auf nationaler Ebene zusätzlich ein. Für die deutschen Unternehmen wäre es einfach und angenehm, wenn das die einzigen Gründe für die aktuelle Krise wären – das ist aber nicht der Fall.

Die Probleme sind auch hausgemacht: In etlichen Unternehmen sind Strukturen gewuchert, die schnelles und effizientes Wirtschaften nahezu unmöglich machen. Außerdem hat die Wirtschaftskrise der vergangenen Jahre viele Manager und Mitarbeiter so stark verunsichert, dass sie sich aus Angst um ihren Job vorrangig mit Hahnenkämpfen und Profilierungsspielen befassen – oder sich in eine vermeintlich sichere Nische ihres Unternehmens zurückgezogen haben und hoffen, dort möglichst wenig aufzufallen.

Effektives, geschweige denn kreatives Arbeiten ist unter diesen Rahmenbedingungen nur noch schwer möglich. Kein Wunder also, dass Deutschlands Innovationskraft im internationalen Vergleich keinen Spitzenplatz mehr einnimmt.[1] Hiesige Belegschaften sorgen zudem für Negativschlagzeilen, weil sie sich laut einer Gallup-Studie sehr häufig unengagiert zeigen und sich in nur geringem Maß mit ihren Arbeitgebern identifizieren.[2]

Richtig verstandene Führung kann derartigen Entwicklungen jedoch entgegenwirken. Der Faktor Führung wird damit im nationalen und vor allem internationalen Wettbewerb in der Zukunft eine noch wichtigere Rolle spielen – gerade für ein Hochtechnologieland wie Deutschland.

Das Symptom: Fehlgesteuerte Prozesse durch unklares Rollenverständnis

Der Schock sitzt tief: So hat sich der Vorstand das Ergebnis der Mitarbeiterbefragung nun wirklich nicht vorgestellt. Zwar lobt die Hälfte der rund 15 000 Teilnehmer ihr »gutes Verhältnis zur direkten Führungskraft« und das »erfolgreiche Teamwork«, und über 80 Prozent geben sogar an: »Die Arbeit macht mir Spaß.« Die oberste Führung selbst aber schneidet denkbar schlecht ab: 40 Prozent der Befragten finden, dass »zu wenig Kontakt zwischen Management und Mitarbeitern« bestehe, 50 Prozent haben »kein Vertrauen in die Entscheidungen des Managements« und sehen »kein geeignetes Vorbildverhalten auf der obersten Führungsebene«. Sogar mehr als die Hälfte des Managements, nämlich 60 Prozent, können sich nicht mit der Unternehmensstrategie identifizieren. »Die Strategie des Top-Managements scheint recht akademisch«, gibt ein Mitarbeiter im Interview zu Protokoll. »Liest man seine so genannten Visionen, so glaubt man, dass es völlig von der Realität abgehoben ist und in einer fremden Firma agiert. Das Top-Management scheint unser Tagesgeschäft gar nicht einschätzen zu können.« Und auch nicht zu wollen, ergänzt ein Kollege: »Ich vermisse die Bereitschaft, auch unbequeme Wahrheiten zu erkennen.« Andererseits gebe sich die oberste Führungsriege so, als sei sie omnipotent und allwissend, während alle anderen Mitarbeiter keinen Durchblick hätten.

Dieses Beispiel ist keineswegs überzogen – leider sehen die Ergebnisse von Mitarbeiterbefragungen häufig so aus. Gleichzeitig zeigt sich, dass selbst Unternehmen, die sich um eine effiziente und effektive Führung bemühen, selten auf einen grünen Zweig kommen. Sie kämpfen immer wieder mit den gleichen Problemen, die sich oft gegenseitig bedingen oder als Folge eines anderen Problems auftreten:

- Die Führungsstufen greifen nicht richtig ineinander;
- Prozesse werden zwar angestoßen, versanden aber schnell wieder;
- Erfolgsideen des Top-Managements kommen wegen der mangelhaften Verzahnung der Führungsebenen nicht unten an;
- Die Mitarbeiter an der Basis sind wegen der fehlerhaften Führungsstruktur frustriert.

Aus meiner Praxis als Berater weiß ich, dass die Führungsspitze sich mit Händen und Füßen gegen solche Befragungsergebnisse wehrt: Sie empfindet die Ergebnisse als unfair. Sie zeigt sich enttäuscht, beleidigt, narzisstisch gekränkt, schließlich ist einiges getan worden: Es wurden Programme aufgesetzt, die interne Kommunikation optimiert, Projekte und Schulungen durchgeführt, erhöhte Präsenzen und »Sichtbarkeit« bei gemeinsamen Tischrunden realisiert, Jour fixes installiert, kaskadenartige Leitungskreise mit regelmäßigen Tagungen organisiert … Und trotzdem diese Quittung?

Die Führungsspitze sucht nach Interpretationsmöglichkeiten und macht schnell drei Punkte dingfest: Erstens werden ihre Bemühungen um mehr persönliche Kommunikation und »Sichtbarkeit« scheinbar nicht gewürdigt. Wenn, zweitens, die Informationen aus dem Board an der Basis nicht richtig ankommen, fehlt in der Führungsstufe unter dem Vorstand das unternehmerische Denken. Und, drittens, solidarisiert sich das Mittel-Management offenbar mit den nachfolgenden Stufen gegen den Vorstand, zeigt damit mangelnde Loyalität, Eigenverantwortung und Eigeninitiative. Fertig! – Aber leider zu früh gefreut.

Mit dieser Einschätzung mag sich das Top-Management zwar entlasten und vielleicht auch etwas Frust ablassen können. Mit seinen Problemen aber wird es auf diese Weise keinen Schritt weiterkommen, denn die Interpretation zielt genau am kritischen Punkt vorbei: Schuld an den schlechten Umfrageergebnissen ist nicht ein undankbares, illoyales Mittel-Management, sondern es sind vielmehr zwei wesentliche Grundlagen der Unternehmensführung, die diesem sowie auch den meisten anderen Unternehmen fehlen, nämlich

- ein konsistentes Führungsmodell und
- eine tragfähige Vertrauenskultur.

Kein Wunder also, dass die gegenseitigen Rollenerwartungen – sowohl von oben nach unten als auch umgekehrt – nicht realistisch sind, und dass auch die Erwartungen des Top-Managements an sich selbst an dem vorbeizielen, was die oberste Führungsstufe eigentlich leisten sollte.

Doch fangen wir mit der Analyse dieser Mitarbeiterbefragung »unten« an, an der Basis. Dass Mitarbeiter finden, sie hätten zu wenig Kontakt zum Top-Management, mag in den meisten Unternehmen zutreffen. Das ist aber noch lange kein Grund dafür, dass der Vorstand eines Großkonzerns sich ausführlich bei »Tischrunden«, womöglich noch mittags in der Kantine, blicken lässt. Warum sollte er auch? Echter Kontakt entsteht auf diese Weise jedenfalls nicht, und der eng gestrickte Terminplan vieler Top-Manager lässt eine solche Art der internen Öffentlichkeitsarbeit ohnehin nicht zu. Und selbst wenn sich Techniker, Fachkräfte und Projektleiter dies wünschen: Auch die Details ihres Tagesgeschäfts muss der Vorstand nicht unbedingt kennen – zumindest, solange es sich nicht um erfolgskritische Details handelt.

Die Vertreter des mittleren Managements hingegen sind gut beraten, wenn sie einen guten Kontakt zur Basis halten, da sie das Bindeglied zwischen Vorstand und Basis darstellen. Der Vorwurf des Top-Managements, sie seien illoyal und solidarisierten sich unangemessen gegen den Vorstand, greift jedoch erst dann, wenn sich die mittlere Hierarchiestufe nach unten entlastet, etwa nach dem Motto: »Wir wissen auch nicht, was das soll, aber die da oben wollen es so.« Gute Mittel-Manager bringen Eigeninitiative mit, unternehmerisches Denken jedoch ist vor allem die Aufgabe des Top-Managements.

Der Vorstand wiederum verschwendet seine Zeit mit persönlicher Kommunikation bis in die unteren Hierarchiestufen und bemüht sich um »Sichtbarkeit« an der Basis. Zudem zeigt er überflüssige Eifersucht auf die engen Beziehungen zwischen Mittel-Management und Basis, dabei ist der gute Kontakt zum unteren Management gar nicht seine Aufgabe.

In einer erschreckend großen Zahl von Unternehmen herrscht solch eine Unklarheit über die Erwartungs- und Verantwortungsbereiche auf den einzelnen Stufen der Führung, die eine immense Energieverschwendung zur Folge hat und sich so zusammenfassen lässt: Die Manager an der Basis erwarten von ihren Mittel-Managern Strategien, die diese nicht liefern können, sowie enge persönliche Beziehungen zur Führungsspitze, was schon organisatorisch kaum möglich ist. Mittel-Manager wiederum erwarten von ihren nachgeordneten Führungskräften Entscheidungen, die diese gar nicht treffen können. Und das Top-Management kümmert sich am liebsten um Details und Sachfragen selbst, leidet unter »Omnipotenzwahn« und demotiviert damit sowohl das mittlere Management als auch die Führungskräfte an der Basis.

Kommt Ihnen dieses Chaos bekannt vor? Dann hat Ihr Unternehmen mit großer Wahrscheinlichkeit nicht nur ein Führungsproblem, sondern auch hausgemachte wirtschaftliche Schwierigkeiten. Mit dem Drei-Stufen-Konzept für erfolgreiche Manager und Unternehmen möchte ich Ihnen ein Führungsmodell an die Hand geben, mit dem Sie endlich Klarheit in Ihrem Unternehmen schaffen können: Klarheit darüber, welcher Manager auf welcher Hierarchiestufe für welche Aufgaben zuständig ist, und Klarheit darüber, warum so viele kleine und große Prozesse in Unternehmen scheitern – und was Sie dagegen tun können. Bevor ich dieses Konzept in die-

Abbildung 1: Fehleinschätzungen innerhalb der Führungshierarchie

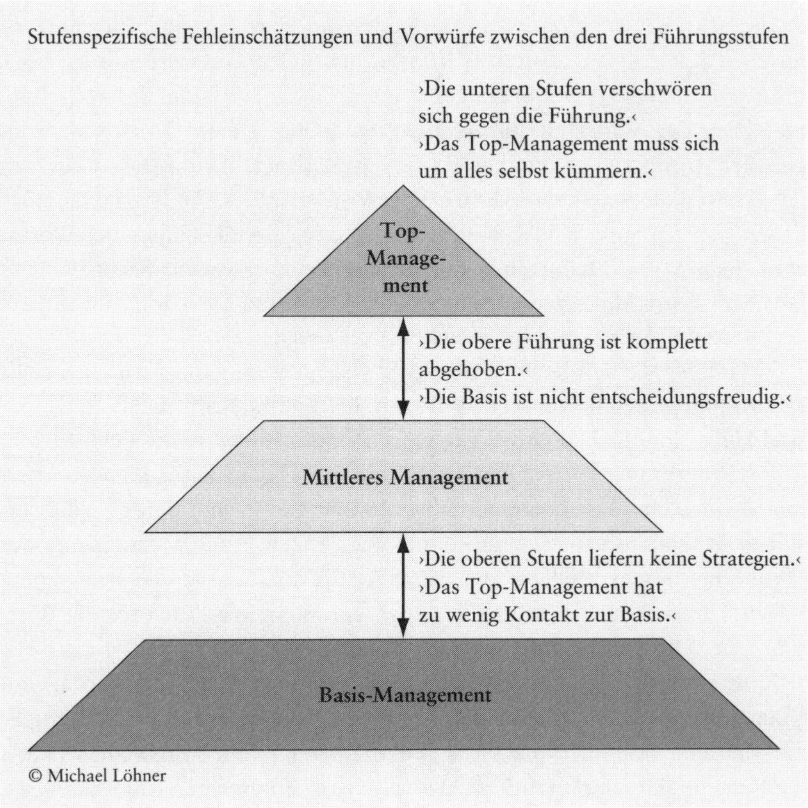

sem Kapitel in dem Abschnitt *Führung neu denken: Das Drei-Stufen-Konzept* vorstelle, möchte ich aber zunächst noch auf einige Grundlagen der Führung sowie auf weitere Ursachen für fehlgesteuerte Prozesse eingehen.

Fehlsteuerungen durch Führungsmythen

Eine Ursache für die Unklarheit über die Erwartungs- und Verantwortungsbereiche auf den einzelnen Führungsstufen, vor allem aber auf der Ebene des Top-Managements, liegt in unseren tradierten Vorstellungen davon, wie eine ideale Führungspersönlichkeit zu sein hat: Die einen haben den hart arbeitenden, sich für sein Unternehmen aufopfernden Gründer der vorletzten Jahrhundertwende vor Augen. Andere denken an das Bild des gerechten (Gott-)Vaters, wieder andere an Herrscher im Stile eines römischen Kaisers, französischen Königs, deutschen Gutsherren oder eines Offiziers. Führungspersönlichkeiten, die an diese Vorbilder heranreichen, gibt es in der Wirtschaft tatsächlich: Tyco-Chef Dennis Kozlowski zum Beispiel wurde als »römischer Kaiser« bezeichnet, Ahold-Boss Cees van der Hoeven als »niederländischer Napoleon« tituliert. Andere lassen oder ließen sich als Superhelden bejubeln, wie etwa Bernie Ebbers bei Worldcom, Jean-Marie Messier bei Vivendi und Percy Barnevik bei ABB. Und laut dem *Time Magazine* kommt es vor, dass Cisco-Chef John Chambers bei Messen »mehr Groupies anzieht als die Spice Girls«.[3]

»Manager werden heute viel stärker wahrgenommen als früher«, stellt Philosophieprofessor und Ethik-Coach Ferdinand Rohrhirsch fest. »Sie sind Heils- und Unheilsbringer in einer Person. Schenkte die Bevölkerung ihre Aufmerksamkeit einst der Kirche und später der Politik, so schenkt sie ihre Aufmerksamkeit heute der Wirtschaft.«[4] Ein Grund dafür ist die verstärkte Personalisierung, man könnte auch sagen: Boulevardisierung, der Ökonomie in den Medien. Der Manager als erhabener Superstar – diese Entwicklung ist für die Manager selbst, vor allem aber auch für die Wirtschaft im Allgemeinen höchst problematisch.

Laut einer Studie von Gilbert Probst, Professor für Organisation und Management an der Universität Genf, und Sebastian Raisch, Unternehmensberater, sind allzu mächtige Unternehmensführer in fast allen Fällen die Ursache für den plötzlichen Absturz eines erfolgreichen Unternehmens. Sie beschreiben das typische Szenario: »Ein mächtiger, nahezu autokratisch herrschender Vorstandschef schaltet und waltet nach Gutdünken. Nahezu ausnahmslos mit einer visionären, charismatischen und selbstsicherer Persönlichkeit ausgestattet, strebt er ambitiös nach höheren Zielen.« Presse, Aktionäre und die Öffentlichkeit bejubeln die anfänglichen Erfolge. Wenn ein übertrieben ehrgeiziger Superheld an der Spitze das Unternehmen aber durch exzessives Wachstum und permanenten Wandel überlastet, brennt es aus. »Geschwächt durch hohe Schulden, wachsende Komplexität und anhaltende Unsicherheit, bricht das System im Extremfall in sich zusammen.«[5]

Wir sehen: Manager dieser Fasson, also »Superhelden«, können den Erfolg eines Unternehmens allein auf Dauer nicht sichern. Es kommt vielmehr auf ein reibungsloses Zusammenspiel verschiedener Faktoren an, vor allem der unterschiedlichen Managementebenen von der Spitze bis zur Basis. Deshalb möchte ich die tradierten Führungsmythen von ihrer Verklärung befreien und Ihnen zeigen,

- welche Funktion Führung heute in ihrer jeweiligen Rolle hat und
- mit welchen Instrumenten Sie heute arbeiten können, um Vertrauen herzustellen.

Das traditionelle Führungsprinzip setzte auf Sekundärtugenden wie Fleiß und Disziplin, häufig auch auf hartes Durchsetzen der eigenen Macht. Ältere Definitionen von Führung lauten etwa so: Führung ist die zielgerichtete Beeinflussung von Mitarbeitern, im Unternehmenssinne tätig zu sein. Modernere Betrachtungen sagen: Gemeinsam mit Geführten die gestellten Arbeiten bewältigen. In der Gegenwart heißt es oft: Führen bedeutet, dass Menschen andere Menschen auf unterschiedliche Weise beeinflussen – immer mit dem Ziel, Vertrauensfelder aufzubauen.

Bücher über »richtiges Führen« füllen mittlerweile ganze Bibliotheken, und die meisten Manager dürften schon viel über Führung gelesen, gehört und diskutiert haben. Trotzdem werden aber von Führungspersönlichkeiten auch heute noch unreflektiert bestimmte Eigenschaften erwartet, ohne dass deren jeweilige Kehrseite berücksichtigt wird. Diese »typischen« Führungseigenschaften sollten deshalb dringend kritisch unter die Lupe genommen werden, denn die folgenden Beispiele zeigen, dass vermeintlich positive Eigenschaften nicht automatisch Erfolg versprechen, sondern sich gleichzeitig auch fatal auswirken können, wenn sie nicht richtig in der Unternehmens- und Führungsstruktur verankert sind.

Mythische Führungseigenschaften und ihre Kehrseite

1. Mitreißender Glaube an Ideen

Richtig ist: Menschen sind angetan von Personen, die ohne ausreichende Informationen von etwas überzeugt sein können, die etwas für wahr halten, das man nicht wissen kann – denn das bedeutet Kreativität und Mut.

Die Kehrseite: Überschießende Erfolgsideen im Top-Management können zu mangelnder Kritikfähigkeit auf den nachgeordneten Ebenen führen, wie das Beispiel der jüngst entlassenen Hewlett Packard-Chefin Carly Fiorina zeigt. Sie gilt als äußerst charismatisch und konnte die Top-Führungskräfte über Jahre mit ihren Ideen begeistern. Dass diese Ideen sich nicht in wirtschaftlichem Erfolg niederschlugen, wurde dabei lange Zeit übersehen.

2. Positive Einstellung

Richtig ist: Führungspersönlichkeiten strahlen ihre Erziehungsbotschaften glaubhaft aus: »Wenn man will, dann kann man auch, und dann geht es auch!« Die Omnipotenz der Machbarkeit treibt sie und will den Ehrgeiz anderer fördern.

Die Kehrseite: Die Abwehrenergie solcher Manager ist meistens so groß, dass kritische Stimmen aus nachgeordneten Hierarchiestufen nicht gehört werden – auch wenn die Kritik berechtigt und wichtig ist. Dies kann nicht nur zu wirtschaftlichen Krisen führen, sondern die betroffenen Manager und Mitarbeiter auch demotivieren.

3. Selbstsicheres Auftreten

Richtig ist: Wer mit Fehlern fertig wird, ist attraktiver als jemand, der keine macht. Mitarbeiter nehmen einem Manager weniger die Fehler an sich übel, sondern eher seine Reaktion: Wer in so einem Fall Unsicherheit zeigt, verliert Autorität.

Die Kehrseite: Die Rahmenbedingungen, in denen Führungskräfte heute handeln, sind so komplex, dass sie sich Anzeichen von Unsicherheit nicht leisten können. Einige Manager versuchen Sicherheit herzustellen, indem sie Scheuklappen aufsetzen: Sie ignorieren die Komplexität und befolgen lieber einfache Rezepte. Konstruktive Einwände von Vertretern nachgeordneter Hierarchiestufen dringen dann nicht zu ihnen durch.

4. Selbstbestimmtes Handeln

Richtig ist: Autoritätsträger wissen, was sie wollen, und wollen, was sie entscheiden. Sie handeln entschlossen und zeigen Energie ohne Hektik, weil sie ihre eigene Kraft kontrollieren können.

Die Kehrseite: Ein zu großes Maß an selbstbestimmtem Handeln kann schnell in Rücksichtslosigkeit umschlagen, und ist dann gleichbedeutend mit menschenverachtenden Umgangsformen. Diese führen im Unternehmen zu aktivem oder passivem Widerstand der betroffenen Mitarbeiter. Letztlich wird dadurch die wirtschaftliche Leistungsfähigkeit des Unternehmens geschwächt.

5. Treffsichere Intuition

Richtig ist: Top-Führungskräfte haben eine Spürnase für Erfolgschancen. Sie setzen sich durch Intuition über die Komplexität hinweg, und das verlangt Kreativität und Mut zur Überwindung von Unsicherheit. Unternehmer spüren, Bearbeiter spuren.

Die Kehrseite: Mit einer so genannten Bauchentscheidung kann das Top-Management natürlich auch einmal daneben liegen. Ganz ohne kompetente Analyse geht es nicht. Das bedeutet Fleiß, Fachwissen und Disziplin – auch wenn diese Attribute eher den unteren Führungsstufen zugeordnet werden. Unter den Bedingungen hoher Komplexität ist erfolgreiches Handeln nur dann möglich, wenn Manager mit Gefühl *und* Ratio arbeiten.

6. Härte und Verbindlichkeit

Richtig ist: Manager beherrschen mindestens zwei soziale Rollen: Sie sind hart und zugleich verbindlich.

Die Kehrseite: Wer Härte mit Unberechenbarkeit verwechselt, erzeugt Misstrauen – und damit eine schädliche Störung des Betriebsklimas. Wer Härte mit Unfreundlichkeit gleichsetzt, stabilisiert die Frustration. Und wer Verbindlichkeit mit Liebenswürdigkeit in Verbindung bringt, provoziert, dass er ausgenutzt wird.

7. Held statt Helfer

Richtig ist: Überspitzt gesagt, kennzeichnen vier Bedingungen den erfolgreichen Top-Manager: Er bricht Regeln, er hat Erfolg, er ist verwundbar, und er ist einsam. Kurz gesagt, er ist ein Held. Drachen werden nicht von Gruppen besiegt, sondern von Helden. Helfer dagegen sind Symbole für Zuverlässigkeit und können nach der gewonnenen Schlacht das Umfeld wieder in Ordnung bringen – sie sind gut aufgehoben im mittleren oder unteren Management.

Die Kehrseite: Viele Führungskräfte wollen Helden sein, kommen aber mit den dazu gehörenden Ambivalenzen nicht klar: Sie möchten selbstbestimmt handeln, sind aber den übergeordneten Zielen des Unternehmens und den Regeln des Marktes unterworfen. Sie möchten als erfolgreiche Führungskräfte gefeiert werden, ertragen die herausgehobene Position aber nicht, weil diese sie von ihrem Team distanziert.

Viele Manager haben mythische Bilder wie diese im Kopf, sehen aber die Kehrseite der Medaille nicht. Ich bin überzeugt davon, dass wir diese Kehrseite mit einbeziehen müssen, um Führung tatsächlich zu verstehen und so zu praktizieren, dass sie im Unternehmen greift.

Aber das allein reicht noch nicht aus. Die genannten Führungseigenschaften haben sich fast ausschließlich auf Top-Manager bezogen. Wir müssen das Unternehmen aber als Ganzes in den Blick nehmen – und das heißt, auch die organisatorischen Rahmenbedingungen und die zwischenmenschlichen Beziehungen der einzelnen Manager und der Mitarbeiter, die unter diesen Rahmenbedingungen tätig sind. Konzepte, die allein den Führungsstil der Vorgesetzen, die Motivation der Mitarbeiter oder die Unternehmensorganisation betrachten, greifen immer zu kurz. Es kommt darauf an, alle Faktoren zugleich in den Blick zu nehmen.

Bekannte Führungskonzepte sinnvoll ergänzen

Management-Ansätze wie in *Management by principles* (Stephen R. Covey) oder *Mythos Motivation* (Reinhard K. Sprenger) beschrieben – die Managern wie Mitarbeitern versprechen, bei richtiger Führung könne jeder sein Potenzial frei entfalten – sind zwar durchaus richtig und anerkannt, aber auch für sie gilt, dass wir sie in einem größeren Zusammenhang betrachten müssen.

Covey zum Beispiel formuliert die Forderung, »jedem Menschen ein anspruchsvolles und erfülltes Arbeitsleben zu ermöglichen«. Führungskräfte sollen nach seiner Vorstellung versuchen, »langweilige, sich wiederholende Aufgaben zu automatisieren und den Mitarbeitern die Chance zu geben, auf ihre Leistungen stolz sein zu können. Sie fördern ihre Mitwirkung an Entscheidungsprozessen und bei wichtigen Regelungen. (…) Sie sind stets bestrebt, Mitarbeitern mehr Verantwortung und Selbstständigkeit einzuräumen, damit sie sich weiterentwickeln und dazulernen.«[6] Diese Managementmethode führe »zu ungeahnten Fortschritten in der persönlichen Effektivität und zu Leistungssteigerungen im Unternehmen.«[7] Reinhard K. Sprenger verfolgt einen ganz ähnlichen Gedanken: Führungskräfte sollen »nicht die ›Ausnutzung‹, das ›Antreiben‹ unselbstständiger Schlafmützen, sondern das Herausfordern kreativer Akteure« in den Mittelpunkt ihres Handelns stellen. Jeder Mitarbeiter sei von sich aus schon motiviert, man müsse ihm bloß Entfaltungsmöglichkeiten bieten und ihn dazu bringen, »dass er etwas tut, *weil es gut für ihn selber ist.*«[8] Schluss also mit Lob, Prämien, Boni und Aktienoptionen, mit denen unwillige Mitarbeiter zu Leistung »verführt« werden sollen. Sprenger fordert stattdessen echte, ernst gemeinte Zielvereinbarungen, die die Leistungsbereitschaft, Leistungsfähigkeit und Leistungsmöglichkeit der Mitarbeiter fördern und herausfordern.

Das klingt wunderbar! Aber ist eine solche Führung unter den Rahmenbedingungen eines Unternehmens überhaupt möglich? Und mehr noch: Ist sie sinnvoll?

Nicht jede sich wiederholende Aufgabe kann automatisiert werden – man denke nur an das alljährliche Spargelstechen oder Routinetätigkeiten in der Altenpflege. Und nicht jede kleine Fischfabrik kann es sich leisten, ihre Arbeiterinnen und Arbeiter am Band durch Maschinen zu ersetzen. Ein Top-Manager wird immer viel weitreichendere Möglichkeiten haben, neue Ideen zu entwickeln und umzusetzen, als ein Lagerarbeiter. Nicht zuletzt hat er sogar die Verpflichtung dazu, wohingegen der Mitarbeiter im Lager vor allem für reibungslose Abläufe zu sorgen hat. Natürlich kann er auch hier neue Denkanstöße einbringen – aber eben nur in einem kleinen Rahmen. Und das heißt noch lange nicht, dass sein persönliches Potenzial nicht sehr viel größer sein könnte. Nicht zuletzt müssen etliche Entscheidungen unter Ausschluss nachgeordneter Manager oder Mitarbeiter getroffen werden: Produktinnovationen zum Beispiel bleiben so lange wie möglich geheim, um den Vorsprung vor der Konkurrenz zu sichern. Auch die Übernahme eines Mitbewerbers beschließt ein Unternehmen sinnvollerweise nicht im Konsensverfahren mit allen Mitarbeitern. Ganz zu schweigen von einer Krisensituation: Wer da stets Harmonie, individuelle Verwirklichung und Konsens sucht, hat ein Projekt schnell in den Sand gesetzt oder sogar ein ganzes Unternehmen ruiniert.

Ein modernes und in der Realität erfolgreiches Führungsmodell muss meiner Überzeugung nach die *Rahmenbedingungen der Hierarchie* erfassen, und zwar realistisch. Das Versprechen, alle Mitarbeiter könnten sich frei entfalten, wenn sie nur richtig geführt würden, greift bei dieser Betrachtungsweise zu kurz.

Die Rahmenbedingungen der Hierarchie mitdenken

Schauen wir uns zunächst die bekanntesten Führungssysteme an. Konzerne oder große mittelständische Unternehmen verblüffen oft mit komplizierten Organigrammen: Da gibt es pyramidenförmige Aufbauten oder matrixförmige Strukturen, da stehen alle Abteilungen auf gleicher Höhe nebeneinander, oder es sind einzelne bevorzugt direkt unter dem Vorstand »aufgehängt«. Vorteil dieser Art der Organisation ist, dass Hierarchien und Aufgaben formal klar zugeteilt sind. Der Nachteil hingegen ist, dass sich schnell eine Tendenz zu starrem Zuständigkeitsdenken, zur Bildung von »Fürstentümern« und zu einem Kampf der Abteilungen gegeneinander entwickelt. Schon aus diesem Grund kann sich nicht jeder Mitarbeiter frei entfalten, und gute Ideen, die auf den mittleren oder unteren Stufen der Organisation entstehen, dringen aufgrund dieses Konkurrenzdenkens oft nicht bis nach oben durch. Umgekehrt kommen die Erfolgsideen des Vorstands nicht oder nur verzerrt an der Basis an.

Anders halten es zum Beispiel die Unternehmensberatungen amerikanischer Prägung. Sie praktizieren ein strenges Stufensystem, das aber den einzelnen Mitarbeitern langfristig gute persönliche Entwicklungsmöglichkeiten bietet: Wer als Einsteiger direkt von der Universität kommt, löst zunächst kleinere Teilaufgaben wie zum Beispiel das Sammeln und Auswerten von Daten. Eine sehr frustrierende Aufgabe für ambitionierte Jungberater, denn entfalten können sie sich dabei nicht. Dann kommt der Sprung auf die Stufe der Consultants. Diese tragen bereits mehr Verantwortung für Teilprojekte. Nach drei bis fünf Jahren Firmenzugehörigkeit übernehmen Berater Projekt- und Führungsverantwortung, in manchen Häusern spezialisieren sie sich dann auf bestimmte Branchen oder Funktionen. Nach vier bis sechs Jahren als Berater werden sie zum Manager mit Verantwortung für Akquise und Strategie. Auf dem Olymp sitzen die Partner: Sie waren sechs bis sieben, in manchen Häusern auch rund zehn Jahre erfolgreich als Consultants tätig und werden nun direkt am Erfolg der Unternehmensberatung beteiligt. Die strengen Karrieresysteme der Beratungen funktionieren allerdings nur, weil gnadenlos gesiebt wird. Aufsteigen oder aussteigen, heißt dieses Prinzip, eleganter klingen die englischen Formulierungen »Up-or-Out« oder »Grow or go«. Wer sich in der vorgegebenen Zeit nicht so weiterentwickelt, wie sich die Firma das vorgestellt hat, muss gehen. Bei diesem System sehe ich durchaus Vorteile, denn es herrscht eine absolute Leistungsorientierung und klare Aufgabenverteilung auf allen Stufen. Als Nachteil gilt jedoch die gnadenlose Karriereorientierung vieler Berater, die eher an ihr eigenes Fortkommen als das Unternehmen denken. Dieses System bietet somit sicherlich gute individuelle Entfaltungsmöglichkeiten, gleichzeitig können eine zu starke Karrierefixierung einzelner Mitarbeiter oder Machtspielchen unter konkurrierenden Mitarbeitern aber auch den Erfolg des Unternehmens gefährden.

Diese beiden Beispiele sollen Ihnen zeigen, dass es verschiedene Führungsmodelle gibt, die unterschiedliche Schwerpunkte setzen. Eine Grundvoraussetzung sollte jedoch jedes Modell mitbringen, um erfolgreich zu sein: Es muss die *Dynamik der Prozesse* mitsamt ihrer Reibungsverluste innerhalb derartiger Hierarchiesysteme berücksichtigen und gleichzeitig auch erkennen, welche Kräfte solche Systeme freisetzen können. Im Grunde haben alle Hierarchiesysteme das gleiche Ziel: Sie sollen dafür sorgen, dass das, was getan werden muss, möglichst effektiv erledigt wird.

Die Dynamik der Prozesse berücksichtigen

Wer liefert wem was? Wer entscheidet und verantwortet was? Das Ziel muss sein, dass alle Prozesse perfekt ineinander greifen und am Ende ein Produkt oder eine Dienstleistung steht, die mit möglichst wenig Kosten entstanden ist. In der Realität stellt sich dies zumeist ganz anders dar als auf dem Organigramm. Da schiebt der Abteilungsleiter einem Mitarbeiter die Schuld für einen Fehler zu und blamiert ihn so vor der Geschäftsleitung und vor den Kunden – und zerstört damit das Vertrauen zwischen beiden. Im Gegenzug zieht sich der Betroffene in einen Schmollwinkel zurück und verweigert fortan jeglichen konstruktiven Beitrag.

Oder es müssen bei den einfachsten Vorgängen komplizierte Dienstwege eingehalten werden, weil sich die misstrauische Projektleiterin sonst übergangen fühlt und direkte Kontakte zwischen den Mitarbeitern verschiedener Abteilungen verhindern will – aus Angst, hinter ihrem Rücken könnten Dinge geschehen, die sie nicht kontrollieren kann. Häufig werden auch Informationen mutwillig zurückgehalten oder falsche Informationen gestreut, um den eigenen Machtbereich gegen »Feinde« zu sichern. Die

Grundstimmung in solchen Unternehmen ist von Misstrauen geprägt, wodurch selbst simple Abläufe immer wieder ins Stocken geraten oder komplett scheitern.

Noch drastischer wirken sich diese negativen Folgen bei Veränderungsprozessen, aus, beispielsweise bei der Entwicklung eines neuen Produkts, dem Aufbau einer neuen Vertriebsstruktur oder der Einführung eines Qualitätsmanagements; oder mehr noch: bei großen Umwälzungen im Rahmen von Fusionen oder strategischen Kurswechseln in Großkonzernen. Doch in diesem Buch soll es weniger um große Strategieveränderungen wie beispielsweise bei einer Fusion gehen, sondern vielmehr um die täglichen Prozesse und die zahlreichen kleinen Abläufe im Unternehmen.

Meiner Erfahrung nach tritt bei Prozessdynamiken immer wieder das gleiche Muster auf: Da wird mit mehr oder weniger großem Trara eine neue Marschrichtung ausgerufen, und die nachgeordneten Manager reagieren euphorisch. Nach kurzer Zeit allerdings zeigen sich die ersten Schwierigkeiten: Sei es, dass ungeahnte Probleme in der Umsetzung auftreten und es aus Angst keiner wagt, offen darüber zu sprechen; sei es, dass einzelne Ressort- oder Abteilungsleiter die Strategie gegenüber ihren Mitarbeitern nicht überzeugend genug vertreten, weil sie nicht an den Erfolg glauben: »Die da oben haben sich das in den Kopf gesetzt – aber wenn sie mich fragen, wird das nichts.« Die Anfangseuphorie schlägt dann allmählich in Frustration um. Manager und Mitarbeiter reagieren mit aktivem oder passivem Widerstand oder vielleicht sogar mit Aggression, und das wiederum verleitet das Top-Management dazu, hart durchzugreifen. In der Folge verhärtet sich der Widerstand im Unternehmen, gleichzeitig beginnt die große Zeit des Lamentierens: »Es wird alles immer schlechter«, hört man da auf den Fluren und in den Kantinen. »Früher, als der alte Chef noch am Ruder war, lief es besser.« Die Belegschaft verfällt in Selbstmitleid, und der anfangs so hoffnungsvoll begonnene Prozess versandet (zur erfolgreichen Prozesssteuerung siehe auch Kapitel 2, *Führen heißt Prozesse steuern*).

Wichtig ist, dass wir bei der Konzeption eines erfolgreichen Führungsmodells neben den *Rahmenbedingungen der Hierarchie* auch diese typische *Dynamik der Prozesse* mitdenken – und klären, wie die beschriebene Abwärtsspirale aufgehalten werden kann, oder besser noch: Wie sie sich gar nicht erst zu drehen beginnt. Wir werden sehen: Ausschlaggebend ist eine stabile Vertrauenskultur im Unternehmen, die sich in erster Linie über *erfolgreiche Kommunikation* vermittelt.

Wirtschaftliche Schäden durch mangelnde Kommunikation

Eine gemeinsame Studie der Managementberatungen Kienbaum und Hewitt zeigt, dass die Leistungsbereitschaft und das Engagement der Mitarbeiter in wachstumsstarken Unternehmen um 20 Prozent höher liegen als bei ihren Wettbewerbern.[9] Die weltweite Untersuchung basiert auf Daten von über vier Millionen Mitarbeitern. Verglichen wurde das Engagement von Arbeitnehmern in Unternehmen mit zweistelligen Wachstumsraten mit dem von Mitarbeitern von Firmen, deren Wachstum weniger als 10 Prozent beträgt. Bemessen wurde das Engagement daran, wie positiv sich die Mitarbeiter über ihr Unternehmen gegenüber Dritten äußern, wie stark ihr Wunsch ist, langfristig im Unternehmen zu bleiben, und in welchem Maß sie bereit sind, sich überdurchschnittlich stark für den Erfolg ihres Unternehmens einzusetzen.

»In umsatzstarken Unternehmen wird mehr kommuniziert. Sie nutzen verstärkt Instrumente des Mitarbeiterfeedbacks, besitzen transparente Karrierepfade und präsentere Führungspersönlichkeiten«, erklärt Dr. Wolf-Bertram von Bismarck, Engagement-Experte von Hewitt. In stark wachsenden Unternehmen sei beispielsweise die Zufriedenheit der Mitarbeiter mit den Möglichkeiten zur individuellen Kompetenzerweiterung und somit zur langfristigen Weiterentwicklung um 18 Prozent höher als in langsam wachsenden Unternehmen. Angestellte in erfolgreichen Unternehmen verfügten zudem über eine um 17 Prozent bessere Kenntnis der Ziele ihres Unternehmens, und außerdem werde das Instrument der Mitarbeiterbefragung nahezu doppelt so häufig eingesetzt. Dadurch könnten erfolgreiche Unternehmen frühzeitig auf Konfliktsituationen und auf die Bedürfnisse ihrer Mitarbeiter reagieren. Die Ergebnisse der Hewitt-Kienbaum-Studie zeigen also, dass das Engagement der Mitarbeiter und das Unternehmenswachstum sich gegenseitig bedingen, dass mehr Engagement auch mehr Wachstum bedeutet. Das zeigt sich besonders auf der Managementebene: Die Führungskräfte der untersuchten Unternehmen sind allesamt engagierter als andere Mitarbeitergruppen – und zwar um 25 Prozent. Bei stark wachsenden Firmen liegt das Engagement der Führungskräfte sogar um 33 Prozent über dem der übrigen Mitarbeiter. Und das wirkt sich unmittelbar positiv aus: »Mitarbeiter identifizieren sich stärker mit Firmen, die ihrer Belegschaft eine höhere Wertschätzung entgegenbringen«, so das Fazit von Dr. Jens Bäumer, Mitglied der Geschäftsleitung bei Kienbaum Management Consultants. Denn letztlich erzielten diese Mitarbeiter auch die besseren Arbeitsergebnisse als solche aus Unternehmen mit weniger engagierten Führungskräften.

Die Kienbaum-Hewitt-Studie bestätigt die Ergebnisse der regelmäßig erhobenen *Studie zur Messung der emotionalen Bindung von MitarbeiterInnen* der Gallup GmbH aus Potsdam, die in dem »Engagement Index 2004« zusammengefasst sind:

Engagement Index 2004

Engagierte Mitarbeiter: 13 Prozent der deutschen Arbeitnehmer sind loyal, produktiv und empfinden ihre Arbeit als befriedigend.

Unengagierte Mitarbeiter: Dazu zählt die Mehrheit der deutschen Arbeitnehmer (69 Prozent). Sie mögen zwar produktiv sein, fühlen sich ihrem Unternehmen gegenüber jedoch nicht verpflichtet und werden dieses verlassen, wenn sich ihnen eine bessere Gelegenheit bietet.

Aktiv unengagierte Mitarbeiter: 18 Prozent der deutschen Arbeitnehmer sind verstimmt und geben ihrer negativen Einstellung zu ihrer Arbeit und ihren Arbeitgebern oftmals auf aggressive Weise Ausdruck. Sie zeigen mangelnde Produktivität oder sie haben aufgrund ihres schlechten Verhältnisses zu ihrem Vorgesetzten bereits die innere Kündigung vollzogen.

Der Anteil der Studienteilnehmer, die eine hohe emotionale Bindung an ihre berufliche Aufgabe und gegenüber ihrem Arbeitgeber zu Protokoll gaben, fällt mit lediglich 13 Prozent geringer aus als in anderen Ländern: In den USA sprachen 29 Prozent der Befragten von einer hohen emotionalen Bindung, in Großbritannien 19 Prozent – für die dortige Wirtschaft stellt diese Tatsache laut Gallup einen »erheblichen Wettbewerbsvorteil gegenüber Deutschland« dar.[10] Das Forschungs- und Trainingsinstitut beziffert den gesamtwirtschaftlichen Schaden für Deutschland, etwa aufgrund niedriger Produktivität und höherer Fehlzeiten, auf 234 bis 245 Milliarden Euro.

Was ist die Ursache für dieses miserable Abschneiden? »Das Problem ist weitestgehend hausgemacht und geht auf schlechte Führung in den Unternehmen hierzulande zurück«, urteilt Gallup. Sieben von zehn Befragten meinen, dass ihre Position ihnen nicht hundertprozentig liegt. Sechs von zehn beklagen einen Mangel an Anerkennung und Lob für gute Arbeit. Vier von zehn beanstanden, dass sich im Unternehmen niemand für sie als Mensch interessiere. Und ebenfalls vier von zehn finden, dass ihre Vorschläge bei Problemlösungen kaum Gehör finden.

Je weiter man in der Hierarchie in Richtung Basis schaut, desto größer werden die Probleme: Den höchsten Anteil derjenigen, die keinerlei emotionale Bindung an ihren Arbeitgeber verspüren, stellen mit 28 Prozent die Arbeiter. Unter den Angestellten dagegen gehören nur 16 Prozent zu dieser Gruppe – wobei hier nicht weiter zwischen den verschiedenen Stufen der Führung unterschieden wird.

Ein neues Konzept der Führung muss also nicht nur die *Rahmenbedingungen der Hierarchie* und die ablaufenden *Prozesse* berücksichtigen – ein Unternehmen besteht schließlich nicht aus Spielfiguren, die sich nach den Regeln der Hierarchie und der Prozessabläufe mechanisch verschieben. Nein, es geht viel dynamischer und viel spannender zu. Manager und Mitarbeiter bewegen sich in einem komplexen Beziehungssystem, das nur dann funktioniert, wenn sie *erfolgreich miteinander kommunizieren,* also sich gegenseitig zuhören, die Anliegen klar formulieren und Konflikte konstruktiv lösen können (zur erfolgreichen Kommunikation siehe auch Kapitel 5, *Werkzeug Kommunikation*). Für eine erfolgreiche Unternehmenskommunikation zu sorgen, ist eine der großen Herausforderungen an eine Führungskraft – eine Voraussetzung dafür ist es, dass Manager und Mitarbeiter *gemeinsame Werte teilen.*

Gemeinsam wachsen – im Rahmen der Möglichkeiten

Führung entfaltet sich nur dann richtig, wenn sie in eine klare Organisation eingebunden ist und wenn sich die Manager und Mitarbeiter aller Führungsstufen an einen gemeinsamen Verhaltenskodex halten: Das heißt vor allem, dass sie eine wertschätzende Kommunikation pflegen und die gleichen Vorstellungen darüber teilen, wie man miteinander umgeht – innerhalb der Hierarchie, aber auch mit Kunden, Geschäftspartnern oder Aktionären.

Ein solches Umfeld, in dem sich Personen entfalten und wachsen können, bezeichnet man als »biophil«, als lebensfreundlich. Dementsprechend ist mein Leitsatz:

Wir wollen, dass Menschen im Umgang miteinander größer werden.

Dieser Satz geht auf den Jesuitenpater und Professor Rupert Lay zurück. Lay ist neben seiner Tätigkeit als Hochschullehrer, besonders seit seiner Emeritierung, als Unternehmensberater tätig. Er gilt als Begründer einer postmodernen Ethik, in deren Zentrum das *Biophilie-Postulat* steht:

»Handle und entscheide stets so, dass durch dein Handeln und Entscheiden das personale Leben in dir und in der Person eines jeden anderen Menschen eher gemehrt, denn gemindert wird.«

Auch wenn dieser Leitsatz etwas sperrig klingt – er bringt die Sache auf den Punkt. Dieses Postulat hat zwar Ähnlichkeit mit den theoretischen Ansätzen von Reinhard K. Sprenger oder Stephen R. Covey, geht aber noch darüber hinaus: Es meint nicht nur die ungehinderte Entfaltung des Potenzials jedes Einzelnen, sondern bezieht auch die Rahmenbedingungen und die Beziehungen zwischen den verschiedenen Hierarchieebenen mit ein: Wie kann ein Manager an der Basis so mit seinen Mitarbeitern umgehen, dass sie effektiv arbeiten und dabei trotzdem als Menschen wahrgenommen werden – und nicht als austauschbare Zahnräder? Wie kann ein Mittel-Manager mit seinen nachgeordneten Mitarbeitern so ins Gespräch kommen, dass diese die übergeordnete Strategie des Unternehmens in ihren Ressorts effektiv umsetzen – ohne dass er zu destruktiven Machtmitteln greifen muss? Und was muss eine Top-Führungskraft tun, um die Manager der mittleren Hierarchiestufen von ihren Erfolgsideen so zu überzeugen, dass sie auch wirklich daran glauben – und nicht nur so tun also ob?

Im Kern geht es also um Ethik. Sie basiert auf Fragen wie »Wer ist der Mensch?« oder »Welche Rechte und Pflichten sind ihm gegeben?«, geht aber noch darüber hinaus. Mit solchen Fragen hatten die Philosophen der Aufklärung das Zeitalter des *anthropozentrischen Denkens* eingeläutet: einem Denken, bei dem der Mensch im Mittelpunkt steht und es darum geht, dass man andere Menschen so behandeln soll, wie man selbst gerne behandelt werden möchte. Immanuel Kant bezeichnete dieses Prinzip als kategorischen Imperativ. Außerdem definierte er die menschliche Würde als Verzicht darauf, sich selbst oder andere als bloßes Mittel zu missbrauchen, und er wetterte gegen die selbstverschuldete Entmündigung der Menschen, die ihrem eigenen Verstand nicht mehr trauten. Wenn ich Managern heute einen menschlichen, respektvollen Führungsstil nahe lege und Kreativität, Mut und Autonomie auf allen Stufen der Führung predige, dann beziehe ich mich auf den großen Denker Kant.

Was aber nutzen autonomes Denken und alle menschliche Würde, wenn auf dieser Erde kein Leben mehr möglich ist? *Biozentrisches Denken* (das Leben steht im Mittelpunkt) versucht, das Leben als solches auf einer Welt zu erhalten, deren Probleme nicht mehr national gelöst werden können. Es gilt für weltumspannendes Handeln genauso wie für das nachhaltige Wirtschaften eines kleinen Betriebes.

Zurück zum Biophilie-Postulat: Es zielt also nicht auf ein harmoniesüchtiges, selbstloses »Gutmenschentum« – damit kann kein Unternehmer etwas anfangen, denn letztlich schadet solches Gebaren sogar dem Geschäftserfolg. Es geht vielmehr um erfolgreiches Wirtschaften auf der Grundlage eines ethisch verantworteten Miteinanders.

Wenn wir die *Rahmenbedingungen der Hierarchie*, die *Dynamik der Prozesse*, die *Psychologie der Kommunikation* und die *gemeinsam geteilten Werte* zugleich erfassen, können wir meiner Überzeugung nach ein Konzept entwickeln, mit dem wir Führung tatsächlich neu denken können.

Führung neu denken: Das Drei-Stufen-Konzept

Ich plädiere für ein Konzept der Führung, das drei Hierarchiestufen umfasst: Das Top-Management (Vorstand, Geschäftsführung), das mittlere Management (Bereichsleiter) und die Stufe der Führungskräfte an der Basis (Ressortleiter, Teamleiter). Das Drei-Stufen-Konzept der Führung hat sich deshalb bewährt, weil es sehr klar und verständlich ist, und weil es auch auf internationaler Basis funktioniert – eine Voraussetzung, die aufgrund der globalen Märkte unabdingbar geworden ist. Auch wenn es in Konzernen sehr viel komplexere Führungsstrukturen geben mag und in sehr kleinen Unternehmen der Geschäftsführer zugleich die Aufgaben einer Fachkraft oder des Sekretariats übernimmt, so bildet das dreistufige System dennoch alle wesentlichen Stufen und deren Aufgaben ab (zur praktischen Anwendung des Drei-Stufen-Konzepts im Management-Alltag siehe auch Kapitel 3, *Erfolgreich führen mit dem Drei-Stufen-Konzept*).

Abbildung 2: Die drei Stufen der Führung

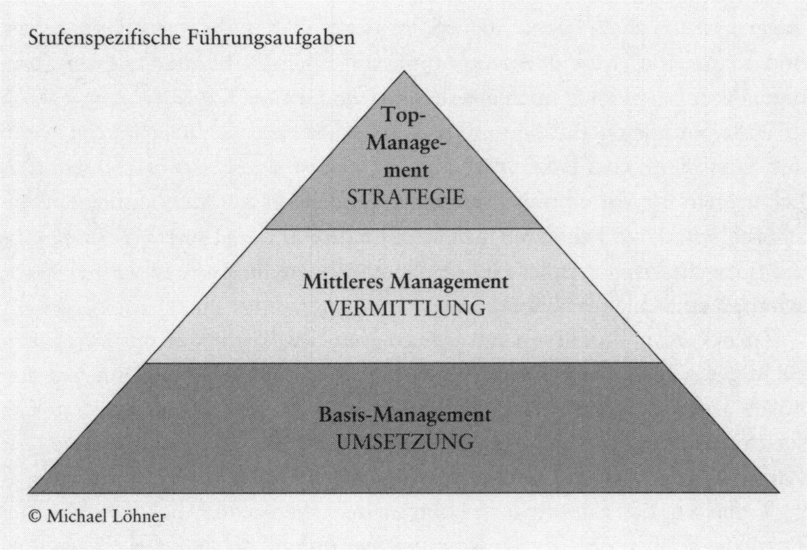

Das *Top-Management* trägt die Verantwortung für die übergeordnete Strategie: Welche Marktsegmente sollen besetzt werden? Welche Innovationen werden vorangetrieben?

Das *mittlere Management* vermittelt diese Strategien an die Basis. Es »verkauft« gewissermaßen die Erfolgsideen des Top-Levels an die Mitarbeiter der nachgeordneten Stufen. Das funktioniert nur auf Basis guter Beziehungen nach oben und nach unten.

Das *untere, operative Management* sorgt dafür, dass aus Worten wirklich Taten werden. Dass auf der Stufe des Top- und des mittleren Managements gravierende Unterschiede hinsichtlich der Anforderungen und Aufgaben bestehen, ist eigentlich schon seit Ende der 70er Jahre in der Diskussion, spätestens aber seit 1989 in der Gruppe von Managementforschern um Abraham Zaleznik, einem an der Harvard Business School lehrenden Psychoanalytiker. Zaleznik und seine Kollegen unterscheiden nämlich zwischen Führungskräften (»Leaders«), die über eine inspirierende und motivierende Persönlichkeit verfügen und in der Lage sind, Unternehmen zu transformieren, und »Managern«, die für die Organisation und Verwaltung zuständig sind und für Disziplin im Unternehmen sorgen.[11] 1990 dann machte J. P. Kotter mit folgender Einschätzung von sich reden:

»Thousands of companies are overmanaged and underled.« Anders gesagt: Zu viele Manager agieren in Positionen, in die eigentlich Führungskräfte oder »Leader« gehören.[12]

Erstaunlicher ist, in wie vielen Unternehmen diese Führungsaufgaben immer noch nicht richtig verstanden werden. Erinnern wir uns an das Beispiel der Mitarbeiterumfrage ganz zu Anfang dieses Kapitels: Hier strebte der Vorstand eine direkte Kommunikation mit der Basis an und reagierte sogar eifersüchtig auf die Beziehungen zwischen mittlerem und unterem Management. Umgekehrt wünschten sich die Umsetzer an der Basis, dass der Vorstand sich für die Details ihres Tagesgeschäfts interessiert. Beides ist vielleicht menschlich nachvollziehbar, aber aus ökonomischer Sicht kontraproduktiv – mit einer Ausnahme: wenn es um die Kommunikation einschneidender Veränderungen in einem Konzern geht. Dazu ein Beispiel:

Als der Vorstand der Bayer AG entschied, bedeutende Teile des Konzerns in ein eigenständiges Unternehmen zu überführen, berührte diese Veränderung das Selbstverständnis der Mitarbeiterinnen und Mitarbeiter in ganz erheblichem Maß. »Sie verstehen ›ihr‹ Unternehmen aus der Tradition heraus als eine unveränderliche Säule im persönlichen Lebensumfeld – nicht nur im Beruf, sondern auch im privaten Bereich und in den Kommunen unserer Standorte«, erklärt der Vorstandsvorsitzende Werner Wenning. Aber nun sollten sie unter einem neuen Namen arbeiten und in einer Unternehmenskultur, die erst noch zu entwickeln war. Vor diesem Hintergrund musste Wenning in einer sehr kurzen Frist die Entscheidung so vermitteln, dass die Belegschaft bereit war, sie mitzutragen. Er setzte auf Kommunikation auf Augenhöhe und zeigte sich weltweit auf zahlreichen Versammlungen. »Möglichst viele Mitarbeiter habe ich (…) direkt ansprechen und ihre Fragen beantworten wollen. Und das war nicht leicht, aber ungeheuer wichtig!«, so Wenning. »Ich bin davon überzeugt, dass gravierende Entscheidungen von denen, die sie verantworten, auch persönlich kommuniziert werden müssen.«

Im Unterschied zu Zaleznik und Kotter schlage ich nun nicht die Unterscheidung zwischen »Leader« und »Manager« vor, sondern ein dreistufiges System, in dem die Aufgaben und Anforderungen – abgesehen von der gerade genannten Ausnahme – strikt differenziert werden. Meiner Einschätzung nach lässt sich nur so das komplexe Gefüge eines Unternehmens abbilden – wobei ich mir bewusst bin, dass es sich auch hier lediglich um ein Modell handelt. Ein Modell ist nicht die Wirklichkeit, sie macht den Umgang mit ihr aber deutlich leichter zu handhaben.

Um die Aufgaben auf den verschiedenen Stufen der Führung so strikt zu trennen, wie ich es vorschlage, muss eine Voraussetzung erfüllt sein: Das Unternehmen muss von einer starken *Kultur des Vertrauens* geprägt sein, denn sonst laufen die Prozesse aus dem Ruder (siehe dazu auch im Kapitel 3 den Abschnitt *Führen heißt vertrauen und Vertrauen vermitteln*). Den verschiedenen Führungsstufen kommen dabei die folgenden unterschiedlichen Aufgaben und Eigenschaften zu:

Abbildung 3: Stufenspezifische Vertrauenskultur

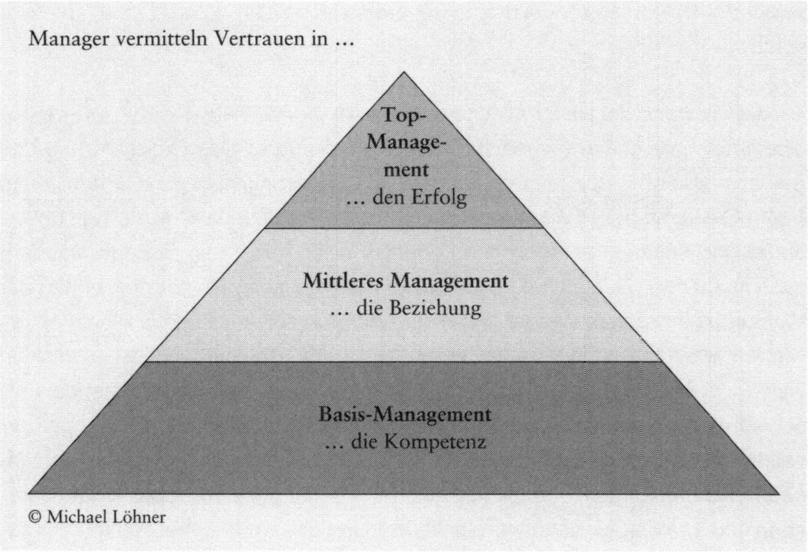

Das *Top-Management* ist für die »Erfolgsidee« zuständig. Die Führungsspitze muss den nachgeordneten Stufen das Vertrauen vermitteln können, dass ihre strategischen Entscheidungen richtig sind – auch wenn sie das nicht immer beweisen kann.

Das *mittlere Management* ist vor allem für den Aufbau von Beziehungsvertrauen verantwortlich. Führungskräfte dieser Stufe kommunizieren die Erfolgsideen des Top-Managements an die Basis – und zwar im persönlichen Gespräch. Sie glauben an den Erfolg, vertrauen auf die Stabilität ihrer

Beziehungen zu den Vertretern beider Stufen und vermitteln diesen wiederum, dass sie sich auch auf die Beziehung zu ihnen als Mittel-Manager verlassen können.

Das *untere, operative Management* vermittelt Kompetenzvertrauen an die übergeordneten Stufen. Es setzt Qualitätsdenken bis in die letzten Verästelungen des Unternehmens durch und informiert die nächst höhere Stufe regelmäßig darüber, welche Projekte oder Vorgänge abgeschlossen wurden.

Aber wie lässt sich eine solche Vertrauenskultur herstellen? »Gute Führungskräfte können sehr schnell direkt auf die jeweils andere Person zusteuern und ihr das Gefühl geben, in diesem Augenblick der wichtigste Mensch auf der Welt zu sein«, hat Sprachforscher Dr. Thomas Spranz-Fogasy beobachtet, der das Forschungsprojekt »Kommunikatives Handeln gesellschaftlicher Führungskräfte« am Institut für Deutsche Sprache der Wissenschaftsgemeinschaft Wilhelm Gottfried Leibniz (WGL) in Mannheim betreut. Sie können klar und sachbezogen sprechen, und ihrem Gegenüber zugleich das Gefühl der Wertschätzung entgegenbringen. Das ist die Grundlage für Vertrauen. Anders gesagt:

Führungskompetenz ist immer auch Kommunikationskompetenz.

Wir können Kommunikation also als *Werkzeug* betrachten, mit dem sich Vertrauen im Unternehmen herstellen und vermitteln lässt (siehe auch Kapitel 5, *Werkzeug Kommunikation*). Damit dieses Werkzeug aber auch tatsächlich funktioniert, reichen ein paar rhetorische Tricks und eine ausgeklügelte Körpersprache nicht aus: Ein »So-tun-als-ob« wird vom Gegenüber meistens sofort durchschaut und untergräbt das Vertrauen eher, anstatt es aufzubauen. Wenn Ihre Worte nicht mit Ihren Taten und Ihrer tatsächlichen inneren Haltung übereinstimmen, haben Sie als Top-Manager keine Chance, ihre Erfolgsideen durchzusetzen. Als Mittel-Manager werden sie es nicht fertig bringen, die Ihnen nachgeordneten Führungskräfte zu motivieren. Und als Manager an der Basis werden Sie die Erfahrung machen, dass Ihre Mitarbeiter ebenfalls nur »so tun, als ob« ihnen die Realisierung bestimmter Aufgaben oder die Einhaltung von Qualitätsstandards wirklich am Herzen liegt.

Und damit wären wir wieder bei den *gemeinsam geteilten Werten* – über die wir schon in dem Abschnitt *Gemeinsam wachsen – im Rahmen der*

Möglichkeiten in Kapitel 1 gesprochen haben – die sich in meinem bereits erwähnten Leitsatz kristallisieren: »Wir wollen, dass Menschen im Umgang miteinander größer werden.« Wenn diese Grundhaltung in Ihrem Unternehmen gelebt wird, dann ist Kommunikation tatsächlich wertschätzend. Dann gehen Manager auf allen Stufen der Führung verantwortungsvoll mit ihrer Macht um. Dann werden bei Fehlern keine Sündenböcke geschlachtet oder Bauernopfer dargebracht. Kurz: Dann lassen sich Prozesse erfolgreich steuern.

In diesem Buch möchte ich Ihnen zwei ineinander greifende Modelle vorstellen, die Führung in Ihrem Unternehmen verständlicher und damit leichter handhabbar machen kann:

Im folgenden Kapitel 2, *Führen heißt Prozesse steuern*, geht es darum, wie Prozesse in Unternehmen typischerweise ablaufen – und woran sie scheitern. Egal, ob es kleine Projekte, größere Change-Management-Prozesse oder übergreifende Strategien sind: Meiner Erfahrung nach bleiben sie immer an den gleichen Hürden hängen, die ich Ihnen im nächsten Kapitel zeigen werde. Mit einer tragfähigen Vertrauenskultur lassen sich diese Hürden jedoch überwinden und Prozesse erfolgreich führen.

Im nächsten Schritt (Kapitel 3, *Erfolgreich führen mit dem Drei-Stufen-Konzept*) möchte ich Ihnen ein Führungsmodell erläutern, auf dessen Grundlage eine Kultur des Vertrauens entstehen und weiterentwickelt werden kann. Aber das ist noch nicht alles: Ohne Kompetenz, Verantwortung und Entscheidungskraft ist keine Führung möglich. In diesem Kapitel wird zudem untersucht, was diese Aspekte auf den drei Stufen der Führung bedeuten und wie sie jeweils gelebt werden sollten. Sie werden sehen: Führung ist nicht auf jeder Stufe gleich Führung.

Ein großer Schreibtisch in der richtigen Etage macht aus Ihnen noch längst keine erfolgreiche Führungskraft. Es gehört mehr dazu, nämlich auch eine ausgeprägte Führungspersönlichkeit. Auf den verschiedenen Stufen der Führung sind dabei ganz unterschiedliche Charakteristika gefragt. In Kapitel 4, *Persönlichkeitsentwicklung für Manager*, werden Sie sehen, wie viel Fähigkeit und Bereitschaft zur Selbst- oder Fremdbestimmung Sie als Top-Führungskraft, als Mittel-Manager oder als Teamleiter mitbringen müssen, welchen Herausforderungen Sie sich auf den verschiedenen Stufen der Führung stellen müssen – und wie Sie an sich arbeiten können, um diesen Herausforderungen besser gewachsen zu sein.

Anschließend (Kapitel 5, *Werkzeug Kommunikation*) geht es zum Werkzeugkasten, und darin zum wichtigsten Hilfsmittel, das Ihnen als Führungskraft zur Verfügung steht: die Kommunikation. Auch wenn Sie schon viel darüber gehört oder gelesen und etliche Seminare besucht haben – ich bin überzeugt davon, dass Sie mit diesem Werkzeug den entscheidenden Schritt auf Ihrem Weg zur erfolgreichen Führungskraft oder zum erfolgreichen Unternehmer weiterkommen. Letztlich können Sie sich gar nicht genug mit diesem Thema befassen, wenn Sie sich in Ihrem Unternehmen für eine Kultur des Vertrauens stark machen wollen.

Zum Schluss (Kapitel 6, *Führen mit Worten und Werten*) möchte ich Ihnen zeigen, dass das Drei-Stufen-Konzept der Führung in Verbindung mit einer starken Kommunikations- und damit Vertrauenskultur gleichzeitig den direkten Weg weist zu einem ethischen Führungskonzept – und warum eine an Werten orientierte Führung heute absolut erfolgsentscheidend ist.

Kapitel 2

Führen heißt Prozesse steuern

Das kennen Sie sicher aus eigener Erfahrung: Zuversichtlich und voller Eifer wird eine neue Marschrichtung für das Unternehmen ausgerufen, zum Beispiel »Weltmarktführer wollen wir werden« oder »Unser Ziel ist es, die Nummer eins in jedem Segment, in dem wir mit einem Produkt vertreten sind, zu werden«. Manchmal gelingt das auch, oft genug aber bleibt es bei der hohlen Phrase, die umso peinlicher klingt, je genauer man anschließend die Entwicklung verfolgt. Erinnern Sie sich an das Unternehmen Biodata, einen Börsen-Shootingstar der ersten Stunde? »Wir wachsen mit 200 Prozent pro Jahr«, verkündete der junge Gründer und Geschäftsführer Tan Siekmann damals stolz vor der neugierigen Presse und zahlreichen TV-Kameras. Heute ist sein Unternehmen insolvent, er selbst sieht sich Betrugsvorwürfen und Klagen ausgesetzt. Den holden Worten waren keine Taten gefolgt – und das überlebt kein Unternehmen auf Dauer. Doch so dramatisch muss es natürlich nicht immer laufen.

Wenn ich in diesem Kapitel von Prozessen spreche, dann meine ich damit sowohl kleinere Veränderungen wie zum Beispiel Produktentwicklungen, als auch große Umwälzungen wie Fusionen oder Strategiewechsel bei Konzernen. Meiner Erfahrung nach scheitern Prozesse immer wieder an den gleichen Hürden, und es sind auf der anderen Seite auch immer die gleichen Rahmenbedingungen, unter denen Prozesse zum Erfolg geführt werden. Diese Muster und Rahmenbedingungen sollen nun genauer unter die Lupe genommen werden.

Management als Prozessbegleitung

Veränderung ist ein so relevanter Faktor der Wirtschaft, dass sie heute als Produktionsfaktor im Sinne von Marx gelten kann. Neben den harten

Faktoren Arbeit, Kapital und Umwelt (Grund und Boden) sind ebenfalls drei weiche wirksam: Die Unternehmenskultur bestimmt, wie Probleme und Konflikte gelöst werden. Der zweite Punkt, Mobilität, steht für lokale und intellektuelle Beweglichkeit, die eine erfolgreiche Reaktion auf den sich verändernden Markt erst erlaubt. Drittens ermöglicht der Faktor Innovation produktives Denken gegen Routine.

Abbildung 4: Führung heißt Faktoren optimieren

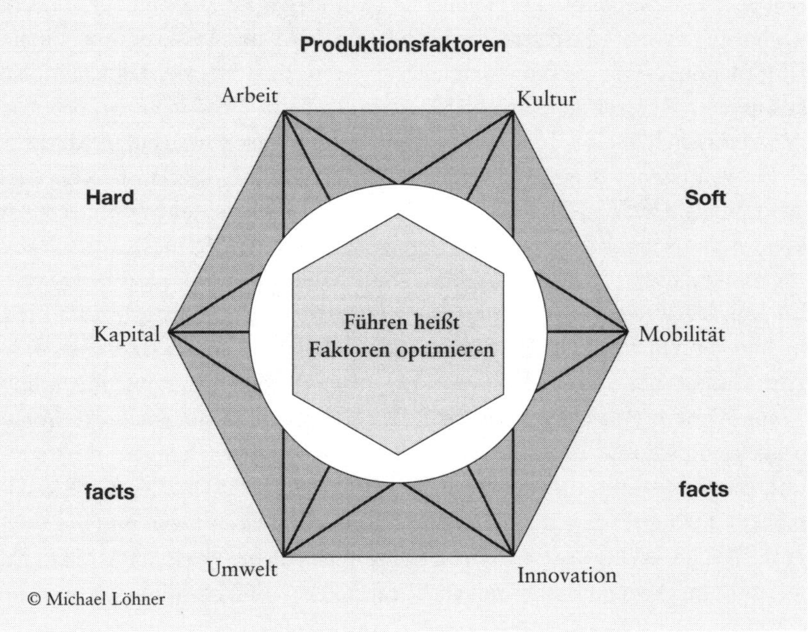

Die ständige Veränderung verlangt Managern – egal welcher Führungsstufe – eine Menge ab: Das Wissen der Führungskräfte an der Basis veraltet immer schneller, denn in immer kürzeren Abständen werden neue Techniken eingeführt und sollen neue Produkte und Dienstleistungen entwickelt oder modifiziert werden. Das Mittel-Management muss immer wieder neue Projektgruppen koordinieren, neue Mitarbeiter oder externe Berater integrieren und in internationalen Unternehmen Führungskräfte aus aller Welt dazu bringen, an einem Strang zu ziehen. Das Top-Management wiederum ist gezwungen, die interne Lerngeschwindigkeit auf ein höheres Tempo zu bringen als die Veränderungsgeschwindigkeit der Umwelt: Ob sich neue Märkte in Osteuropa oder Asien auftun, ob sich bisher unentdeckte Marktnischen zeigen oder völlig neue Bedürfnisse entstehen (man denke nur an den boomenden Markt mit Klingeltönen für Mobiltelefone) – die Führungsspitze muss diese Veränderungen sehr frühzeitig registrieren und dafür sorgen, dass das Unternehmen schnell darauf reagiert. Wenn Wachstum und Wandel ausbleiben, kommt es zu einer frühzeitigen »Vergreisung« – das Unternehmen gerät in eine Schieflage. General Motors zum Beispiel hatte anfangs den Trend zu Geländewagen verschlafen, Lucent Technologies die Glasfasertechnologie und IBM das PC-Zeitalter. Einem Unternehmen kann es dann schnell passieren, dass aus der Schieflage ein kompletter Misserfolg wird.[13] Anders gesagt: Ein Unternehmen, das von der Verlässlichkeit des Marktes ausgeht, geht verlässlich aus dem Markt.

Ein gelungenes Beispiel für einen Unternehmer mit »gutem Riecher« ist Wolfgang Leese, der Chef der Salzgitter AG. Er setzte auf Stahl, als sonst keiner daran glaubte. 2001 kaufte er auch noch die Mannesmannröhren-Werke AG, die nach der Übernahme ihrer Mutter durch Vodafone heimatlos war. Der Preis war mit einem Euro immerhin recht günstig – doch viele hielten ihn für verrückt, in Stahl zu investieren. »Leese setzte seine Idee vom Umbau der Salzgitter AG radikal um«, schreiben Eva Buchhorn und Klaus Werle in *Manager Magazin*. »Die Konzernstruktur wurde komplett umgekrempelt und dezentralisiert; die neu sortierten Bereiche durften – und mussten – nun selbst unternehmerisch wirtschaften. Als der Riesenmarkt China erwachte und nach Stahl hungerte, waren Leese und die Salzgitter AG gerüstet.« Auf den Firmenfluren wird heute noch der Satz zitiert, mit dem der Vorstandschef seinen Mitarbeitern am Anfang Angst machte:

»Führen heißt verändern«.[14]

Leese hatte den Mut, an einer unpopulären Idee festzuhalten. Er hatte das Standing, seine Erfolgsidee durchzusetzen. Und er hat sich instinktiv so verhalten, wie es das Drei-Stufen-Konzept der Führung vorschlägt. Vor einem internen Bereinigungskampf gegen Trägheit, ungeeignete Traditionen und Vorurteile schreckte er nicht zurück, und er hat sich zudem nicht von falschem Geborgenheitsdenken und Harmoniestreben verleiten lassen.

Stellen wir uns den Fall einmal umgekehrt vor: Der Vorstandschef hört auf den gut gemeinten Rat Dritter, seien es nachgeordnete Führungskräfte oder externe Berater, und lässt sich von seiner Erfolgsidee abbringen. Der Trend wurde verpasst, und in den kommenden Jahren gerät der Konzern immer mehr in die Schieflage, was das Mittel-Management und die Manager an der Basis zu einem sehnsüchtigen Blick in die Vergangenheit verleitet: *Früher* war alles besser. *Damals* hatten wir nicht solche Schwierigkeiten. *Seinerzeit* war die Welt noch in Ordnung. Sie schwelgen in nostalgischen Visionen – und das ist kontraproduktiv, denn es ist äußerst schwierig für Unternehmen, erfolgreich zu sein, wenn die Vision in der Vergangenheit liegt. Der Vergleich mit einem Porschefahrer macht es deutlich: Wie steuert er sein Fahrzeug sicherer mit 200 km/h über die Autobahn, über den Rückspiegel oder durch den Blick nach vorne? Das gilt übrigens nicht nur, wenn ein Unternehmen aus einer kritischen Situation heraus einen Richtungswechsel vornehmen muss, sondern auch, wenn die Geschäfte so gut laufen, dass sich das Management in wohliger Zufriedenheit zurücklehnt und seine Führungsaufgaben vernachlässigt. Auch in diesem Fall bringt es keinen Erfolg, den Blick nach hinten zu richten und die Entwicklungen abzuwarten und nur passiv zu betrachten, denn:

Jede Entwicklung strebt – sich selbst überlassen – nach unten.

Um Prozesse erfolgreich steuern zu können ist es aber nicht nur sinnvoll, aktiv zu handeln und den Blick in die Zukunft zu richten, sondern es ist ebenfalls wichtig zu wissen, woran sie in den meisten Fällen scheitern. Bevor wir kennen lernen, wie man durch eine wirksame Führungsstruktur Prozesse erfolgreich vorantreiben kann, hier also noch einmal ein detaillierter Einblick in die typische Abwärtsdynamik.

Die Dynamik scheiternder Prozesse

Fehlschlagende Prozesse lassen sich besonders gut auf der Ebene des Projektmanagements analysieren, denn hier läuft im Kleinen genau das schief, was auch im Unternehmen als Ganzes misslingt. »Unzulänglichkeiten in der Projektabwicklung können ohne große Übertreibung als Wertvernichter Nummer eins in den deutschen Organisationen bezeichnet werden«, stellt

Prof. Manfred Gröger, Experte für Controlling und Geschäftsführer der Management Beratungsgesellschaft (MBA) in München, in seiner jüngsten Langzeitstudie fest.[15] Über einen Zeitraum von fast vier Jahren befragte er 962 Führungskräfte zu ihren Erfahrungen mit dem Projektmanagement in deutschen Unternehmen und in der öffentlichen Verwaltung. Sein Ergebnis:

Projektmanagement in deutschen Unternehmen

13 Prozent der Projektarbeit tragen tatsächlich zur Wertsteigerung bei.
87 Prozent der Projektarbeit sind als reine Wertvernichtung zu betrachten.
Der *Gesamtschaden* durch Fehler in der Projektarbeit betrug für die deutsche Wirtschaft allein im Jahr 2002 rund 150 Milliarden Euro.

Der wichtigste Grund liegt laut Gröger in unklaren Verantwortungs- und Kompetenzstrukturen, was in vielen Fällen heißt: Vorgesetzte schränken den Handlungsspielraum ihrer Projektleiter ein und funken bei der Abwicklung permanent dazwischen. Die starre Ablauf- und Aufbauorganisation sei häufig auch nicht in der Lage, die geeigneten Antworten auf dynamische Anforderungen zu geben. Nicht zuletzt werde oft übersehen, dass Projektmanagement nicht nur ein Methoden-Set sei, das vom Mittel-Management gelernt und angewendet werden müsse, sondern vor allem auch eine Führungs- und Organisationsaufgabe – und die beginne in der Geschäftsleitung. Wenn die Unternehmensleitung nicht eindeutig zu den Zielen des Projekts steht und sich nicht zu seiner Bedeutung für das Unternehmen bekennt, dann verläuft die Sache im Sande. Meiner Erfahrung nach kommt es dabei zu folgender kausaler Entwicklungskette:

- Der *Prozess* wird vom Top-Management nicht konsequent gesteuert.
- Manager und Mitarbeiter reagieren mit *Unsicherheit*.
- Die anfängliche *Euphorie* schlägt in *Frustration* um.
- Auf den unteren Ebenen regen sich *Aggression* und *Widerstand*.
- Diesem Widerstand wird von oben mit der Durchsetzung von *Macht* begegnet.

- Es kommen *nostalgische Visionen* früherer Zeiten auf.
- Der Prozess versandet schließlich, es stellt sich *Misserfolg* ein.

Veränderungen sind eine unternehmerische Konstante. Das muss jeder wissen, der mit seinen Mitbewerbern nicht nur Schritt halten, sondern diesen auch eine Nasenlänge voraus sein will. Das gilt dementsprechend auch für die Unternehmen, die die Chancen, aber auch die Risiken einer Innovation zunächst ihren Mitbewerbern überlassen, um aus deren Erfahrungen zu lernen und dann den Markt blitzschnell mit günstigeren Me-too-Produkten oder -Dienstleistungen zu erobern. Märkte sind heute extrem dynamisch, weltumspannend und von einem harten Wettbewerbsdruck gekennzeichnet – man denke nur an die global agierende Pharma-, Automobil- oder IT-Industrie, oder an die gewaltigen Wachstumsschübe der chinesischen oder indischen Wirtschaft. In einem solchen Umfeld hängt die Wettbewerbsfähigkeit eines Unternehmens davon ab, wie schnell, flexibel, effizient und effektiv es im Markt agieren kann. Das ist nicht neu – einerseits. Andererseits sind Manager und Mitarbeiter aber genau an diesem Punkt häufig überfordert, ganz gleich, wie oft ihnen die Predigt vom stetigen Wandel gehalten wird.

Das liegt vor allem daran, dass der Mensch nicht gerne umlernt. Lernen bedeutet Identitätsbedrohung, Lernen heißt Ausbruch aus Erfahrungsgefängnissen, Lernen ist Verzicht auf Bisherigkeit. Doch unsere Psyche zieht es vor, im kuscheligen Nest ihrer Selbstbewahrung nicht unnötig irritiert zu werden. Es wird viel Energie aufgewandt, den Status quo aufrechtzuerhalten. Kein Wunder also, dass Veränderungen in nahezu allen Bereichen die Betroffenen verunsichern. Unternehmen, die Strukturen umwandeln, müssen mit Irritationen bei ihren Mitarbeitern rechnen. Und nicht nur das: Auch Führungskräfte tun sich mit Veränderungsprozessen schwer und haben oft Schwierigkeiten, diese angemessen zu kommunizieren. Dazu ein Beispiel:

Ein großer Geschäftsbereich der Robert Bosch GmbH sollte in seiner Struktur stärker prozessorientiert ausgerichtet werden. Das mit dieser Aufgabe betraute Projektteam kam mit dem Problem nicht weiter. Also wurde der Lenkungsausschuss eingeschaltet, und der fand nach intensiven Diskussionen Lösungen, für die sich die involvierten Manager regelrecht begeisterten. »Als wir diese dann präsentierten, gab es beim Projektteam und den Mitarbeitern aber nicht die von uns erwartete Zustimmung, sondern Ablehnung und Widerstand«, erinnert sich Franz Fehrenbach, Vorsitzender der Geschäftsführung. Heute kennt er den Grund: »Wir hatten das Projektteam und die Mitarbeiter in dieser entscheidenden Phase nicht genügend eingebunden und über unsere Überlegungen informiert.« Also musste diese Phase des Veränderungsprozesses noch einmal neu gestartet werden. Fehrenbach zieht daraus die Erkenntnis: »Veränderungsprozesse – schon gar nicht, wenn sie sich zu einem Kulturwandel verdichten – lassen sich nicht über Nacht durchsetzen. Es ist eine zentrale Aufgabe jeder Führungskraft, offensiv mit Veränderungsthemen umzugehen und dabei vor allem klar und eindeutig zu kommunizieren, warum die Veränderung notwendig ist und was durch die Veränderung erreicht werden soll.«[16]

Auf den obersten Hierarchiestufen kommt es bei größeren Veränderungsprozessen aus Unsicherheit oft zu vereinfachendem Zweckoptimismus und gebetsmühlenartigen Durchhalteparolen: »Das ist alles ganz einfach.« »Da sehe ich überhaupt kein Problem.« »Das kann gar nicht so schwer sein.« »Sie machen sich da unnötig Sorgen!« »Das schaffen wir schon!« Mit partnerschaftlicher Kommunikation, die für Motivation und Identifikation auf den mittleren und unteren Führungsebenen sorgt, hat das herzlich wenig zu tun. Verunsicherungen werden so jedenfalls nicht aus der Welt geschafft, sondern eher noch verstärkt. Man kann also festhalten:

Veränderung führt zu Unsicherheit.

Um seine Psyche bei der Konfrontation mit Unbekanntem zu beruhigen, benötigt der einzelne Mensch Informationen – wir können auch sagen: eine individuelle Datenmenge. Diese Datenmenge konstruiert er notfalls selbst, falls die erhaltenen Informationen nicht ausreichen. Ist der Grad der Information in einem System gleich null, so ist der Grad der Spekulation folglich unendlich hoch. Da es eine vollständige Information niemals geben kann, wird immer ein Teil Spekulation übrig bleiben, wobei die Qualität dieser Spekulationen das psychisch-soziale Wohlbefinden spiegelt: Hat ein Mensch Vertrauen, spekuliert er konstruktiv, hat er kein Vertrauen, spekuliert er destruktiv.

Prozesse können nur dann erfolgreich gesteuert werden, wenn Unsicherheiten offen besprochen werden, wenn der Weg auf unbekanntes Terrain gemeinsam beschritten wird und dabei alle sinnvollen Vorschläge ernst genommen werden (zur erfolgreichen Kommunikation von Veränderungsprozessen siehe Kapitel 5, *Werkzeug Kommunikation*). Schreibt die Bürokratie den Weg vor, ersticken Eigeninitiative und Engagement. Selbst Leistungsträger, die den neuen Herausforderungen anfänglich aufgeschlossen oder sogar euphorisch gegenüberstanden, reagieren unter diesen Rahmenbedingungen mit Rückzug und Enttäuschung – und der Erfolg bleibt auf der Strecke. Das heißt also:

Unsicherheit führt zu Umsetzungsfrustration.

Manager oder Mitarbeiter, die in ihrer Erwartung enttäuscht werden, versuchen, entweder die Situation oder ihre Einstellung zu ändern. Wenn beides nicht gelingt, aktivieren sie – eher unbewusst als bewusst – ihr archaisches Potenzial und greifen dabei auf drei mögliche Verhaltensmuster zurück: *Angriff, Flucht* oder *Verstecken.* Sie richten also Worte oder Taten direkt gegen das Unternehmen oder seine Vertreter, kündigen innerlich und ziehen sich zurück oder sie verkriechen sich in einer unauffälligen Nische – nach dem Motto: Wer nicht auffällt, erleidet auch keine Sanktionen.

Frustration bedeutet enttäuschte Erwartung. Der Begriff leitet sich vom lateinischen *frustra* ab und bedeutet »vergeblich«. Dabei kann zwischen zwei Arten von Frustration unterschieden werden: Einmal gibt es die so genannte *Verlaufsfrustration*, bei der sich Dinge permanent und schleichend gegen die Erwartungshaltung entwickeln. Diese wird täglich neu aufgebaut und in der Regel aber auch täglich wieder enttäuscht. Und als zweites ist die *Zielfrustration* zu nennen, bei der in unerwarteter, plötzlicher Reaktion die Erwartungshaltung zerstört und dann als unerreichbar bewusst wird. Dabei gilt: Je sorgfältiger der Mensch plant, desto wirkungsvoller und überraschender trifft ihn der Zufall.

Die jeweilige Stärke der Frustration ist von zwei Faktoren abhängig, einmal von der *Energie* (mit welcher Intensität wird ein Ziel angesteuert?) und zum anderen von der *Zeit* (wie lange wird schon daran gearbeitet?), die jeweils für den Prozess aufgewendet wurde. Ausgenommen bei rational verantworteter Verarbeitung, die meiner Erfahrung nach in den Unternehmen leider jedoch viel zu selten erfolgt, reagiert der Einzelne je nach individuellem Rahmen mit aktivem oder passivem Widerstand, der in sechs typischen Reaktionen auftreten kann:

1. *Aggression* als aktives Handeln gegen das betreffende Objekt. In emotionaler Entlastung wird die Situation mit Aggression nach außen (Zu-

wendungsentzug, Beschimpfungen, Hass) oder nach innen (Depressionen, Selbstmitleid) beantwortet, beispielsweise mit Äußerungen wie »Dieser Saftladen weiß gar nicht, was er an mir hat!«

2. *Resignation* als das Versiegen der Motivationskräfte. In der Selbstaufgabe vor gestaltenden Möglichkeiten wird das Schicksal des Status quo akzeptiert, nach dem Motto »Es hat ja doch keinen Zweck, man kann sagen, was man will!«
3. *Ersatz* als die Flucht in Fleißarbeit. Die Befriedigung in sinnfreier, jedoch arbeitsintensiver Tätigkeit wird zur Daseinsberechtigung. Das wochenlange Vergleichen von Dokumenten beziehungsweise das eifrige Verfassen von Berichten können hier als Beispiele genannt werden.
4. *Regression* als Zurückschreiten in infantile Reaktionsmuster wie Schmollen, Albernheit oder Weinen. So deutet themenzentrierter Humor beispielsweise auf psychische Spannungszustände hin, denn Lachen befreit Gefangenes. Bestimmte Witzarten im Unternehmen werden sich in diesem Fall gegen den Frustrationsgrund richten.
5. *Unterwerfung* als »Kadavergehorsam«: Es wird alles gemacht, was gesagt wird, ohne Reflexion über Würde oder Zweckmäßigkeit, nach dem Motto »Ich putze auch mit der Zahnbürste den Hof, an welcher Ecke soll ich beginnen?« Im Gegensatz zur Resignation wird hier bis zur Selbstaufgabe mechanisch gearbeitet.
6. *Somatisierung* als das Verkörperlichen der Frustration. Gemeint sind psychosomatische Krankheiten von Kopf- oder Rückenschmerzen bis hin zu Missbrauch von Alkohol und anderen Drogenabhängigkeiten.

Egal, in welcher Form sich die Frustration des Einzelnen nun äußert, die verschiedenen Reaktionsmöglichkeiten lassen sich zu dieser Formel zusammenfassen:

Umsetzungsfrustration führt zu Widerstand.

Eigentlich ist nun die Stunde der Führungskräfte gekommen. In dieser Situation werden Manager gebraucht, zu denen man vertrauensvoll aufschaut und die Geborgenheit ausstrahlen. Es ist die Zeit, personale Autorität durch Überzeugungskraft aufzubauen, und mit der nötigen sozialen Kompetenz in der Führungsmannschaft können Krisen in echte Chancen umgemünzt werden.

Leider ist diese Stunde aber auch die Stunde der Wahrheit für die so genannten »Mächtigen«. Diese launenhaften Tyrannen fühlen sich persönlich angegriffen, sobald sie Widerstand in passiver oder aktiver Form erleben. Sie spielen unter diesen Rahmenbedingungen ihre Macht noch weiter aus. Dieser Fall kommt leider in der Praxis sehr häufig vor, und dann gilt:

Widerstand führt zu Gewalt.

Macht an sich jedoch ist erst einmal wertneutral: Wir können sie gebrauchen oder missbrauchen. Nach Max Weber ist Macht sinngemäß das Vermögen, seinen Willen gegen den Willen des anderen durchzusetzen. Dabei stehen dem Machtausübenden – also der Führungskraft – grundsätzlich zwei Strategien zur Verfügung, nämlich stark vereinfacht ein positiver und ein negativer Umgang mit Macht:

1. Überzeugung ist das Vermögen, fremde Wahrnehmung auch gegen Widerstand ändern zu können – und zwar mit Verzicht auf Überredung und Durchsetzung. Wer überzeugen kann, vermag ethisch verantwortete Macht auszuüben. Allerdings setzt das die soziale Kompetenz voraus, auf Menschen und ihre Bedürfnisse eingehen zu können. Wer die persönlichen Erwartungen und Interessen anderer Menschen als Störfaktoren in einer Sachlösungszeit erlebt, kann niemals sinnvoll überzeugen. Menschen wollen verstanden werden, bevor sie bereit sind, sich zu ändern. Zu dem Zeitpunkt des aktiven oder passiven Widerstandes gegen Veränderungsprozesse sind viele Systemverantwortliche überfordert zu erfassen, was einen Menschen wirklich bewegt. Verstehen bedeutet für sie das bloße Einverständnis und nicht das wertfreie Erfassen unbekannter Neuerungen. Somit kommt im Alltag oft die zweite Strategie der Macht zum Tragen.

2. Gewalt ist die Androhung oder der Vollzug von Zwängen. Wenn auch die physischen Zwänge einer Sklavenhaltergesellschaft nicht mehr der Praxis entsprechen, sind *psychische* und *soziale Zwänge* doch leider immer noch gängige Praxis. Beim *psychischen Zwang* sind vor allem Angsterzeugung und Schuldzuweisung zu nennen. Sie bestimmen in wirtschaftlich schwierigen Zeiten unnötig viele Beziehungen zwischen Angehörigen eines Unternehmens. *Angst* erzeugen alle Sprachformen und Ausdrücke, die die

Zukunft eines Menschen bedrohen (»Wenn Sie so weitermachen …«, »Das war jetzt das letzte Mal …«, »Ich gebe ihnen noch eine letzte Chance …«). *Schuld* hingegen ist das Ergebnis einer Vergangenheitsbeschimpfung (»Wie konnten Sie …«, »Was haben Sie sich dabei gedacht …«, »Das habe ich von Ihnen wirklich nicht erwartet …«, und »Ich habe nur aus Gutmütigkeit gehandelt …«). Unter *sozialem Zwang* versteht man den Ausschluss aus der Gemeinschaft, zum Beispiel durch Abbruch der Kommunikation oder durch das Abschneiden des Informationsflusses. Weil der Mensch ein soziales Wesen und damit auf seine Mitmenschen verwiesen ist, bedeutet diese Art der modernen Verbannung eine harte Strafe. Mit psychischem oder sozialem Zwang sanktionierte Mitarbeiter oder Abteilungen neigen dazu, sich in vergangene Zeiten zurückzusehnen – wobei sie diese Vergangenheit gleichzeitig nach ihrem Gusto schönfärben.

Gewalt führt zu nostalgischer Vision.

Wann immer Menschen mit der Gegenwart nicht zufrieden sind, diese aber nicht ändern können, bemüht sich die Psyche unter Zuhilfenahme der Fantasie um ein Gegenmittel: Sie verherrlicht die Vergangenheit. Das kann beispielsweise so klingen: »Als der frühere Chef noch am Ruder war, lief es viel besser.« »Als wir noch nicht Tochterfirma des amerikanischen Konzerns waren, hatten wir mehr Handlungsspielraum, nicht diesen Druck, und nicht dieses unmenschliche System.« Psychisch entlastende Visionen ersetzen dabei die immer stärker belastende Unternehmensvision. Nostalgische Visionen aus der geschilderten Ursache heraus sind jedoch kontraproduktiv, da sie das Engagement der Mitarbeiter sinken lassen. Die Prozesse versanden schließlich ergebnislos. Deshalb gilt:

Nostalgische Visionen führen zum Misserfolg.

Diese abwärts gerichtete Prozessdynamik lässt sich erstens durch ein geeignetes System der Führung aufhalten, in dem alle Manager ihre spezifischen Aufgaben genau kennen, kompetent kommunizieren können und sich auf gemeinsam geteilte Werte stützen (siehe dazu Kapitel 3, *Erfolgreich führen mit dem Drei-Stufen-Konzept*). Und zweitens kann man sie durch eine Unternehmenskultur stoppen, die auf allen Ebenen von Vertrauen geprägt ist.

Unternehmenskultur als Gegenkraft

Die beschriebene Abwärtsdynamik ist nicht zwangsläufig, sondern lässt sich in jeder der genannten Phasen stoppen beziehungsweise umkehren. Voraussetzung dafür ist eine geeignete Unternehmenskultur, die sich vor allem durch ein tragfähiges Vertrauensverhältnis zwischen den einzelnen Stufen der Führung, aber auch zwischen Kolleginnen und Kollegen auf der gleichen Stufe auszeichnet.

In der Grafik auf Seite 48 sehen Sie, dass in jeder Prozessphase ein anderer Aspekt dieser Kultur als Gegenkraft wirkt. Sie können die verschiedenen Kulturbegriffe im übertragenen Sinne als Mauern verstehen, die sich der Abwärtsdynamik des scheiternden Prozesses in den Weg stellen.

Zur Verdeutlichung: Die auf der rechten Seite der Grafik dargestellten Schritte gehen von der Unternehmensführung aus. Hier werden Veränderungen beschlossen, Euphorie erzeugt, von hier aus wird mit Gewalt auf Frustration und Widerstand reagiert und hier muss schließlich auch ein Misserfolg verkraftet werden. Auf der linken Seite der Grafik stehen die Reaktionen der Mitarbeiter: Unsicherheit, Widerstand und die Entwicklung nostalgischer Visionen.

Betrachten wir nun die Aspekte dieser Unternehmenskultur im Einzelnen, bevor wir uns im folgenden Kapitel ein Beispiel aus der Praxis ansehen:

Vertrauenskultur Als Vermittler von Vertrauen sorgen Manager auf allen Stufen dafür, dass die durch kleine oder größere *Veränderungen* verursachten *Unsicherheiten* offen besprochen werden können – und zwar persönlich, nicht etwa per E-Mail oder Umlaufmappe. Vertrauen ist ein Ergebnis der Wechselrede, nicht der Informationsverteilung. Aktenvermerke ergänzen nur im äußersten Fall kommunikative Problemlösungen oder vertiefen das Verständnis für Änderungen. Sprechen statt Schreiben kennzeichnet einen Führungsstil, in dem der Mensch im Mittelpunkt steht und nicht seine austauschbare Funktion.

Fehlerkultur Im Tagesgeschäft kommt es zwangsläufig zu Fehlern – um so mehr, wenn ein neuer Weg eingeschlagen werden soll. Fehler sind Erfolgshindernisse, aber auch Orientierungshilfen. Sowohl vom Top-Management als auch von den Mittelmanagern und Projektleitern muss die Botschaft ausgehen, dass es Fehler geben darf – aber jeden Fehler eben nur einmal. Psychische oder soziale Sanktionen sind fehl am Platz: Sie begrün-

Abbildung 5: Führen heißt Prozesse steuern

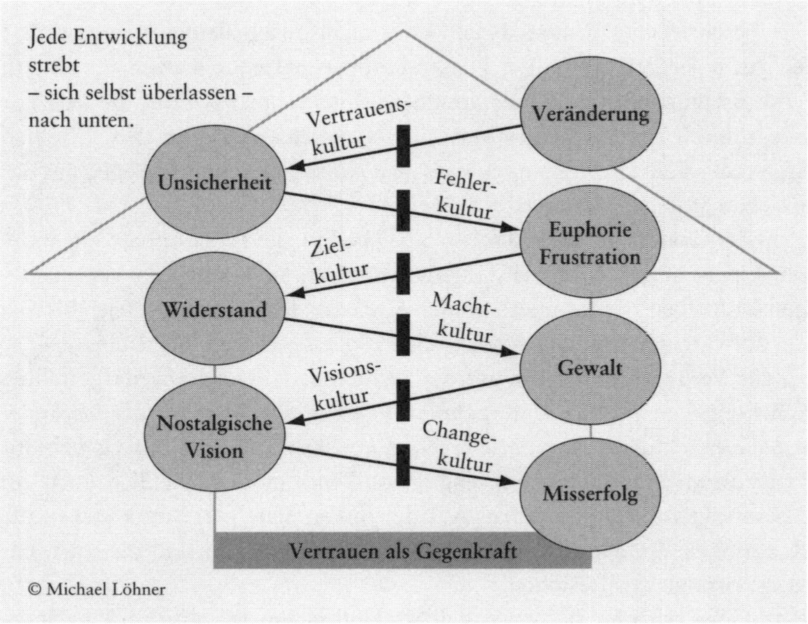

den den Verlust der Selbstachtung des Betroffenen und machen aus erfolgsorientierten Mitarbeitern solche, die alles tun, um Misserfolge zu vermeiden. Die *euphorisch begonnene* Aufgabe – sei es ein kleiner Schritt oder eine große Veränderung – wird dann *frustriert aufgegeben.*

Zielkultur Erfolg ist das Setzen und Erreichen von Zielen – wobei die Zielsetzung die Aufgabe des Top-Managements ist. Wie genau diese Ziele erreicht werden sollen, müssen die nachgeordneten Stufen selbst erarbeiten – ansonsten ersticken Engagement und Kreativität in Bürokratie, und dann entstehen Frust und *Widerstand.* Das mittlere Management kommuniziert nach unten, welche konkreten Teilschritte in den einzelnen Unternehmensbereichen umgesetzt werden. Für die Realisierung und Zielkontrolle wiederum sind die Manager an der Basis zuständig. Das gilt übrigens nicht nur für Arbeitsziele, sondern auch für Verhaltensziele: Wenn Menschen im Umgang miteinander größer werden sollen, müssen Maßstäbe und Indikatoren der sozialen Kompetenz vereinbart werden.

Machtkultur Überzeugungskraft setzt Kommunikations- und Konfliktfähigkeit voraus. Beides ist lernbar und gehört zu den unbedingten Profildaten der sozialen Kompetenz von Managern. Wer sich in Führungssituationen emotional entlastet oder gar psychische *Gewalt* anwendet, führt ungeeignet und wird nicht zum Erfolg kommen. Zur Überzeugungsfähigkeit gehört aber auch geduldiges, genaues und analytisches Zuhören: Wer sich während der Sprechzeit anderer auf eigene Beiträge vorbereitet, kann autonome Mitarbeiter kaum nachhaltig überzeugen – das gilt auf jeder Stufe der Führung.

Visionskultur *Nostalgische Visionen* lassen sich nicht wegdiskutieren, im Gegenteil, sie müssen respektiert werden. Als einziges Gegenmittel helfen Multiplikatoren auf der Stufe des mittleren Managements, die die Erfolgsideen der Führungsspitze glaubhaft und mitreißend vermitteln können und in positive Zukunftsvisionen ummünzen (siehe dazu auch die weiter unten folgenden Unterkapitel *Gelungene Prozesssteuerung* und *Die Vision als Kraftquelle*).

Veränderungskultur Unternehmerisches und privates Leben ist wie Fahrradfahren: Man kommt vorwärts, solange man sich bewegt, und wenn man still steht, kippt man schnell um. Aber nur Gefallene lernen auch das Aufstehen, und so kennzeichnen Misserfolge den Weg allen Erfolgs. Dieser Grundgedanke muss auf allen Stufen der Führung gelebt werden. Es kann nicht angehen, dass ein Techniker oder Sachbearbeiter seiner Führungskraft sagen muss, sie solle sich bitte nicht entmutigen lassen, oder dass ein Mittel-Manager dem Vorstand ins Gewissen reden muss, neue Strategien zu entwickeln oder Kunden zu akquirieren. Gibt es in einem Unternehmen keine gelebte Kultur des »Immer-wieder-Aufstehens«, ist weiterer *Misserfolg* vorprogrammiert.

Die wirksamste Gegenkraft zu einer scheiternden Prozessdynamik ist *Vertrauen*: Mithilfe einer Vertrauenskultur lassen sich Veränderungen erfolgreich durchführen und können Fehler frühzeitig vermieden werden. Vertrauen vermittelt sich über offene Kommunikation auf der Basis gemeinsam geteilter Werte (siehe dazu auch Kapitel 6, *Führen mit Worten und Werten*).

Gelungene Prozesssteuerung

Wenn Führungsrollen und -aufgaben auf allen Stufen der Führung richtig verstanden werden und eine Vertrauenskultur auf Basis einer wertschätzenden Kommunikation und gemeinsam geteilter Werte gelebt wird, können selbst schwierige Prozesse gelingen. In diesem Kapitel möchte ich Ihnen zeigen, welche Voraussetzungen eine erfolgreiche Vertrauenskultur, aber auch eine positive Fehler-, Ziel-, Macht-, Visions- und Veränderungskultur im Unternehmen benötigen. Betrachten wir aber zunächst ein Beispiel aus der Praxis:

In einem mittelständischen Unternehmen wird ein Ressortleiter, der sich mit einigen seiner Kollegen auf gleicher Hierarchiestufe hervorragend versteht, zum Abteilungsleiter ernannt. Hoch motiviert tritt er diesen Posten an, denn seiner Einschätzung nach hat diese Abteilung die größten Wachstums- und Erfolgschancen im gesamten Unternehmen. Um aus dieser Einschätzung reale Fakten zu machen, formuliert er das *Ziel*: »Wir werden die beste Abteilung im Unternehmen.«

Daraufhin tut sich nichts. Seine Ressortleiter reagieren nicht, sie beschäftigen sich vielmehr mit Grabenkämpfen und Budgetfragen. Zwei langjährige und besonders verdiente Kollegen verwenden sogar erhebliche Energie darauf, miteinander unter keinen Umständen mehr zu kommunizieren. Etliche Mitarbeiter der Abteilung werden *unsicher:* Soll nun gemeinsam am Erfolg der Abteilung gearbeitet werden? Oder ist es besser, den neuen Chef zu ignorieren, und sich einem der beiden Lager anzuschließen, um nicht später allein dazustehen? Um seine Abteilung aus dieser verfahrenen Situation herauszumanövrieren, verordnet der neue Abteilungschef seinen Ressortleitern ein gemeinsames Coaching.

In einem ersten Schritt legt er mit völliger Offenheit und Klarheit dar, dass er mit der Abteilung wesentlich zum Unternehmenserfolg beitragen will und in den Kommunikationsstörungen einen deutlichen Hinderungsgrund sieht. Die beiden »Kampfhähne« nehmen das Angebot an: Sie brechen das Eis und »wagen« es, wieder miteinander zu sprechen. Auf dieser Grundlage können jetzt Missverständnisse aus der Welt geschafft und die Zuständigkeiten und Perspektiven jedes Einzelnen neu reflektiert werden, mit dem Ziel, die übergeordnete Unternehmensstrategie in jedem einzelnen Team konkret *umzusetzen*. Zur Verblüffung ihres Vorgesetzten haben sich die Ressortleiter mit diesem Thema bisher überhaupt nicht auseinander gesetzt, weil sie viel zu sehr mit ihren Grabenkämpfen beschäftigt waren.

Das Erstaunliche geschieht im nächsten Schritt: Der weitgehend angstfreie und neutrale Raum des Coaching-Seminars ermutigt die übrigen Seminarteilnehmer, eine Ansicht zur Sprache zu bringen, die schon lange kursierte: Es existiere eine Seilschaft zwischen dem neuen Chef und all jenen, mit denen er vor seiner Beförderung eng befreundet war. Alle anderen würden systematisch benachteiligt. Der Abteilungsleiter ist sprachlos. In der Tat pflegt er mit einigen Ressortleitern freundschaftliche Verbindungen, aber eine Seilschaft zu knüpfen? Das war nie seine Absicht.

Der Mut des neuen Managers, seine Mitarbeiter anzuhören und Kritik einzustecken, ist Voraussetzung und Anstoß für eine gelingende Prozesssteuerung. Zu akzeptieren, dass Freundschaft zwischen den Hierarchien zu Komplikationen führen kann und dass es zur Rolle einer Führungskraft gehört, gesunde Distanz zu wahren und gleichzeitig direkte Kommunikation zu pflegen. Der beschriebene Manager hat durch die Krisensituation in seinem Team einen neuen Zugang zu seiner Führungsrolle gefunden. Gleichzeitig ist er seiner spezifischen Führungsaufgabe als Mittelmanager nachgekommen, nämlich Beziehungsvertrauen aufzubauen. Denn bei aller professionellen Perfektion ist der menschliche Aspekt Vertrauen der Schlüssel zum Erfolg, um in der Prozessentwicklung voranzukommen. In unserem Beispiel sorgte eine funktionierende *Vertrauenskultur* dafür, dass die Krise schon bereinigt wurde, noch bevor es zu einer Umsetzungsfrustration kommen konnte. Der Mittel-Manager hat eine entscheidende Regel verstanden:

Angstreduktion ist eine ethische Führungsaufgabe.

Leider glauben heute immer noch einige Führungskräfte an das genaue Gegenteil: Sie verbreiten gezielt Angst und Schrecken, um ihre Machtposition zu sichern. Wie problematisch das ist, haben wir bereits oben in Kapitel 2 in dem Abschnitt *Die Dynamik scheiternder Prozesse* gesehen. Andere Manager wiederum meinen, persönliche Gespräche seien Zeitverschwendung und Coachings und Seminare zur Teamentwicklung Psycho-Humbug, auf den man getrost verzichten könne. Solche Führungskräfte spezialisieren sich auf das Erstellen von Strategiepapieren, Organigrammen und Stellenbeschreibungen. Sie erzeugen eine immense Papierflut, da sie die Meinung vertreten, je präziser die von ihnen formulierten Informationen seien, desto reibungsloser funktioniere ihre Abteilung. Leider liegen sie damit aber falsch.

Manager, die das Prinzip der *entpersonalisierten Führung* praktizieren, gehen davon aus, dass *Informationen* Angst nehmen. *Personale Führung* hingegen funktioniert nach der Prämisse, dass vielmehr *Geborgenheit* Ängste löst. Und hier zeigt die Erfahrung ganz klar, dass Mitarbeiter als Menschen verstanden werden wollen, um Vertrauen aufzubauen. Vertrauen ist ein Ergebnis der Wechselrede, nicht der Informationsverteilung. Aktenvermerke können lediglich kommunikative Problemlösungen und das Verständnis für Änderungen ergänzen, aber nicht allein gewährleisten. »Sprechen statt schreiben« kennzeichnet einen Führungsstil, in dem der Mensch im Mittelpunkt steht und nicht seine austauschbare Funktion. Die Voraussetzungen, um so eine *Vertrauenskultur* im Unternehmen zu schaffen, lassen sich so zusammenfassen:

Vertrauenskultur: Beziehungen begründen sich über Vertrauen, wenn ...

- zwischen rücksichtsvoller und rücksichtsloser Offenheit unterschieden wird;
- angstfreies Sprechen über Ängste möglich ist;
- keine gegenseitigen Schädigungsabsichten vermutet werden;
- Verstehen nicht heißt, mit allem einverstanden zu sein;
- Feedback partnerschaftlich und nicht egozentrisch erfolgt;
- Widerspruch nicht ausgeschlossen ist;
- Sympathie zugelassen wird;
- Kommunikation nicht nur funktional ist, sondern auch persönlich;
- Identität durch Werte, Erwartungen, Interessen und Bedürfnisse gespiegelt wird;
- Zusagen eingehalten und bei Abweichungen Vorwarnungen ausgesprochen werden.

Aber auch wenn eine Vertrauenskultur besteht und die Unsicherheit der Mitarbeiter über die Veränderungen gering gehalten werden kann, kommt es auf neuen Wegen trotzdem fast zwangsläufig zu Fehlern: Im Top- und im mittleren Management sind dies vor allem Führungsfehler, die sich – wie auch in unserem Beispiel – aus einer ungeeigneten Vorstellung der eigenen Führungsrolle ergeben. Je weiter wir uns im System in Richtung Basis bewegen, also zu den Projektleitern und schließlich zu Sachbearbeitern oder Technikern, desto mehr fallen die Fehler bei der Aufgabenbewältigung ins Gewicht: Da scheitern Testläufe, da werden Daten fehlerhaft übertragen oder Teile falsch montiert.

Wenn Fehler geschehen sind, werden nur zwei Fragen wichtig: Wie bekommen wir glatt, was krumm ist? Und wie können wir in Zukunft diesen Fehler vermeiden? Und an dieser Stelle zeigt sich, dass Fehler auch Orientierungshilfen darstellen und Chancen bieten. Ohne Fehler wären viele Fortschritte gar nicht möglich, findet Henry Petroski, Professor für Hoch- und Tiefbau sowie Geschichte an der Duke University in Durham, North Carolina: Der für seine Hängebrücken berühmt gewordene Konstrukteur John Roebling zum Beispiel ließ sich nicht von erfolgreichen Beispielen modernster Technik inspirieren, sondern von den Misserfolgen in der Vergangenheit. »Mithilfe dieser Beispiele filterte er die Merkmale und Kräfte heraus, die beim Brückenbau die größten Schwierigkeiten bereiteten, und entwickelte seine eigene Brücke, mit dem Ziel, diese Eigenschaften zu vermeiden und diesen Kräften zu widerstehen«, erklärt Petroski. Genau dieser Methode sei die Brooklyn Bridge mit ihren zusätzlichen Seilen zu verdanken, die die Stabilität der Konstruktion auch bei starkem Wind gewährleisten.[17]

Grundsätzlich müssen wir zwischen Fehlern und Irrtümern unterscheiden. Ein *Irrtum* liegt dann vor, wenn ohne Erfahrungswerte gehandelt werden muss. Wird das neue Produkt die Zielgruppe so ansprechen, wie das Management das prognostiziert? Wenn ja, hat die Führungsriege mit ihrer Einschätzung richtig gelegen, wenn nein, hat sie sich schlicht geirrt. *Fehler* hingegen passieren dann, wenn Menschen trotz ausreichender Erfahrung »versagen« – aus Achtlosigkeit, aus mangelnder Begabung, manchmal auch aus Gründen der Selbstbestrafung oder Rache, oder weil sie Aufmerksamkeit erregen wollen. Was auch immer hinter einem Fehler steckt: Es ist eine zentrale Führungsaufgabe herauszufinden, wo genau das Problem liegt, und es dann intern in der Abteilung zu klären. Dazu gehört also nicht, den »Schuldigen« anzuprangern: Alle personellen Sanktionen oder psychischen und sozialen Strafen begründen den Verlust der Selbstachtung des Betroffenen. Führungskräfte, die ihre Ohnmacht und Nervosität ausleben, um Mitarbeiter bei Fehlverhalten fertig zu machen, verwandeln erfolgsorientierte Mitarbeiter in solche, die sich bloß noch auf die Vermeidung von Misserfolgen konzentrieren. Eine ungeeignete *Fehlerkultur* führt zu Demotivation, zu Frustration, Aggression, Resignation, Ersatzhandlungen (Fleißarbeit), Regression, Unterwerfung oder zur Ausprägung psychosomatischer Krankheitsbilder. Das sollten Sie vermeiden und stattdessen dafür sorgen, dass eine positive *Fehlerkultur* in Ihrem Unternehmen herrscht.

Fehlerkultur: Erfolgshindernisse werden geeignet kommuniziert und beseitigt, wenn ...

- zwischen Irrtum und Fehlern unterschieden wird;
- Fehlleistungen nicht nur verziehen, sondern auch vergessen werden;
- bei begangenen Fehlern keine psychischen oder sozialen Sanktionen erfolgen, die Angst, Scham, Schuld oder Minderwertigkeitsgefühle provozieren;
- stattdessen die künftige Verhinderung und die Wiedergutmachung im Vordergrund stehen;
- Fehler als Orientierungshilfen behandelt werden und nicht als Nachweis von Unzulänglichkeit;
- Irrtümer nicht zum Verlust von Mut führen;
- Fehlersensibilität wichtiger als angepasstes Verhalten ist;
- es Spielregeln für Feedback gibt und sie auch eingehalten werden;
- Beurteilungsgespräche die Bilanz von Kritik- *und* Anerkennungsgesprächen sind.

Entscheidend für eine positive Fehlerkultur ist, dass Fehler, Irrtümer und misslingende Interaktionen im Unternehmen bewusst in Kauf genommen und bewusst als solche erlebt und bearbeitet werden: Hier liegt die Chance, zu lernen und zu wachsen. Wenn jede Interaktion hingegen als gelungen erlebt wird und keine Fehler eingestanden werden, ist auch keine Entwicklung möglich.

»Wir werden die beste Abteilung im Unternehmen«, hatte der Mittelmanager in unserem Beispiel als Ziel formuliert und sich gewundert, dass sein Team nicht den kleinsten Schritt in diese Richtung machte. War das Ziel nicht attraktiv genug? Hatte er nicht genug Druck ausgeübt? Beides falsch. Das Problem lag in der Unklarheit, woran der Erfolg gemessen werden sollte. An den erzielten Umsätzen? An einem besonders niedrigen Krankenstand? Oder an mehreren Faktoren zugleich? Überdies war nicht klar, wann das Ziel erreicht werden sollte: In einem Jahr? In zehn Jahren? Außerdem blieb es schleierhaft, auf welchem Weg man dem Ziel näher kommen sollte: Durch Einsparungen? Durch Umstrukturierung? Oder etwa durch Überstunden? Es fehlte eine geeignete *Zielkultur*.

Erfolg ist das Setzen und Erreichen von Zielen, wobei Ziele beschreibbare und vor allem erreichbare Zukunftszustände sein müssen, die mit vereinbarten Maßstäben gemessen werden können – also nicht zu verwechseln mit Wunschdenken oder dem Warten auf Glückstreffer. Menschen brauchen Erfolgserlebnisse, und dazu bietet sich das Vereinbaren von Teilzielen mit jeweiliger Erfolgskontrolle an, die mit einem anerkennenden Gespräch oder, bei größeren Teilzielen, auch mit einer kleinen Feierstunde verbunden werden sollte. Wenn Teilziele *nicht* erreicht werden, können umgekehrt auch Sanktionen eingesetzt werden, wenn dies vorher so abgesprochen wurde. Zumindest muss allen Beteiligten klar sein, welche Konsequenzen eine Verfehlung des Teilziels für das Unternehmen und das Team haben wird.

Der frisch beförderte Beispiel-Manager hatte ein weiteres Problem: Er wurde von den Leistungsträgern seiner Abteilung weder ernst genommen, noch vertrauten sie ihm richtig. Außerdem war unklar, aus welchen Gründen das Ziel des Vorgesetzten überhaupt relevant sein sollte. Hatte er sich da nicht einfach einen persönlichen Profilierungswunsch in den Kopf gesetzt, den er seinem Team nun überstülpen wollte? Wenn Ziele nicht gemeinsam diskutiert und festgelegt, zumindest aber überzeugend vermittelt werden, neigen Mitarbeiter dazu, ihren Chef einfach auflaufen zu lassen.

Ausschlaggebend für den Erfolg ist bei Arbeits- genau wie bei Verhaltenszielen, dass Maßstäbe und Indikatoren gesetzt werden und diese auch allgemein bekannt sind. Der Abteilungsleiter aus dem obigen Beispiel verhält sich hier richtig: Er besteht darauf, dass seine Mitarbeiter offen miteinander kommunizieren, und er setzt bei diesem Faktor sozialer Kompetenz gleichzeitig konkrete Maßstäbe, indem er diese Forderung selbst vorlebt. Für eine erfolgreiche *Zielkultur* im Unternehmen sorgen folgende Bedingungen:

Zielkultur: Unternehmenserfolg durch Ziele wird möglich, wenn ...

- zwischen Zielvorgabe, Zielvereinbarung und Zielbildung unterschieden wird;
- die Ziele akzeptiert werden, weil sie mehrheitlich gebildet oder überzeugend vorgegeben wurden;
- die Ziele erreichbar sind und der Zielgeber dies nachgewiesen hat, oder wenn sie erreichbar scheinen, weil man dem Zielgeber vertraut;
- die Ziele genau terminiert sind (*dringend* ist zum Beispiel kein Termin);
- die Ziele sowohl quantitativ in Zahlen als auch qualitativ im Vergleich messbar sind;
- kritische Stellen im Zielsystem bekannt sind;
- das Erreichen von Teilzielen angemessen honoriert wird;
- die Konsequenzen beim Verfehlen von Teilzielen rechtzeitig bekannt geworden sind;
- ein Zielcoaching organisiert ist, gegebenenfalls in Form einer Teamentwicklung.

Ein weiterer Faktor für erfolgreiches Management ist Macht: Führung ist ohne Macht nicht denkbar. Ob diese Macht konstruktiv oder destruktiv eingesetzt wird, ist eine Frage der Führungskompetenz. Wer Macht mit Gewalt durchsetzt, führt ungeeignet, wer dagegen Macht durch Überzeugung ausübt, hat gute Chancen, Prozesse erfolgreich zu steuern. Gespräche mit dem Ziel der Überzeugung des Andersdenkenden sind langfristig wirkungsvoller als psychische oder soziale Zwänge. Der Führungskraft in dem genannten Beispiel ist das im geschützten Rahmen des Coachings gelungen: Er hat alle Beteiligten von der Notwendigkeit der offenen Kommunikation überzeugt, anstatt seine Macht auszuspielen. Er hat alle Seiten geduldig angehört, auch wenn es dabei um unangenehme Themen wie den Vorwurf der ungerechten Bevorzugung einzelner Mitarbeiter ging. Dieser Mittel-Manager hat gezeigt, dass er kommunikations- und konfliktfähig ist, und beides gehört zu den Grundbedingungen einer geeigneten *Machtkultur* und zu den entscheidenden Aspekten der sozialen Führungskompetenz.

Machtkultur: Macht wird verantwortlich ausgeübt, wenn ...

- zwischen Überzeugen und Gewaltausübung unterschieden wird;
- Überzeugen als Machtausübung akzeptiert wird;
- keine psychische oder soziale Gewalt angewendet wird;
- Angst keine Grundstimmung in der Abteilung/im Unternehmen ist;
- Argumente sich nur in Ausnahmefällen auf die verschiedenen Hierarchieebenen stützen;
- personale Autorität gefördert wird;
- Macht im Rahmen gemeinsamer Werte ausgeübt wird;
- Macht prinzipiell verliehen und entzogen werden kann.

Ein Ziel ist nicht das gleiche wie eine Vision. »Wir werden die beste Abteilung im Unternehmen« ist ein Ziel, das von dem bereits bekannten Mittel-Manager definiert worden ist. Wenn in einer Abteilung über Ziele und deren Umsetzung diskutiert wird, kann es in vielen Fällen sinnvoll sein, eine möglichst große Zahl von Mitarbeitern an der Diskussion zu beteiligen. So lässt sich sicherstellen, dass alle an einem Strang ziehen, und dass möglichst alle Chancen und Risiken bedacht werden.

Im Gegensatz dazu entstehen Visionen weniger im Kollektiv als vielmehr in der kleinen erlesenen Gruppe des Top-Managements. Eine Vision bedeutet: ein Wunschbild dessen, was das Top-Management in der Zukunft für das und mit dem Unternehmen erreichen will. Je detaillierter dieses Bild gezeichnet wird, desto kraftvoller wirkt es. Wenn zu viele Menschen das Bild zerreden, kann es an Kraft verlieren. Umso wichtiger ist deshalb eine geeignete *Visionskultur*, in der das Top-Management seine Vision gegenüber dem Mittel-Management überzeugend vermittelt, und das mittlere Management wiederum gegenüber der Basis. Gleichzeitig ist es wichtig, dass sie realitätstauglich genug ist, um in eine Strategie einzufließen und umgesetzt zu werden. Außerdem darf – trotz des verlockenden Wunschbildes – die Vergangenheit des Unternehmens nicht vergessen oder verleugnet werden: Sie lebt in der Erinnerung der Mitarbeiter und der Kunden fort und wird nostalgisch reaktiviert, sobald Schwierigkeiten in der Gegenwart auftauchen. Diese nostalgischen Visionen können sich, wie in Kapitel 2 in dem Abschnitt *Die Dynamik scheiternder Prozesse* bereits dargelegt, dann äußerst negativ auswirken und zum Scheitern von Veränderungen führen.

Auch wenn Mittel-Manager mit ihren Abteilungen eigene Ziele verfolgen, sind sie hauptsächlich dafür verantwortlich, in ihren Abteilungen aus diesen übergeordneten Visionen und Strategien konkrete Aufgaben abzuleiten und umzusetzen. Voraussetzung dafür ist ein überzeugendes, Vertrauen vermittelndes Auftreten des Mittel-Managers gegenüber seinen Mitarbeitern einerseits, und Vertrauen des Mittel-Managers in den Visionär an der Spitze andererseits (siehe dazu auch in Kapitel 3 den Abschnitt *Führen heißt vertrauen und Vertrauen vermitteln*). Das ist nur möglich, wenn Menschen einander glauben, das heißt, dass sie etwas für wahr halten, weil es ein anderer sagt – auch wenn der es im Moment nicht begründen kann. Weitere Voraussetzungen für eine positive *Visionskultur* sind:

Visionskultur: Unternehmen können Visionen als Kraftquelle nutzen, wenn ...

- für die Vision ein Gesicht steht;
- ausreichend viele Führungskräfte hinter der Vision stehen;
- die Vision gleichzeitig nicht kollektiv erhoben wird, sondern von der Führungsspitze kommt;
- an die Menschen hinter der Vision geglaubt wird;
- die Vision verstanden wird;
- die Vision vom Mittel-Management überzeugend an die Basis weitergetragen werden kann;
- ein respektvoller Umgang mit Traditionen erfolgt;
- rechtzeitig Folgevisionen aufgebaut werden.

Von einer gelingenden *Veränderungskultur* können wir dann sprechen, wenn die Erfolgsideen des Top-Managements im Unternehmen nicht nur plakatiert, sondern auch umgesetzt werden. Das klingt selbstverständlich, oft genug besteht zwischen Vision und Handlungskonsequenz aber keinerlei Verbindung. »Lasst die da oben reden, wir kümmern uns um unser Tagesgeschäft«, heißt es dann im mittleren und unteren Management. Das kommt insbesondere in multinationalen Konzernen vor, in denen die Muttergesellschaft so weit von ihren Töchtern entfernt sitzt, dass sie deren Marktbedingungen nicht mehr einschätzen kann. In solchen Fällen ist es dann oft viel sinnvoller, dem Top-Management der Tochtergesellschaften möglichst freie Hand in der Unternehmensführung zu geben und sie nicht zu eng an die Visionen der Muttergesellschaft zu binden. Nur so lassen sich Marktchancen vor Ort – von der Einführung neuer Produkte bis hin zur Übernahme von Mitbewerbern – schnell erkennen und auch nutzen.

Erfolgsentscheidend ist dabei die richtige Besetzung des Managements, die durch Potenzialanalysen regelmäßig überprüft werden sollte: An die Spitze gehören kommunikations- und konfliktstarke Persönlichkeiten mit strategischem Weitblick, die Ziele und Visionen formulieren und Erfolgsvertrauen vermitteln. Die mittlere Stufe braucht Führungskräfte, die diese Visionen für die Basis übersetzen und zu konkreten Aufgaben herunterbrechen kann. An der Basis wiederum sind umsetzungsstarke Manager mit kompetenten, disziplinierten und zugleich kreativen Mannschaften erforderlich.

Veränderungskultur: Grundlegende Veränderungen können erfolgreich sein, wenn ...

- aus Visionen Taten werden;
- die Visionen und Ziele in alle Ebenen des Unternehmens getragen werden;
- sinnvolle Fusionschancen genutzt werden,
- erforderliche Kompetenzen und Ressourcen rechtzeitig aufgebaut werden;
- Freiheit in der Unternehmensführung gegeben ist;
- eine regelmäßige Potenzialanalyse in der Führung erfolgt;
- Tyrannen, Mobber und Bluffer freigestellt werden.

Meiner Einschätzung nach wird in Unternehmen oft nicht deutlich genug zwischen Vision, Zielen und Strategie unterschieden. Im folgenden Kapitel möchte ich deshalb auf diese Begriffe noch einmal näher eingehen.

Die Vision als Kraftquelle

Unternehmen brauchen *Visionen* als Kraftquellen, die als motivierender Antrieb wirken und mit ihrer Sogwirkung die Mitarbeiter mitreißen. Das war schon immer so, aber das Wort Vision tauchte erstmals um 1980 im Manageralltag auf. Ursprünglich bedeutet es die göttliche Weissagung über einen Zukunftszustand, oder im therapeutischen Szenario eine Wahnvorstellung innerhalb eines pathologischen Befundes. Beides sollte für das Management nicht gelten.

Dass vor allem im mittleren und unteren Management häufig über »wolkige Visionen, mit denen niemand etwas anfangen kann« geschimpft wird, liegt vor allem daran, dass diese Führungskräfte falsche Erwartungen an eine Vision stellen. Eine Vision ist per se »wolkig«: »›Echte‹ Visionen leben vom Ignorieren des Selbstverständlichen, vom Übertreten des Vorgegebenen«, schreiben Stephan Friedrich von den Eichen, Partner der Unternehmensberatung Arthur D. Little, und Heinz K. Stahl, Professor für verhaltenswissenschaftlich orientiertes Management an der Wirtschaftsuniversität Wien, in ihrem Artikel »Brauchen Unternehmen noch Visionen?«.[18] »Unscharfe Bilder, Vorstellungen, Träumereien bis hin zu Verrücktheiten«, das alles macht ihrer Ansicht nach Visionen aus. Der Vorteil einer Vision ist, dass sie die enge Perspektive des Unternehmensalltags hinter sich lässt und völlig neue Blickwinkel ermöglicht. Der Nachteil: Eine Vision lässt sich nicht auf Knopfdruck hervorzaubern – man muss auf sie warten. Eine Vision sei, so die Autoren, »der Wunschtraum eines Einzelnen«, und sie werfe »im Nachhinein mehr Fragen auf, als sie Antworten auf diese geben kann«. Außerdem blende sie das Kompetenzprofil und die Geschichte des Unternehmens aus – und damit die Wurzeln der Unternehmensidentität. Wie schnell das geschehen kann, zeigen folgende Beispiele:

Der Technologiekonzern ABB war nach 60 Übernahmen von Firmen aus den unterschiedlichsten Branchen und einem riesigen Restrukturierungsprogramm »ein verzettelter, heimatloser Konzern« – so Gilbert Probst und Sebastian Raisch in ihrer Studie über plötzliche Konzernabstürze. Mit der Bahntechnik und dem Kraftwerkbau hatte die Führungsspitze »Herz und Seele des Unternehmens« verkauft. »Der ständige Richtungswechsel und der radikale Umbau führten zu einem kompletten Verlust der Identität«, so die Ansicht der Forscher. Ähnliches lasse sich bei Vivendi Universal, Enron oder Marconi feststellen. Diese Unternehmen sind am eigenen Radikalumbau von einem Versorger (Vivendi) beziehungsweise Rüstungskonzern (Marconi) zu einem Medien-Unternehmen gescheitert. Nach den Worten eines Spitzenmanagers konnte bei Enron am Ende »kein Mensch mehr erklären, was die Grundlagen unseres Geschäfts sind«. Und bei Marconi meinte ein Mitarbeiter: »Wir haben komplett vergessen, wer wir eigentlich sind mit all den Akquisitionen.«[19]

Stahl und von den Eichen plädieren deshalb für die Idee des *leitenden Gedanken* anstelle der Vision. Diesen könne man sich erarbeiten – niemand müsse sich hinsetzen und auf eine Eingebung warten: Der leitende Gedanke sei vielmehr »das Ergebnis einer geradezu preußischen Disziplinierung innerhalb des Führungsteams«. Er definiere den unverzichtbaren Kern des Unternehmens und spüre die Kraftlinien des Erfolgs auf, ohne dabei die Firmengeschichte außer Acht zu lassen. Dieser leitende Gedanke kann zum Beispiel die Konzentration auf ein bestimmtes Geschäftsfeld bedeuten, wie die Degussa dies mit ihrer Fokussierung auf Spezialchemie gezeigt hat; oder auch den Rollenwechsel vom Produzenten zum Vermarkter, so wie ihn der Konsumgüterhersteller Procter & Gamble vollzogen hat, der heute als Markenmanager auftritt. Ob man dies nun eine *Vision* oder einen *leitenden Gedanken* nennen mag – wichtig ist, dass damit ein Richtungsweiser aufgestellt wird, der eine weit in die Zukunft gerichtete Orientierung ermöglicht. Ich gebe den Autoren Recht, wenn sie sagen, Visionen fielen in der Hektik des Unternehmensalltags mit all den Regeln und engen Zeitplänen nicht vom Himmel – aber an Wichtigkeit für ein Unternehmen haben Visionen meines Erachtens nicht verloren. Sie müssen nur mit realistischen Zielvorgaben verknüpft werden.

Unternehmensleitbilder beinhalten die Führungsgrundsätze eines Unternehmens. Typische Sätze hierfür sind »Der Kunde bestimmt unser Handeln« oder »Unsere Innovationen gestalten die Zukunft«. Sie geben Managern und Mitarbeitern eine Orientierung darüber, wie sie miteinander und mit den Kunden umgehen und nach welchen Grundsätzen sie Entscheidungen treffen sollen – um so die Vision der Führungsspitze umsetzen zu können.

Geschäftliche *Zielvorgaben* wiederum präzisieren die vagen Formulierungen der Vision und des Leitbildes. Sie geben beispielsweise eine Umsatzsteigerung von x Prozent oder die Steigerung des Marktanteils um einen bestimmten Faktor vor, oder sie formulieren, dass die Unabhängigkeit des Unternehmens gesichert werden soll. Wie genau dies zu geschehen hat, wird für die einzelnen Geschäfts- und Funktionsbereiche weiter heruntergebrochen, das heißt in messbare Teilziele gegliedert, die dann genau terminiert werden müssen.

Franz Xaver Bea, Professor für Betriebswirtschaftslehre an der Universität Tübingen, und Jürgen Haas schlagen folgende Zielhierarchie im Strategischen Management vor[20]:

Abbildung 6: Die Zielhierarchien in der Führungsstrategie

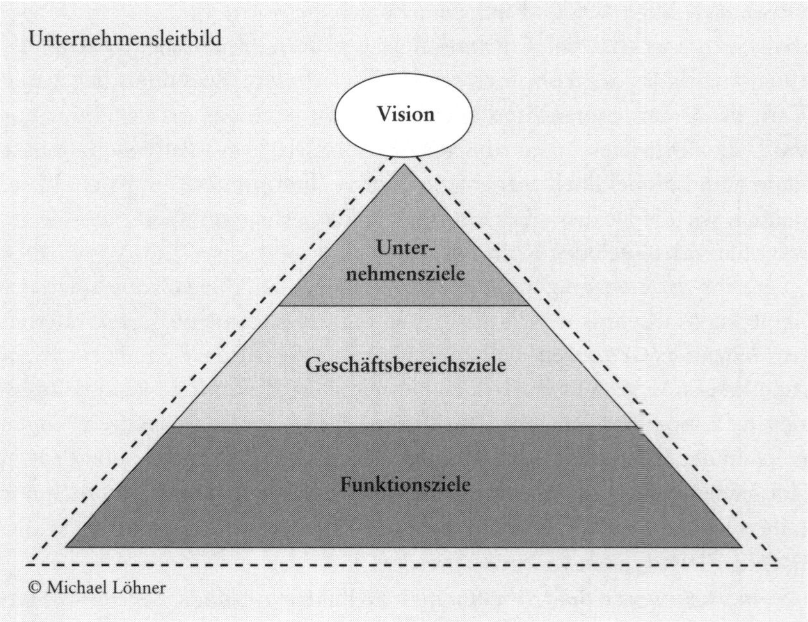

Eine *Strategie* wiederum beschreibt den genauen Plan, *wie* ein bestimmtes Ziel erreicht werden soll, wobei man diejenigen Faktoren, die in die eigene Aktion hineinspielen können, von vornherein in die Kalkulation mit einbezieht. Ohne Strategie bleiben sowohl eine Vision als auch eine geschäftliche Zielvorgabe nichts als leere Worthülsen. Das zeigt eine Studie der Psychologieprofessorin Shelley Taylor von der University of California: Taylor bildete drei Gruppen aus Studenten, die jeweils ihr Lernverhalten verbessern wollten. Die »Visionen-Gruppe« sollte sich in den schönsten Farben vorstellen, wie sie nach der erfolgreich abgelegten Prüfung die Glückwünsche ihrer Familie und Freunde entgegennehmen und mit sich selbst zufrieden sein würden. In der zweiten Gruppe, der »Hindernisse-bewältigen-Gruppe«, wurden die Studenten instruiert, sich alle Ereignisse vorzustellen, die sie vom Lernen abhalten könnten, beispielsweise eine Party, schönes Wetter oder eine entmutigend schlechte Note. Sie sollten sich dann vor Augen führen, wie sie trotz dieser Verlockungen beziehungsweise Rückschläge weiter am Schreibtisch sitzen und lernen würden. Die dritte Gruppe schließlich bekam keinerlei Anweisungen.

Das Ergebnis der ersten beiden Gruppen erscheint verblüffend, denn die »Hindernisse-bewältigen-Gruppe« erwies sich am erfolgreichsten: Sie steigerte ihre Leistung kontinuierlich. Dagegen fielen die Leistungen der »Visionen-Gruppe« immer mehr ab: Ihr Lerneifer war sofort dahin, sobald sie von der Realität eingeholt wurden – zum Beispiel in Form schlechter Noten. »Der Glaube an Visionen mag zwar kurzfristig Energien freisetzen. Langfristig aber gilt es, Visionen mit Strategien zu unterfüttern«, schlussfolgert der Psychologe Christoph Eichhorn aus dieser Studie. Nur so gelange man Schritt für Schritt ans Ziel.[21]

Genau das Gleiche gilt für die Umsetzung von Visionen und Zielen innerhalb von Unternehmen. Eine Vision, die die Leistungsfähigkeit und den Werdegang eines Unternehmens angemessen berücksichtigt, ist für den Erfolg gleich in mehrfacher Hinsicht entscheidend.[22]

Visionen mit konkreten Zielvorgaben helfen zu ...

... *entscheiden:* Wer ein Ziel vor Augen hat, weiß, wie er Alternativen zu bewerten hat.
... *koordinieren:* Verschiedene Geschäftsbereiche greifen wie Zahnräder ineinander, wenn sie auf ein gemeinsames Ziel hinarbeiten.
... *informieren:* Ziele setzen sowohl die Mitarbeiter eines Unternehmens als auch dessen Kunden und Anteilseigner über künftige Entwicklungen in Kenntnis. Das schafft Planungssicherheit für alle Involvierten.
... *kontrollieren:* Nur ein messbares Ziel lässt sich erreichen. »Dringend« ist kein Termin. Wer »auf die Kostenbremse treten« soll, weiß nicht, wann wieder Zeit zum Gasgeben ist. Oftmals werden Ziele nur deshalb nicht konkret formuliert, damit nachher niemand für seine Nicht-Erreichung geradestehen muss.

... legitimieren: Vor allem unpopuläre Ziele wie Sparmaßnahmen oder eine Umsatzerhöhung, die etwa durch längere Arbeitszeiten erreicht werden soll, werden in vielen Unternehmen durch besondere Zielformulierungen gerechtfertig: »Erhaltung von Arbeitsplätzen« heißt es dann zum Beispiel, oder »Sicherung des Standorts«.
... motivieren: Wenn Manager und Mitarbeiter ein genaues Ziel vor Augen haben, können sie ihre Kräfte so bündeln, dass sie es in gemeinsamer Anstrengung erreichen. So entsteht Wir-Gefühl und Identifikation mit dem Unternehmen.

Es sind aber nicht nur Visionen, die dem Unternehmen eine Richtung geben und Identität stiften. Wenn wir die Geschichte einzelner Unternehmen betrachten, so stoßen wir immer wieder auf eine ähnliche Entwicklung identitätsstiftender Faktoren, die sich im Laufe der Zeit gegenseitig überlagern.

Abbildung 7: Identitätsstiftung im Unternehmen

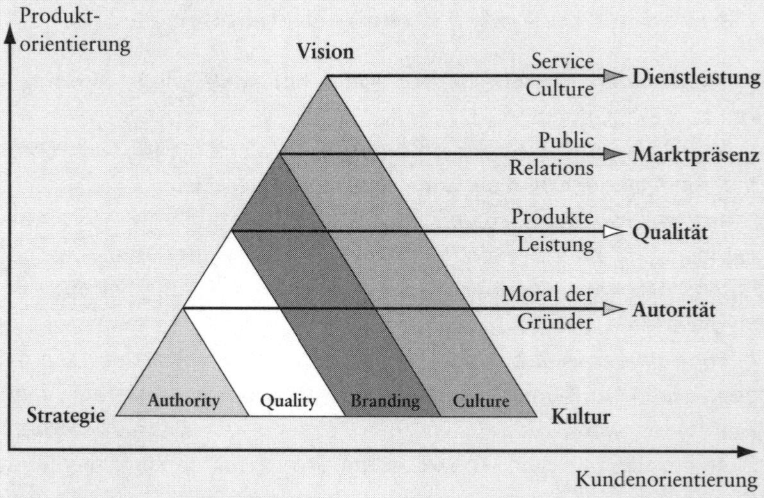

Autorität: Die großen Menschen an der Spitze

In den ersten Jahren nach einer Unternehmensgründung schöpfen Mitarbeiter Kraft und Orientierung aus der Zufriedenheit der Autoritätsträger – also des Gründers selbst, der Gründerfamilie oder des Gründerteams. Denken wir nur an die großen Namen wie Krupp, Siemens, Grundig oder Oetker: Sie sicherten den Entwicklungsweg und den Erfolg des jeweiligen Unternehmens. Die Orientierung des Hauses war *moralisch*, das heißt, die vom Gründer geprägten Normen und Werte des Systems garantierten dem Mitarbeiter dessen Selbstwert. Im Mittelpunkt standen die systemischen Tugenden wie Gehorsam, Ordnung, Pünktlichkeit, Sauberkeit, Berechenbarkeit, Zuverlässigkeit oder Verfügbarkeit in weitem Sinne.

Die 68er-Revolution brachte den Verdruss gegenüber dieser Moral ans Licht, bei der nicht die personalen Bedürfnisse, sondern vielmehr die Interessen eines Systems im Mittelpunkt standen. Der Wust an Normen war für die Betroffenen zu groß und zu unglaubwürdig geworden: Einerseits waren die Normengeber oft in der glücklichen Situation, den geforderten Verzicht nicht selbst demonstrieren zu müssen, und andererseits war auch der Großteil der Menschen nicht glücklich, dem es gelungen war, alle geforderten Normen einzuhalten. Die Unternehmen mussten also eine weitere Kraftquelle für die Motivation ihrer Mitarbeiter entdecken, die auch außerhalb einer personifizierten Gründermoral funktionierte.

Diese Entwicklung gilt nicht nur für die »alten« Unternehmen der Republik, sondern für alle. Nehmen wir als Beispiel diejenigen, die in der kurzen Blütezeit der New Economy gegründet wurden. Auch hier stand zunächst die Person der überwiegend jungen Gründer im Mittelpunkt des Interesses. Doch mit Personenkult allein lassen sich keine erfolgreichen Geschäfte machen – und nach der Anfangs-Euphorie waren viele Mitarbeiter nicht mehr gewillt, Tag und Nacht für wenig Gehalt zu arbeiten.

Qualität: Das Beste ist gerade gut genug

In der darauf folgenden Phase stellen die Unternehmen die *Qualität* der Produkte und Leistungen in den Mittelpunkt: »Wir sind am besten« und »Wir sind die Besten« euphorisiert und motiviert. Das Bindeglied zwischen den Unternehmensebenen ist das gemeinsame Ziel, den Wettbewerb durch Qualität auszugrenzen. Im Mittelpunkt steht eine *funktionale Orientierung* der Mitarbeiter: Die Prozesse sollen reibungslos funktionieren.

Die Selbstdefinition über die Qualität der Produkte und Leistungen ist jedoch auf Dauer zur erfolgreichen Identifikation mit dem Unternehmen nicht geeignet. Mitarbeiter lassen sich nicht so problemlos in die Prozessketten einpassen, wie es die verschiedenen Motivationsmodelle versprochen hatten. Außerdem werden die Produkte und Leistungen der verschiedenen Unternehmen, die allesamt für sich in Anspruch nehmen, die »Besten« zu sein, immer vergleichbarer. Zur Unterscheidung im Wettbewerb werden deshalb andere Faktoren oder Zeichen nötig.

Branding: Wir stellen uns dar

Das ist der große Auftritt der PR-Berater, von denen sich die Unternehmen entscheidende Punkte in der Schlacht um Wettbewerbsvorteile erhoffen. Corporate-Image, Corporate-Design oder Corporate-Logo werden höchste Bedeutung beigemessen, über Schriftzug und Farbe im Logo auf höchster Führungsebene stundenlang diskutiert. »Wie stellen wir uns nach außen und innen dar?« ist zur entscheidenden Frage des Marketings geworden.

Im Mittelpunkt stehen die Wirkung, der Schein, das Image in der Öffentlichkeit. Was wird da nicht alles versprochen: »Auf uns können Sie jederzeit bauen«, »Ihre Zukunft ist durch uns gesichert«, »Nichts ist für uns unmöglich«, »Bei uns finden sie das Besondere unserer Branche«, »Wir haben den Fortschritt« oder »Die Garantie für Sympathie bei uns«.

Viele Manager und Mitarbeiter können aber weder ihre nach außen proklamierte Großartigkeit innen kaum wiederentdecken, noch sind sie überhaupt zu den beschriebenen Fähigkeiten ihres Unternehmens in der Lage. In vielen Häusern dreht sich die beschriebene Abwärtsspirale: Unsicherheit, Umsetzungsfrustration, Widerstand von unten, Gegengewalt von oben, Abkehr von der verordneten Vision und nostalgische Rückwendung zu früheren Zeiten, schließlich Misserfolg (siehe dazu in Kapitel 2 den Abschnitt *Die Dynamik scheiternder Prozesse*). Im Mittelpunkt dieser Unternehmen steht der *funktionale Beitrag* der Mitarbeiter zur Imageverbesserung im Sinne der »Hochglanz-Sollvorgabe«. Ein Mitarbeiter jedoch ist kein maschinelles Zahnrad, das sich auf seinen funktionellen Nutzen reduzieren lässt. Ohne geeignetes Beziehungsvertrauen zwischen Basis und Mittel-Management lässt sich keine Vision umsetzen, und wenn das Top-Management Parolen ausgibt, hinter denen keine Strategie steht, sind Visionen nichts als leeres Geschwätz. Weil rein moralische und funktionale Orientierungen den Menschen in seinen individuellen Bedürfnissen nicht ausreichend berücksichtigen und zufrieden stellen, ist es nötig, eine Unternehmenskultur zu leben, die individuelle und personale Werte mit einschließt.

Individualität: Comeback der Werte

Eine ethische Orientierung ist deshalb gefragt. Diese betrifft auch die Frage, wie die Vertreter der verschiedenen Stufen der Führung so miteinander umgehen können, dass Vertrauen in die Beziehungen untereinander und Vertrauen in den gemeinsamen Erfolg möglich werden. Beinahe jedes Unternehmen lässt heute in seinen Führungsgrundsätzen und Visionen durchklingen, dass die Person des Mitarbeiters einen besonderen Stellenwert im Hause einnimmt. Mit dem Bekenntnis zu Werten und der Information darüber sind aber noch lange keine Handlungskonsequenzen aktiviert: »Worte kochen keinen Reis«, sagen die Chinesen. Tatsächlich begründet die Kluft zwischen Absicht und tatsächlicher Handlung heute die meisten Frustrationen in den Unternehmen.

Und hier liegt auch die Wurzel der Unzufriedenheit vieler Kunden. Ein Unternehmen, das seinen Mitarbeitern keine Wertschätzung entgegenbringt, wird dazu auch nicht gegenüber seinen Kunden in der Lage sein. Werden in einem Unternehmen jedoch Werte nicht nur verkündet, sondern auch gelebt, so wirken diese ebenfalls nach außen. Für Führungsspitze, Manager und Mitarbeiter gilt deshalb der Grundsatz:

Wir müssen innen für außen üben.

So wird die Umsetzungsproblematik von Visionen und Zielen gelöst – oder wie es von den Eichen und Stahl formulieren: die »Brücke zwischen Wollen und Handeln« gebaut.

Nach diesem ausführlichen Einblick in die Dynamik und Problematik der Steuerung von Prozessen geht es im folgenden Kapitel darum, welche Anforderungen und Aufgaben auf welcher Führungsstufe genau bestehen, damit aus Visionen tatsächlich Taten werden.

Kapitel 3

Erfolgreich führen mit dem Drei-Stufen-Konzept

Dass Top-Führungskräfte andere Aufgaben bewältigen und andere Anforderungen erfüllen müssen als Manager auf der mittleren oder unteren Hierarchiestufe, haben wir bereits im ersten Kapitel gesehen: Im *Top-Management* ist die Entwicklung von Visionen und Strategien gefragt. Hier wird über Zielvorgaben, Produktinnovationen, Ausweitung der Marktanteile, Fusionen, Unternehmensstrukturen und Ähnliches entschieden, gleichzeitig müssen Top-Manager den anderen Führungsebenen aber auch das Vertrauen vermitteln, dass diese Strategien richtig und erfolgversprechend sind.

Im *mittleren Management* geht es um die Kommunikation dieser Erfolgsideen an die Basis. Mittel-Manager müssen Beziehungsvertrauen sowohl zum unteren als auch zum Top-Management herstellen und pflegen – persönliche Kontakte sind hier also sehr wichtig. Sie müssen an den Erfolg der Führungsspitze glauben und den anderen Führungsstufen vermitteln, dass auf sie als Mittel-Manager Verlass ist.

Im *Basis-Management* wiederum kümmern sich Team-, Ressort- oder Projektleiter um die konkrete Umsetzung der Strategien. Basis-Manager müssen zudem Kompetenzvertrauen an die übergeordneten Führungsebenen vermitteln und für ein ausgeprägtes Qualitätsdenken auf den unteren Ebenen des Unternehmens sorgen. Außerdem sind sie dafür zuständig, das Mittel-Management über die Abwicklung von Projekten und Vorgängen auf dem Laufenden zu halten.

So weit, so gut, mögen Sie denken, aber das bleibt doch alles ziemlich abstrakt. Recht haben Sie. Deshalb werde ich Ihnen jetzt anhand konkreter Punkte zeigen, inwiefern sich Führung auf den verschiedenen Stufen unterscheidet und wo ihre besonderen Herausforderungen liegen. Dabei stehen vier Aspekte im Vordergrund: Die spezifische *Kompetenz* der Manager, weil diese die Voraussetzung für erfolgreiches Wirtschaften überhaupt darstellt. Zweitens gehe ich besonders auf die *Verantwortungsberei-*

che der einzelnen Führungsstufen ein, denn hier gibt es meiner Erfahrung nach in der Praxis sehr viele Missverständnisse. Drittens soll es darum gehen, unter welchen Rahmenbedingungen Manager auf den verschiedenen Führungsstufen *Entscheidungen treffen* und was dies in der Praxis für den Einzelnen bedeutet – ein Thema, über das bisher nach meiner Einschätzung viel zu wenig nachgedacht wurde. Und als vierter Punkt soll noch einmal das Thema *Vertrauen* behandelt werden. Dazu wurde in der Managementliteratur zwar schon viel gesagt, der konkrete Bezug zu den spezifischen Anforderungen innerhalb der Führungshierarchie aber bisher zu wenig oder gar nicht berücksichtigt.

Führen heißt Kompetenz zeigen

Auf den drei Stufen der Führung brauchen Manager ganz unterschiedliche Kompetenzen: Im Top-Management ist vor allem *Unternehmerkompetenz* erfolgsentscheidend, im Mittel-Management vor allem *Beziehungskompetenz* und an der Basis in erster Linie *Fachkompetenz*. In der Praxis sind alle drei Spielarten der Kompetenz auf allen drei Stufen der Führung gefragt, allerdings in sehr unterschiedlicher Gewichtung.

Die Führungsspitze beantwortet alle *unternehmerischen Fragen*: Welche Chancen und Risiken bietet das unternehmerische Umfeld jetzt und in Zukunft? Welche Stärken zeichnen das Unternehmen aus? Wo liegen seine Kernkompetenzen? Wo liegen seine Schwächen? In welchen Bereichen soll investiert werden? Aus welchen Bereichen zieht sich das Unternehmen zurück? Die kompetente Analyse der aktuellen strategischen Situation und die Ableitung entsprechender Empfehlungen fällt in den Bereich der Unternehmerkompetenz. Obwohl dies ganz klar die Aufgabe des Top-Managements ist, sollten durchaus auch Manager der anderen Führungsstufen unternehmerisch mitdenken: Wie können wir Prozesse so optimieren, dass weniger Kosten anfallen? Was kann der Vertrieb in der täglichen Praxis tun, um die Kunden enger an das Unternehmen zu binden? Das sind die Fragen, mit denen Mittel-Manager täglich konfrontiert sind, und zu deren Beantwortung sie ihren Teil beitragen können.

Ein *kompetenter Umgang mit Beziehungen* ist die wichtigste Aufgabe des mittleren Managements. Führungskräfte dieser Stufe sind es, die in engem Austausch mit der Basis stehen und mit ihrer gesamten Persönlichkeit für Vertrauen und Motivation sorgen. Darüber hinaus ist Beziehungskompetenz auf jeder Stufe der Führung notwendig. Eine Führungsspitze, die ihre nachgeordneten Manager in Angst und Schrecken versetzt, verliert bald den Rückhalt im Unternehmen. Schottet sie sich von konstruktiven Gesprächen ab, weiß sie bald nicht mehr, ob es sich bei ihren Visionen um Erfolgsideen handelt oder um unrealistische Wunschvorstellungen. Manager an der Basis wiederum, die weder mit ihren Mitarbeitern noch mit ihren Kunden umgehen können, schaden unmittelbar dem Image des Unternehmens.

Fachkompetenz, also aktuelles Fachwissen im engeren Sinne, ist das Feld der unteren Management-Stufen. Hier wird schließlich dafür gesorgt, dass die Strategien der Führungsspitze in Produkte oder Leistungen verwandelt werden und somit der Gewinn des Unternehmens gemacht wird. Dennoch braucht natürlich auch ein Top-Manager ein gewisses Maß an Expertise, um seine unternehmerischen Entscheidungen richtig zu treffen. Wer überhaupt nichts von Computern versteht oder von Arzneimitteln, der sollte nicht unbedingt im Top-Management eines darauf spezialisierten Konzerns sitzen. Insgesamt nimmt die Bedeutung der Fachkompetenz aber ab, je weiter wir in der Hierarchie nach oben schauen.

Gerade auf der mittleren Stufe der Führung ist hier in letzter Zeit ein Wandel festzustellen, so Heinz K. Stahl, der nach 25 Jahren Management für den Unilever-Konzern nun als Professor das internationale Forschungsnetzwerk »Führung und Komplexität« an der Universität Innsbruck steuert. Er schreibt, dass »durch und vor allem nach dem Verschlanken vieler Unternehmen (...) der Wissensvorrat nicht mehr auf einzelne mittlere Manager konzentriert, sondern in der Organisation verteilt« ist. Und mehr noch: Unternehmerisch notwendiger Wandel werde durch die Selbstsicherheit und das Beharrungsvermögen, mit denen die Fachkompetenz verbunden sei, unnötig behindert.[23]

Es ist also nicht nur unsinnig, sondern sogar schädlich, wenn Unternehmen sich ausschließlich auf die Fachkompetenz ihrer Manager fixieren – ganz gleich, auf welcher Führungsstufe sie sitzen. Viel wichtiger ist es, dass an der Spitze kompetente Unternehmer agieren, auf der mittleren Hierarchiestufe kompetente Beziehungsmanager und an der Basis genauso kompetente wie flexible Fachexperten; und dass jeder, der auf Fachkompetenz zurückgreifen will, weiß, wie und wo er sich den Zugang dazu verschaffen kann. Hier noch einmal die Kompetenzverteilung auf den verschiednen Stufen der Führung in einer Übersicht:

Abbildung 8: Stufenspezifische Führungskompetenz

Führungskräfte sind kompetent als ...

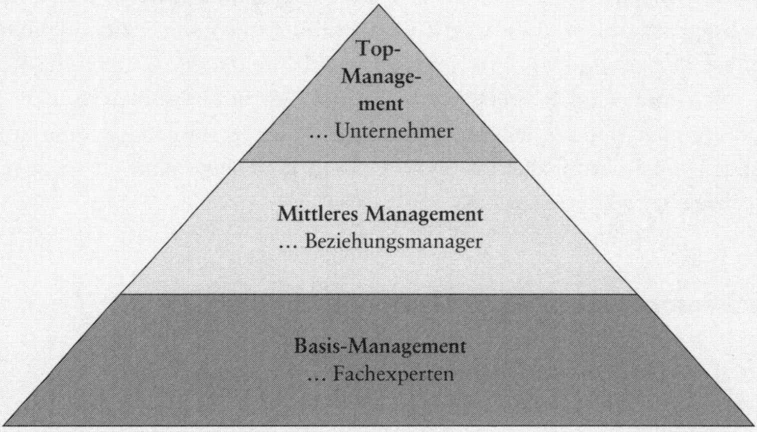

Soziale Kompetenz ist auf jeder Stufe notwendig

Beziehungskompetenz wird in der sozialpsychologisch orientierten Managementliteratur auch als *soziale Kompetenz* bezeichnet. Diese »bedeutet im heutigen Verständnis den Einsatz verantwortungsbewussten Handelns beim Eintreten für die eigenen Bedürfnisse und Rechte, also ohne damit die Rechte anderer Menschen einzuschränken«, definieren die Experten für psychologisches Konfliktmanagement Hugo-Becker und Becker.[24] Sozial kompetente Menschen treten aber nicht nur für ihre eigenen Interessen ein, sie übernehmen auch Verantwortung über die eigenen Belange hinaus. Es handelt sich also um eine Gratwanderung zwischen Durchsetzungsvermögen einerseits und Kooperationsfähigkeit andererseits – oder anders ausgedrückt: zwischen autonomem und hilfsbereitem Handeln.

Im Unternehmensalltag wird Durchsetzungsfähigkeit immer noch als wichtige Kompetenz eines Top-Managers wahrgenommen, obwohl es auch auf dieser Führungsstufe zunehmend darauf ankommt, Netzwerke zu schaffen, Kooperationen einzugehen und Bündnisse zu schmieden. Häufig müssen sich Manager heute auch in vernetzten Strukturen behaupten, wobei ihre Führungsfunktion nur noch inhaltlich legitimiert und nicht mehr durch Hierarchien untermauert wird. Burkhard Schwenker, CEO bei Roland Berger Strategy Consultants, formulierte diesen Wandel folgenderweise: »Führungskräfte von morgen sind anders, weil sie neue Werthaltungen leben müssen, weil sie neue Rollenkombinationen praktizieren müssen, weil sie in einem hochgradig kompetitiven Umfeld agieren, aber gleichzeitig mit zunehmenden Freiheitsgraden und Gestaltungsmöglichkeiten zurechtkommen und schließlich, weil sie eine hohe persönliche Stabilität mitbringen müssen, um das unruhige Umfeld und heterogene Erwartungen ausgleichen zu können.«[25]

Fachkompetenz braucht Methodenkompetenz

Auf allen drei Stufen der Führung ist neben sozialer Kompetenz und Fachkompetenz auch *Methodenkompetenz* gefragt, wobei diese eng mit der Fachkompetenz verbunden ist. Wer viel über sein Fachgebiet weiß, sollte dieses Fachwissen anderen Personen auch zugänglich machen können. Auf der mittleren Führungsstufe kommt es dabei vor allem auf *Präsentations-* und *Moderationstechniken* an: Intern können damit nachgeordnete Manager oder Kollegen aus anderen Bereichen, extern auch Kunden von Erfolgsideen überzeugt werden. Manager an der Basis sind gut beraten, ihre Kompetenz im *Projektmanagement* aufzubauen und zu pflegen – sind sie es doch, die große Pläne in konkreten Teilschritten umsetzen. Je höher wir schließlich in der Hierarchie blicken, desto mehr Gewicht erhalten *konzeptionelle* und *analytische Fähigkeiten* sowie *vernetztes Denken.* Denn hier geht es nicht mehr nur um die Lösung bestimmter Teilaufgaben, sondern um die Entwicklung neuer Strategien – und auch die erfolgt auf der Basis von Fachkenntnis: Was kann unser Unternehmen leisten? Wie funktioniert der Markt? Wie können wir uns darin so positionieren, dass wir uns erfolgreich durchsetzen?

Ein nicht zu unterschätzender Teil der Methodenkompetenz ist die so genannte *inszenatorische Kompetenz*, oder einfacher ausgedrückt: die Fähigkeit zur Selbstdarstellung. Das hat durchaus etwas mit Schauspielerei zu tun. Nach Beobachtung von Heinz K. Stahl sind die unteren Hierarchiestufen in dieser Disziplin nicht allzu stark gefordert: Ein Meister zum Beispiel sei für seine Mitarbeiter ständig präsent, hier vermische sich die anordnende mit der ausführenden Arbeit. Anders sieht es jedoch etwa bei

Bereichsleitern oder anderen Vertretern des mittleren Managements aus: Je nach Größe des Konzerns und Naturell dieses Vorgesetzten kann sein Auftritt schon einmal einer regelrechten Inszenierung gleichen: Der Vorhang geht auf – im Unternehmen wird dies zumeist eine Tür sein – und der Vorgesetzte steht mitten im Büro und deklamiert theatralisch eine Anweisung oder eine Frage. (Seine Mitarbeiterinnen und Mitarbeiter reagieren ihrerseits mit ausgefeilter Schauspielerei: Sie telefonieren äußerst geschäftig, hacken wild auf ihren Tastaturen herum oder blättern konzentriert in Akten.) Nach Ansicht Stahls sollte sich ein Mittel-Manager, ob er will oder nicht, »auf eine bestimmte Art und Weise ausdrücken und darstellen können. Diese Art und Weise muss bei den anderen einen Eindruck hervorrufen, der sie veranlasst, mit seinen Plänen übereinzustimmen.«[26] Es reiche nicht aus, sich auf die bloße Interaktion zu berufen, nach dem Motto: »Die Show überlasse ich anderen, ich mache bloß meine Arbeit.« So eine Verhaltensweise könne die Mitarbeiter sogar herabsetzen. Um Aufmerksamkeit für bestimmte Probleme, Erfolge oder Ideen zu wecken, komme es deshalb auf die kompetente Darstellung an. Aber natürlich hat die Inszenierung auch Grenzen: Einen Bluff durchschauen die Mitarbeiter schnell, und dann verliert der Manager schnell an Glaubwürdigkeit.

Auf den oberen Rängen der Hierarchie gelten wiederum andere Regeln: Top-Manager von Großkonzernen können sich den Auftritten im Unternehmen leichter entziehen – niemand erwartet von ihnen ständige Präsenz. Andererseits müssen auch sie sich in der Öffentlichkeit zeigen, aber dann gleich in ganz großem Stil: mit großen Presse-Events oder Messe-Shows, Zeitungsinterviews oder Auftritten im Fernsehen. Auf diese Weise haben sich vor allem amerikanische Konzernchefs wie Bill Gates, Steve Jobs oder Jack Welsh zu Superstars entwickelt. Dass bei diesen Auftritten wiederum andere Regeln gelten als in den Führungssituationen innerhalb des Unternehmens, dürfte klar sein: Würde ein Spitzenmanager wie Bill Gates sich in den Gängen seines Unternehmens genauso aufführen wie bei seinen TV-Auftritten, würde ihn in der Firma kein Mensch mehr ernst nehmen.

Kompetenz als Machtmittel

Weil *Unternehmerkompetenz*, *Beziehungskompetenz* und *Fachkompetenz* auf den verschiedenen Stufen der Führung unterschiedlich stark ausgeprägt sind, besteht eine starke Abhängigkeit zwischen diesen Stufen. Das gilt von unten nach oben genauso wie umgekehrt. Stephen R. Covey bezeichnet diesen Zusammenhang als *Stärke durch Nutzen*: »Die Geführten haben etwas anzubieten, was der Führende benötigt – Zeit, Energie, Fähigkeiten, Interesse, Talent, Unterstützung und so weiter. Umgekehrt verhält es sich ebenso: Der Vorgesetzte bietet Wissen, Geld, Aufstiegschancen, ein gutes Betriebsklima, interessante Aufgaben, Sicherheit.«[27] Die unteren Stufen bieten also Fachkompetenz (»Fähigkeiten«), die oberen gewähren durch ihre Unternehmerkompetenz einen Arbeitsplatz (»Sicherheit«).

Dabei sind sowohl die Führenden als auch die Geführten durchaus in der Lage, den Umfang der von ihnen gebotenen Kompetenzen je nach Interessenlage zu dosieren, sprich: ihre Kompetenz als Machtmittel einzusetzen. *Fachkompetenz*, also die Kenntnisse bestimmter technischer Details oder besonderer Methoden, ist wie gesagt vor allem an der Basis anzutreffen. Es kommt immer wieder vor, dass Unternehmen sich von wenigen Spezialisten abhängig machen, die ein großes Geheimnis um ihr Wissen spinnen. Da kann nur Labormitarbeiter X das zentrale Gerät bedienen, da kann nur Ingenieur Y die elektronische Fräsmaschine programmieren und nur Archivar Z kennt sich in den Untiefen »seines« Archivs aus.

Ähnlich agieren manche Mittel-Manager mit ihrer speziellen *Beziehungskompetenz*: »Mein Wissen über die Kunden, deren Macken, Tricks, Vorlieben und Schwächen, aber auch über die internen Betriebsabläufe, ist mein Schatz. Den verteidige ich wie eine Tigerin. Außerdem weiß ich ganz genau, wer wann welche und wie viele Informationen zu bekommen hat«, gibt zum Beispiel die Leiterin des Büros für Kundenbetreuung einer Versicherung zu Protokoll.[28] Wenn diese Manager an bestimmten Schnittstellen zur Außenwelt arbeiten, können sie außerdem Macht aus ihrem privilegierten Zugang zu Kunden, Zulieferern, Geschäftspartnern oder öffentlichen Institutionen gewinnen.

Aufgrund ihrer hierarchischen Position haben es die Vertreter des Top-Managements am leichtesten, ihre *Unternehmerkompetenz* als Machtmittel einzusetzen: Sie brauchen lediglich Regeln zu erlassen, die den Aktionsradius bestimmter Manager in der Organisation einengen oder ausweiten.

Einen Sonderstatus nehmen übrigens Sekretärinnen und andere *Gate Keeper* (Torwächter) ein, wie etwa persönliche Referenten oder besondere Vertraute der oberen Hierarchiestufen – und das kann durchaus auch der Hausmeister sein. Sie haben häufig Zugang zu und Kontrolle über Informationen, die anderen verschlossen sind und ziehen daraus einen nicht zu unterschätzenden Einfluss.[29]

Kompetenz lässt sich lernen

Fachkompetenz lässt sich lernen – darin besteht weitgehend Einigkeit. Ob man soziale Kompetenz erlernen kann, ist da schon eher ein Streitthema unter den Experten, wird aber ebenfalls von einer Mehrheit bejaht. Gänzliche Uneinigkeit besteht allerdings im Fall der Unternehmerkompetenz. Ich bin der Auffassung, dass sich jede Kompetenz lernen lässt. Individuelle Charakterstrukturen lassen sich dabei jedoch nicht wegtrainieren, und auch der Intelligenzquotient eines Menschen lässt sich nachträglich nicht mehr ändern. Aber betrachten wir nun die Kompetenzen im Einzelnen.

Wenn sich *Fachkompetenzen* nicht erlernen ließen, könnten wir alle Schulen und Universitäten schließen, denn unsere kulturellen Grundtechniken wie Lesen, Schreiben und Rechnen gehören genauso zu den Fachkompetenzen wie das Expertenwissen, das wir im Laufe unserer Aus- und Weiterbildung sowie in unserem Berufsleben erwerben. Marcus Buckingham und Curt Coffman, beide Führungskräfte innerhalb des US-amerikanischen Gallup-Institutes, haben in einer Studie die »Kernmerkmale guter Führungskräfte und erstklassiger Arbeitsplätze« ermittelt und sich in diesem Zusammenhang detailliert damit befasst, welche Merkmale sich trainieren lassen und welche nicht. Ihrer Ansicht nach kann *Faktenwissen* vermittelt werden, es sei für die Berufsausübung sogar vielmehr unerlässlich, das jeweilige Faktenwissen zu erlernen: Ein Buchhalter muss schließlich die Regeln der doppelten Buchführung kennen, eine Flugbegleiterin die Sicherheitsvorschriften und ein Ingenieur die aktuellen DIN-Normen. *Erfahrungswissen* dagegen sei weniger fassbar und schwerer zu vermitteln. »Es gilt immer wieder innezuhalten, zurückzublicken und die Erfahrungen der Vergangenheit auszuwerten«, schreiben Buckingham und Coffman. »Durch diese Reflexion beginnen sich Strukturen, Muster und Zusammenhänge herauszuschälen – man begreift, man gewinnt Verständnis.«[30] Einerseits bezieht sich dieses Verständnis auf die fachlichen Zusammenhänge, andererseits darauf, mit welchen Methoden man am besten zum Ziel kommt.

Besonders im Hinblick auf eine gesunde Fehlerkultur im Unternehmen ist die ständige Arbeit an der eigenen Fach- und Methodenkompetenz unabdingbar – das haben wir im Zusammenhang mit der erfolgreichen Steuerung von Prozessen bereits gesehen (siehe in Kapitel 2 der Abschnitt *Gelungene Prozesssteuerung*). Fehler dürfen passieren, aber sollten immer sofort als Anstoß für Verbesserungen genutzt werden.

Angesichts der weltweit sehr großen Zahl hervorragend ausgebildeter Fachkräfte, des qualifizierten Technologietransfers und der didaktisch ausgefeilten Methoden bei der Wissensvermittlung gilt *Fachkompetenz* heute nicht mehr als entscheidend für den Erfolg eines Unternehmens, sondern als selbstverständlich. *Soziale Kompetenz* verdrängt Fachkompetenz mit jedem Schritt auf der Karriereleiter. Sachwissen überträgt sich nicht von selbst, und ein Mensch widerspricht einem anderen Menschen oft nur deshalb, weil ihm der andere vom Typ her nicht liegt. Das reicht dann in der Regel schon aus, um gegen eine bestimmte Sache zu sein. Um das zu vermeiden, sind Manager mit sozialer Kompetenz gefragt.

Fachkenntnisse werden vorausgesetzt, erfolgsentscheidend ist jedoch die soziale Kompetenz.

Ob man soziale Kompetenz lernen kann, darüber ist sich die Fachwelt nicht einig. Die Gallup-Forscher zum Beispiel sind überzeugt davon, dass das Talent, Beziehungen zu knüpfen, im Menschen angelegt und damit relativ unveränderbar ist. Ob jemand kontaktfreudig ist oder nicht, ob er schnell Vertrauen zu anderen Menschen fasst oder nicht, ob er sich gerne und heftig streitet oder Konflikten lieber ausweicht – das Sozialverhalten sei eine »Konstante, die jeden von uns ein Leben lang begleitet«. So sehr man sich auch anstrengen mag, sie lasse sich nicht verändern.[31] Andere Theorien zur Führungslehre untergliedern die soziale Kompetenz jedoch in einzelne Aspekte, die sich durchaus erlernen lassen: Dazu gehören beispielsweise Kommunikationsfähigkeit, die Fähigkeit zur Kooperation und zur Konfliktlösung sowie die Kompetenz, einerseits solidarisch und andererseits selbstbestimmt zu handeln.[32] Zu allen diesen Themen existieren bereits umfangreiche Forschungen, auf deren Grundlage bestimmte Verhaltensregeln erarbeitet worden sind. Und diese Regeln können Sie lernen und trainieren, sie sind Bestandteil Ihrer Methodenkompetenz.

Ich bin ebenfalls überzeugt davon, dass Manager ihre soziale Kompetenz stärken können, und viele meiner Coachings befassen sich genau mit diesem Thema. Voraussetzung ist jedoch die Bereitschaft, ständig an sich selbst zu arbeiten und die eigenen Beziehungen – im Unternehmen, aber auch im privaten Bereich – zu reflektieren: Wie gehe ich mit den Menschen um, die mir wichtig sind? Fordere ich wirklich regelmäßig Feedback ein? Und wenn ich es bekomme, wie reagiere ich darauf? Die ehrliche Beantwortung dieser Fragen fördert zuweilen unangenehme Wahrheiten zutage. Vielleicht sind Sie gar nicht so offen für Kritik, wie Sie das immer glaubten – und weil Ihre Mitarbeiter das spüren, werden Ihnen seit Jahren Informationen über Ihre gescheiterten Erfolgsideen vorenthalten? Oder vielleicht setzen Sie Ihren eigenen Willen gern einmal mit der Brachialgewalt mittelalterlicher Monarchen durch, oder Sie haben – das wäre dann das andere Extrem – eine vermeintlich heile Welt um sich herum aufgebaut, in der alle Mitarbeiter die gleiche Meinung haben und in Harmonie zusammenarbeiten? Eine Welt, in der konstruktive Kritik keinen Platz hat und folglich alle mit mittelmäßigem Erfolg vor sich hindümpeln? Wer den Mut aufbringt, sich mit seinen eigenen Schattenseiten zu konfrontieren, ist schon auf einem guten Weg, seine soziale Kompetenz zu verbessern – man könnte auch sagen, seine Persönlichkeit weiterzuentwickeln.

Buckingham und Coffman definieren Begabung als »wiederkehrendes Denk-, Gefühls- oder Verhaltensmuster, das sich produktiv einsetzen lässt«.[33] Sie glauben, dass es auch bestimmte, im Menschen angelegte Manager-Talente gibt, wie zum Beispiel das Talent, die individuelle Begabung eines Mitarbeiters zu erkennen und im Unternehmen gewinnbringend einzusetzen.[34] Becker und Hugo-Becker dagegen betrachten den »eigenschaftstheoretischen Ansatz« der Managementforschung als gescheitert, mit dem eine Art Generalfaktor »Führerbegabung« gefunden werden sollte.[35] Das sehe ich genauso: Obwohl es bestimmte Charaktereigenschaften geben mag, die Top-Managern nützlich sein können, halte ich auch *Unternehmerkompetenz* für erlernbar. Zum einen besteht sie teilweise aus Aspekten der *Fachkompetenz* – wie zum Beispiel die Fähigkeit, Bilanzen lesen und Marktanalysen verstehen zu können und auf dieser Grundlage Strategien zu entwickeln –, und dieses fachliche Wissen ist erlernbar. Und zum anderen resultiert Unternehmerkompetenz aus der konsequenten Selbstreflexion: Nehme ich mir genug Zeit neben der Tagesroutine, um die strategische Situation des Unternehmens zu analysieren? Mache ich mich zu stark abhängig vom Expertenwissen an meiner Basis oder vom wohlmeinenden Zuspruch meiner Mittel-Manager? Oder umgekehrt: Agiere ich zu selbstherrlich in meinem Elfenbeinturm, weiß aber nicht genau, was an der Basis vor sich geht? Und durch diese ständige Selbstreflexion lässt sich die eigene Unternehmerkompetenz ebenfalls verbessern.

Ein guter Leitgedanke für die Selbstreflexion ist das Biophilie-Postulat, das ich Ihnen bereits vorgestellt habe (siehe Kapitel 1, Unterkapitel *Gemeinsam wachsen – im Rahmen der Möglichkeiten*):

»Wir wollen, dass Menschen im Umgang miteinander größer werden.«

Wenn Sie das wirklich wollen, werden Sie Ihren Teil der Verantwortung für den gemeinsamen Erfolg übernehmen. Das heißt für Sie als Top-Führungskraft: Sie werden für strategische Sicherheit im Unternehmen sorgen. Als Vertreterin oder Vertreter der mittleren Führungsstufe schaffen Sie eine vertrauensvolle Beziehung zur Basis und zur Führungsspitze, und als Manager an der Basis sorgen Sie dafür, dass einzelne Aufgaben termingerecht und in der geforderten Qualität abgeschlossen werden.

Das bedeutet Kompetenz auf den drei Stufen der Führung

Wenn Sie im Top-Management tätig sind Sie verfügen über *Unternehmerkompetenz:* Sie sind in der Lage, die Situation Ihres Unternehmens zu analysieren und erfolgversprechende Strategien zu entwickeln.

Ihre *soziale Kompetenz* ist so ausgeprägt, dass Sie sich nicht nur durchsetzen, sondern auch Beziehungsnetze knüpfen können.

Im Rahmen Ihrer *Methodenkompetenz* verfügen Sie insbesondere über analytische und konzeptionelle Fähigkeiten. Ausgeprägt sind aber auch Ihre *inszenatorischen Fähigkeiten*: Bei Ihren Auftritten in Meetings, bei Mitarbeiterversammlungen, in Pressekonferenzen und im Fernsehen zeigen Sie Sicherheit und Überzeugungskraft.

Sie wissen um Ihre Kompetenz als *Machtmittel*: Wenn es notwendig ist, schränken Sie den Aktionsradius der nachgeordneten Manager ein, wenn es möglich ist, weiten Sie ihn aus.

Um Ihre Kompetenzen zu verbessern, nehmen Sie sich regelmäßig Zeit zur *Selbstreflexion*.

Wenn Sie im mittleren Management tätig sind Sie verfügen über *Beziehungskompetenz*: Sie stehen in engem Austausch mit dem Top-Management und der Basis und sorgen mit Ihrer gesamten Persönlichkeit für Vertrauen und Motivation. Mit Ihrer *sozialen Kompetenz* verstehen Sie es außerdem, stabile Beziehungen zu knüpfen. Gleichzeitig verfügen Sie über so viel Durchsetzungsfähigkeit, dass Sie die Ziele der Führungsspitze im Unternehmen überzeugend vermitteln können.

Ihre *Methodenkompetenz* zeigt sich in Ihrem kompetenten Umgang mit

Präsentations- und Moderationstechniken. Mithilfe dieser Methoden gewinnen Sie Manager an der Basis, aber auch Kollegen und Kunden. In Meetings oder Präsentationen treten Sie selbstbewusst auf. Sie wissen, wie Sie Ihr »Publikum« überzeugen können.

Um Ihre *Position zu sichern*, beobachten Sie Ihr Beziehungsnetz genau: Sie wissen, welche Person wie »tickt«, wie sie mit anderen Personen in Beziehung steht und über welche Informationen sie verfügt.

Sie arbeiten vor allem daran, Ihre *soziale Kompetenz* zu *verbessern*: In erster Linie Ihre Kommunikationskompetenz, aber auch Ihre Fähigkeit, Konflikte zu lösen sowie Ihre Kompetenz, zugleich selbstbestimmt und solidarisch zu handeln.

Wenn Sie als Manager an der Basis tätig sind Sie verfügen über *Fachkompetenz*: Sie sind Experte in Ihrem Fachgebiet, halten sich ständig auf dem Laufenden und wissen, in welchen internen und externen Quellen sie welche Fachinformation finden.

Ihre *soziale Kompetenz* zielt vor allem darauf, Ihr Team zu möglichst effektivem und effizientem Arbeiten anzuhalten. Dabei lassen Sie dem Einzelnen so viel Freiraum wie möglich und kontrollieren so viel wie nötig.

Im Mittelpunkt Ihrer *Methodenkompetenz* steht Ihre Fähigkeit als Projektmanager. Daneben verfügen Sie auch über die speziellen Fertigkeiten, die einen Experten in Ihrem Fachgebiet auszeichnen. Im Arbeitsalltag und in Meetings treten Sie überzeugend als Fachmann auf.

Sie wissen, wie sehr das *Unternehmen* von Ihrem Fachwissen *abhängt*. Deshalb achten Sie genau darauf, wem und in welcher Form Sie Ihr Wissen zur Verfügung stellen.

Sie entwickeln sich weiter, indem Sie Ihre *Fach-* und *Methodenkompetenz ausbauen*. Gleichzeitig sind Sie sich bewusst darüber, dass Sie sich mit einem konsequenten Ausbau Ihrer sozialen Kompetenz den Weg zum Aufstieg ins mittlere Management frei machen können.

Führen heißt Verantwortung tragen

In der Praxis hat sich gezeigt, dass Unternehmen mit transparenten Verantwortungsbereichen mit weniger Reibungsverlusten und damit deutlich effektiver wirtschaften als Unternehmen, in denen die Verantwortlichkeiten nicht so klar abgegrenzt sind. Als sinnvoll hat sich folgende Verteilung erwiesen: Das Top-Management trägt die *Erfolgsverantwortung*, die mittlere Stufe die *Beziehungsverantwortung* und die Führungskräfte an der Basis die *Sachverantwortung* – das heißt die Verantwortung dafür, dass die beschlossenen Aufgaben tatsächlich auch umgesetzt werden.

So logisch diese Aufteilung auch klingt, im Alltag der Unternehmen scheitert die Ausführung jedoch oft daran, dass Manager zwar die Verantwortung tragen dürfen, aber nicht über die entsprechenden Ressourcen verfügen: Da entscheidet die Führungsspitze eines Konsumgüterherstellers zum Beispiel, eine bestimmte Aktion mit dem Handel durchzuführen. Der Vertriebsleiter kommuniziert dies an seine Regionalleiter. Die wiederum verfügen aber nicht über genug Personal, um die entsprechenden Displays am Montagmorgen der Kalenderwoche X bei 250 Händlern aufzubauen – und schon ist der schöne Plan gescheitert, und eine Menge Geld in den Sand gesetzt.

Zur *Erfolgsverantwortung* der Führungsspitze gehört demnach auch, den nachfolgenden Stufen ausreichend Ressourcen und Informationen zur Verfügung zu stellen, damit sich Entscheidungen überhaupt umsetzen lassen. Der Top-Manager muss dabei nicht an das einzelne Display denken, sondern vielmehr an die gesamte Prozesskette in seinem Unternehmen. Im Fokus steht dabei vor allem der Mittel-Manager mit seiner *Beziehungsverantwortung*: Dieser muss mit den nachgeordneten Kräften *Sachfragen* klären und dabei gleichzeitig für eine tragfähige *Beziehung* sorgen. Die Sachfragen sind weniger das Problem, die sind schnell aufgezählt:

1. Wissen die entsprechenden Mitarbeiter, welches Arbeitsergebnis von ihnen erwartet wird?
2. Haben sie die dazu notwendigen Informationen, Materialien und Arbeitsmittel?

Nach den Ergebnissen der Gallup-Forscher Buckingham und Coffman sind die Aspekte, die für die Beziehung zwischen Mittel-Management und Basis ausschlaggebend sind, sehr viel zahlreicher. Sie haben unter diesem Aspekt weitere zehn Fragen zusammengestellt, die aus der Perspektive der untergeordneten Mitarbeiter wie folgt klingen:

3. Habe ich bei der Arbeit jeden Tag die Gelegenheit, das zu tun, was ich am besten kann?
4. Habe ich in den letzten sieben Tagen für gute Arbeit Anerkennung und Lob bekommen?

5. Interessiert sich mein/e Vorgesetzte/r oder eine andere Person bei der Arbeit für mich als Mensch?
6. Gibt es bei der Arbeit jemanden, der mich in meiner Entwicklung unterstützt und fördert?
7. Habe ich den Eindruck, dass bei der Arbeit meine Meinungen und Vorstellungen zählen?
8. Geben mir die Ziele und die Unternehmensphilosophie meiner Firma das Gefühl, dass meine Arbeit wichtig ist?
9. Sind meine Kollegen bestrebt, Arbeit von hoher Qualität zu leisten?
10. Habe ich innerhalb der Firma einen sehr guten Freund?
11. Hat in den letzten sechs Monaten jemand in der Firma mit mir über meine Fortschritte gesprochen?
12. Hatte ich bei der Arbeit bisher die Gelegenheit, Neues zu lernen und mich weiterzuentwickeln?[36]

Nach Ansicht der beiden Gallup-Forscher sind nicht nur die Mittel-Manager für das Beziehungsmanagement verantwortlich, in gewissem Maße sind es auch die Führungskräfte der unteren Stufe: Beide stehen in direktem Austausch mit einer großen Zahl von Mitarbeitern, und beide können durch eine »Schreckensherrschaft« ganze Bereiche lahm legen oder aber durch erfolgreiche Führung Abteilungen zu Höchstleistungen animieren. Die jeweils direkten Vorgesetzten sind nach Einschätzung von Buckingham und Coffman ausschlaggebend dafür, wie lange jemand im Unternehmen bleibt und wie produktiv er in dieser Zeit ist. »Charismatische Leitfiguren und Goodwill haben nur Türöffnerfunktion. In letzter Konsequenz (...) kommt es aus Mitarbeitersicht auf das Führungspersonal im unteren und mittleren Management an.« Aus diesem Grund raten sie den Top-Managern: »Erstens jeden Vorgesetzten dafür verantwortlich zu machen, wie seine Untergebenen auf die zwölf Fragen antworten. Zweitens dafür Sorge zu tragen, dass jeder dieser Vorgesetzten genau weiß, was er tun muss, um von seinen Mitarbeitern bei diesen Fragen Bestnoten zu erhalten.«[37] Um ihrer Verantwortung gerecht zu werden, dürfen sich Top-Manager also nicht nur auf den *Blick nach außen* beschränken – also »auf den Wettbewerb, die Zukunft, die alternativen Entwicklungslinien«, so wie es Buckingham und Coffman formulieren –, sondern sie müssen auch ihre Mittel-Manager im Auge haben. Diese wiederum blicken zwar sehr häufig *nach innen*, da sie schließlich die Beziehungsverantwortung tragen – aber auch nicht nur. Wenn sich ein Mittel-Manager nur mit den individuellen

Unterschieden seiner Mitarbeiter »im Stil, in den Zielen, den Bedürfnissen, der Motivationsstruktur« beschäftigt, dann erfüllt er eher die Funktion eines Coaches, aber nicht die einer mittleren Führungskraft. Als solche muss auch er den Markt beobachten, um dafür zu sorgen, dass seine Mannschaft zeitgemäß und effektiv arbeitet.

Die Führungskräfte an der Basis tragen vor allem *Sachverantwortung*, das heißt, sie stehen dafür gerade, dass »die Dinge richtig gemacht werden« – im Unterschied zu den Top-Managern, die dafür da sind, »die richtigen Dinge zu machen«. Dazu gehört auch, dass sie von sich aus Alarm schlagen, wenn ihre Ressourcen zur Bewältigung einer Aufgabe nicht ausreichen oder ihre Entscheidungsbefugnisse nicht weitreichend genug gesteckt sind. Für einen solchen Fall ist es wichtig, dass die Beziehung zu ihrem vorgesetzten Mittel-Manager tragfähig und von Verantwortungsgefühl geprägt ist: Wenn sie auftretende Schwierigkeiten bei der Umsetzung der Aufgaben aus Angst oder anderen Gründen nicht ansprechen, oder wenn der Mittel-Manager sich die Schwierigkeiten zwar anhört, aber nur »ja, ja«

Abbildung 9: Stufenspezifische Führungsverantworung

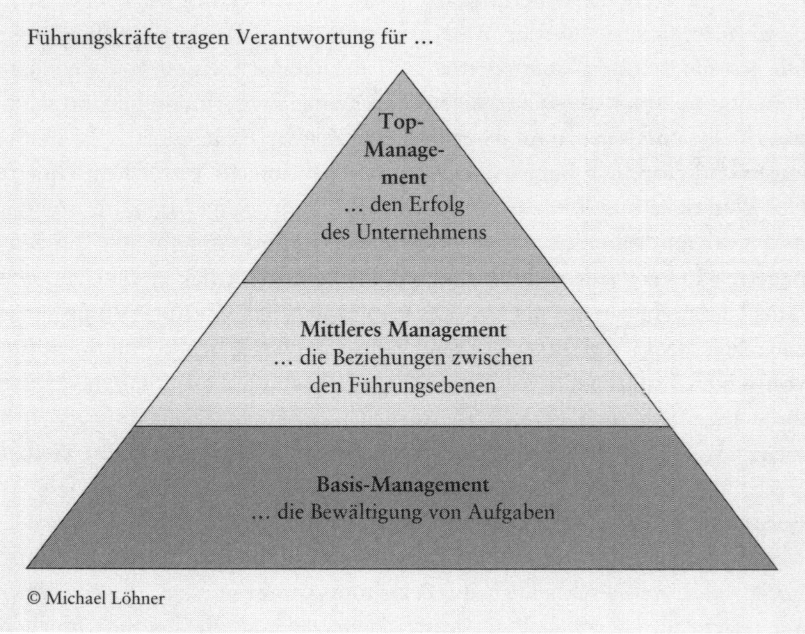

sagt, ohne sich des Problems anzunehmen, ist ein Projekt schnell gescheitert. Insofern trägt der Mittel-Manager einen Teil der Sachverantwortung mit, und umgekehrt muss sich auch der untere Manager aktiv für eine gute Beziehung zu seinem Vorgesetzten und zu seinen Mitarbeitern einsetzen.

Für Konsequenzen geradestehen

Auch wenn wir gesehen haben, dass man die Verantwortlichkeiten der drei Stufen der Führung nicht schubladenartig voneinander abgrenzen kann, so muss es doch Ziel jedes Unternehmens sein, für transparente Verantwortungsbereiche zu sorgen. Wie genau diese definiert sind, wird in jedem Unternehmen anders aussehen. Wichtig ist nur, dass die Definition der Bereiche drei Voraussetzungen erfüllt – sonst ist die wirtschaftliche Schieflage oder sogar der Crash vorprogrammiert. Die erste Grundbedingung ist folgende:

Verantwortungsbereich und Entscheidungsbereich müssen aufeinander abgestimmt sein.

Wenn ein Projektleiter beispielsweise für die Entwicklung eines neuen Softwareprogramms verantwortlich ist, aber keine Entscheidungsgewalt über das Budget oder über den Einsatz von Mitarbeitern hat, dann ist sein Projekt zum Scheitern verurteilt. Eine Führungskraft kann nur dann für den Erfolg einer Aufgabe verantwortlich gemacht werden, wenn sie unter Rahmenbedingungen arbeiten kann, die das Gelingen auch möglich machen.

Scheitert das genannte Softwareprojekt hingegen unter günstigen Rahmenbedingungen, muss dieser Projektleiter auch die Konsequenzen dafür tragen. Daraus ergibt sich die zweite Voraussetzung für die Definition der Verantwortungsbereiche, und auch dieser Punkt wird leider in vielen Unternehmen vernachlässigt:

Wer die Verantwortung trägt, muss auch für Konsequenzen geradestehen.

Nicht selten scheitern große Fusionen oder misslingen kleine Entwicklungsprojekte, ohne dass groß darüber gesprochen wird. Es muss ja nicht gleich mit einer Kündigung enden, aber es sollte im Sinne einer positiven Fehlerkultur zumindest besprochen werden, was falsch gelaufen ist und was das nächste Mal besser gemacht werden kann. Wichtig ist, dass vorher überhaupt festgelegt wird, wer im Falle eines Falles mit welchen Konsequenzen rechnen muss.

Die Vorgaben, an denen Erfolge und Misserfolge auf den einzelnen Stufen der Führung gemessen werden, sollten etwa so aussehen: Bei der Führungsspitze wird es um das Erreichen bestimmter *ökonomischer Entwicklungserfolge* gehen. Im Mittel-Management steht eher die Frage nach *motivierenden Beziehungen* im Vordergrund: Steht die Führungskraft hinter dem Top-Management, und stehen die nachgeordneten Manager hinter ihr? An der Basis schließlich geht es darum, ob *Aufgaben* termingerecht *erledigt* worden sind und ob die vorgegebenen Qualitätsmaßstäbe dabei eingehalten wurden.

Denken wir noch einmal an die in Kapitel 2 in den Abschnitten *Unternehmenskultur als Gegenkraft* und *Gelungene Prozesssteuerung* beschriebene Dynamik unternehmensinterner Prozesse: Als ausschlaggebend für einen erfolgreichen Verlauf zeigte sich eine gesunde Fehlerkultur im Unternehmen. Wenn klar ist, wer für welchen Fehler einstehen muss, dann kann auch niemand versuchen, einem anderen seine eigenen Fehler in die Schuhe zu schieben. Wenn die Strategie nicht stimmt und ökonomische Erfolge deshalb ausbleiben, ist das niemals die Schuld des mittleren oder unteren Managements. Weiß die Basis nicht, was zu tun ist, oder gibt es Probleme mit der Motivation und der Loyalität im Unternehmen, dann liegt die Verantwortung dafür nicht bei den hier angesiedelten Führungskräften, sondern eine Stufe darüber. Und werden Aufgaben nicht termingerecht erledigt, so ist nicht der Vorgesetzte aus dem mittleren Management schuld, sondern derjenige, der diese Aufgabe umzusetzen hatte. Dem endlosen Verschwenden von Zeit und Energie durch komplizierte Erklärungen und Ausflüchte kann ein Ende gesetzt werden, wenn der dritte Grundsatz für die Definition der Verantwortlichkeiten gilt:

Die Verantwortung gegenüber der nächst höheren Stufe kann nicht delegiert werden.

Delegieren und Kontrollieren

Aus diesem zuletzt genannten Leitsatz muss man aber auch den Umkehrschluss ziehen: Umgekehrt ist es nämlich unbedingt notwendig, dass Führungskräfte jeder Stufe die Aufgaben delegieren, die nicht in ihren Verantwortungsbereich fallen. Doch welche genau sind das? Jürgen W. Goldfuß, Unternehmensberater, Führungskräftetrainer und Autor des Buches *Erfolg durch professionelles Delegieren*, rät dringend: »Geben Sie ab, was Sie abgeben können, denn zu viel Fleiß kann das Ende Ihrer Karriere bedeuten.« Goldfuß zufolge gibt es einige Punkte, die immer delegiert werden können: Routinearbeiten, Tätigkeiten, für die es Spezialisten gibt und vorbereitende Arbeiten, die als Basis für weitere Aktivitäten dienen – Recherchearbeiten zum Beispiel. Vor allem sollte man alle Tätigkeiten abgeben, die nicht zu den eigenen Kernaufgaben gehören.

»Aus betriebswirtschaftlichen Gründen ist es sinnvoll, eine Aufgabe immer an denjenigen zu delegieren, der unter den ausreichend qualifizierten und kompetenten Kollegen in der ›finanziellen Rangordnung‹ am weitesten unten steht«, so Goldfuß[38]. Die Termine für eine Geschäftsreise organisieren zum Beispiel nicht Sie selbst, sondern Ihr Sekretariat. Informationen für Ihre Außendienstmitarbeiter verschicken Sie ebenfalls nicht selbst, sondern ein entsprechender Sachbearbeiter. Wenn im Unternehmen niemand für solche Aufgaben zur Verfügung steht, muss möglichst schnell jemand ausgebildet oder ein externer Dienstleister beauftragt werden. Das gilt natürlich nur, wenn genügend finanzielle Mittel für den Aufbau einer arbeitsteiligen Organisation zur Verfügung stehen.

Warum kommt es überhaupt dazu, dass manche Manager ständig in den Verantwortungsbereich ihrer Sekretärinnen oder Sachbearbeiter eindringen, andere wiederum ihren Mitarbeitern die Verantwortung aufbürden, die sie eigentlich selbst zu tragen haben? Der Verhaltenspsychologe Douglas McGregor erklärt dies mit dem unterschiedlichen Menschenbild der Manager: Die einen seien der Meinung, dass ihre Mitarbeiter hart geführt und kontrolliert werden müssen, sich nur unter Drohungen anstrengen und eigener Verantwortung aus dem Weg gehen. Die anderen dagegen glauben, dass die meisten Mitarbeiter ihre Kreativität und Vorstellungskraft nutzen möchten, dass sie sich selbst motivieren und steuern können, etwas erreichen wollen und von sich aus Verantwortung suchen. Führungskräfte des ersten Typs können nach McGregors Ansicht zwar kurzfristig Höchstleistungen aus ihren Abteilungen pressen, Typ zwei ist aber langfristig erfolgreicher – er delegiert konsequenter und hat die motivierteren Mitarbeiter.[39]

Die Meinung, dass zum Delegieren auch das Kontrollieren gehört, ist unter Fachleuten sehr umstritten, und es gibt die unterschiedlichsten Ansichten dazu. Dass dieser Zusammenhang allerdings existiert, gilt als erwiesen. Unter dem Einfluss der 68er-Bewegung wurde diese Verbindung für falsch erklärt, und für lange Zeit war somit hierarchiefreies Führen in Mode. In Zeiten der Rezession, so wie wir sie zuletzt nach der Jahrtausendwende erlebt haben, wendet sich jedoch regelmäßig das Blatt, und in der Managementliteratur lesen wir bereits wieder von einer »Renaissance der Kontrolle«.[40] Dabei wird das Instrument der Kontrolle jedoch nicht propagiert, um Mitarbeiter systematisch »fertig zu machen«, sondern um die typischen Prozessdynamiken im Unternehmen erfolgreich zu steuern. Gemäß ihrer unterschiedlichen Verantwortungsbereiche kontrollieren Manager auf den drei Stufen der Führung mit unterschiedlichem Fokus:

Das *Top-Management* prüft in regelmäßigen Gesprächen mit den nachgeordneten Führungskräften, ob das Beziehungsgefüge im Unternehmen stimmt. Das *mittlere Management* fragt die Führungskräfte an der Basis, wie sie mit der Umsetzung der Erfolgsideen des Top-Managements vorankommen. Und die *Ressort- und Teamleiter* klären mit ihren Mitarbeitern, was im Tagesgeschäft glatt läuft und was nicht. Dabei gilt für Führungskräfte aller drei Stufen, dass sie schon frühzeitig Termine für Kontrollgespräche festlegen sollten. Darüber hinaus sind stichprobenartige Zwischenkontrollen oder kurze Fragen über den Stand der Dinge sinnvoll, die auch »zwischen Tür und Angel« geklärt werden können.

Ziel ist dabei jedoch keineswegs, alle Vorgänge lückenlos zu überwachen! Dies würde die Mitarbeiter demütigen, demotivieren und dem Unternehmen letztlich auch zu viel Energie abziehen. Basis der gemeinsamen Arbeit sollte es immer sein, dass einerseits die Vorgesetzten ein gewisses Maß an Vertrauen in die Mitarbeiter mitbringen, und dass andererseits die Mitarbeiter zur Übernahme von Verantwortung bereit sind. Bei der Kontrolle geht es dann lediglich darum, die Prozesse im Blick zu behalten und rechtzeitig eingreifen zu können, wenn etwas schief laufen sollte. Außerdem festigen Kontrollgespräche auch die Beziehung zwischen den Managern der verschiedenen Stufen: Ehrlich gemeintes, konstruktives Feedback und das gemeinsame Lösen von Problemen können Führungskräfte zusammenschweißen.

Es geht also weniger um direkte Kontrolle, sondern vielmehr darum, mit Verantwortung zu führen. Manager, die so führen, zeichnen sich durch folgende Eigenschaften aus:

1. Sie beherrschen die Fähigkeit des Sofort-Tuns, leiden also nicht unter dem Phänomen der »Aufschieberitis«.
2. Sie wissen, wie etwas geht, anstatt sich damit aufzuhalten, wie etwas nicht geht.
3. Sie holen sich nicht bei ihren Vorgesetzten Rat, um nachher sagen zu können: Er hat es gesagt!
4. Sie sind sich nicht zu schade, situationsbedingt kleine Dinge auch einmal selbst zu erledigen, auch wenn sie nicht dafür zuständig sind.
5. Wenn etwas schief gelaufen ist, suchen sie die Schuld nicht bei anderen, sondern bei sich selbst.

Führungskräfte der mittleren und unteren Stufe können das Verantwortungsgefühl bei ihren Mitarbeitern zusätzlich stärken, indem sie in der Vorphase von Projekten und neuen Abläufen möglichst viel Zeit für Kommunikation aufwenden und mit möglichst vielen Beteiligten reden. Eine Orientierung kann dabei folgende Regel darstellen:

Projekte sollten kommunikativ in der Planung und direktiv in der Ausführung angegangen werden.

Wird vor der Ausführung von Projekten hingegen wenig Zeit für Kommunikation aufgebracht, kann das Ausbügeln von rohen, halbfertigen Entscheidungen zu einem Rattenschwanz von Fehlern und notwendigen Reparaturdiensten führen. Sie sollten deshalb darauf achten, dass Sie durch persönliche Gespräche frühzeitig Verantwortung an die nächst tieferen Ebenen weitergeben.

Erinnern wir uns noch einmal an die Prozessdynamik, die ich Ihnen im zweiten Kapitel in dem Unterkapitel *Management als Prozessbegleitung* vorgestellt habe. Die bewusste Übernahme von Verantwortung trägt viel dazu bei, dass Prozesse erfolgreich zu Ende geführt werden und nicht irgendwo auf der Strecke stecken bleiben. Wer verantwortlich arbeitet – ganz gleich auf welcher Stufe –, wird nämlich nicht dazu bereit sein, sich und dem gesamten Unternehmen etwas vorzumachen. Unternehmen mit einer von Verantwortungsbewusstsein geprägten Zielkultur richten sich nach folgenden Grundsätzen:

1. Sie sammeln und systematisieren Informationen so, dass eine realitätstaugliche Einstellung in allen Bereichen möglich wird.
2. Sie setzen auf dieser Grundlage realistische, überprüfbare Ziele, damit es nicht zu Illusionen kommt, die von der Realität schmerzhaft eingeholt werden.
3. Sie fahnden nach den Ursachen für unerledigte Arbeitsberge, um sie Schritt für Schritt abzutragen – oder um sich bewusst dafür zu entscheiden, mit diesen Bergen zu leben, dann aber ohne negative Gefühle.

Verantwortung ist im Grunde keine Bürde, sondern macht Menschen größer. Führungskräfte, die ihre Aufgaben ohne Ausreden, Ausflüchte und Aufschieben bewältigen, verfügen über ein Selbstwertgefühl, das wesentlich von der Einhaltung ihrer eigenen Zusagen bestimmt wird. Die so errungenen Erfolge machen aus Managern das, was sie eigentlich sein möchten: Jemanden, auf den die anderen stolz sind.

Das bedeutet Verantwortung auf den drei Stufen der Führung

Wenn Sie im Top-Management tätig sind Sie tragen die *Verantwortung für den Erfolg* des Unternehmens. Dazu gehört nicht nur, dass Sie die richtige Marschrichtung vorgeben, sondern auch, dass Sie den nachfolgenden Stufen ausreichende Informationen und Ressourcen zur Verfügung stellen.

Sie tragen die Konsequenz für den *ökonomischen Erfolg* oder *Misserfolg* des Unternehmens.

Als Top-Führungskraft eines Konzerns wissen Sie genau, was in Ihrem Aufgabenbereich liegt und was nicht. Sie *pfuschen keiner Fach- oder Führungskraft,* und auch nicht Ihrer *Sekretärin ins Handwerk* und belasten andererseits niemanden mit Ihren ureigenen Aufgaben. Mit gezielten *Kontrollgesprächen* und *Stichproben* verschaffen Sie sich einen Überblick darüber, ob alles nach Plan läuft.

Wenn Sie im mittleren Management tätig sind Sie haben die *Beziehungsverantwortung* im Unternehmen. Deshalb vermitteln Sie den nachgeordneten Managern, welche Aufgaben diese beziehungsweise deren Mitarbeiter zu erledigen haben, kommunizieren eventuelle Defizite in der Informations- und Ressourcenversorgung nach oben und sorgen dafür, dass die Manager und Mitarbeiter an der Basis individuelle Wertschätzung erfahren.

Sie tragen die Konsequenz für den *erfolgreichen Aufbau eines Beziehungsnetzes* im Unternehmen, das von Vertrauen und Motivation geprägt ist. Wenn Sie nicht hinter dem Top-Management und die Manager an der Basis nicht hinter Ihnen stehen, läuft etwas schief in Ihrem Job.

Sie *vertrauen* der Kompetenz und Motivation der Ihnen *nachgeordneten Führungskräfte* und lassen ihnen so viel Spielraum wie möglich. In die Aufgaben der Führungskräfte an der Basis mischen Sie sich grundsätzlich nicht ein, aber Sie *kontrollieren* regelmäßig, ob die Projekte an der Basis planmäßig vorangetrieben werden.

Wenn Sie als Manager an der Basis tätig sind Weil Sie die *Sachverantwortung* tragen, sorgen Sie dafür, dass die beschlossenen Aufgaben termingerecht und in der erwarteten Qualität umgesetzt werden.

Sie tragen die Konsequenz für die *planmäßige Umsetzung der Aufgaben.* Läuft ein Projekt termin- oder qualitätsmäßig aus dem Ruder, schlagen Sie rechtzeitig Alarm.

Sie *wissen, wer in Ihrem Team welchen Aufgaben gewachsen ist* und verteilen die Arbeit entsprechend. Anschließend lassen Sie Ihren Fachkräften und Sachbearbeitern so viel freie Hand wie möglich. Gleichzeitig *kontrollieren* Sie die einzelnen Umsetzungsschritte, damit Sie rechtzeitig wissen, was im Tagesgeschäft glatt läuft und wo es eventuell Probleme gibt.

Führen heißt entscheiden

Dass sich Verantwortungsbereich und Entscheidungsbereich decken müssen, um sinnvolle Führung überhaupt zu ermöglichen, haben wir bereits gesehen (siehe weiter oben den Abschnitt *Für Konsequenzen geradestehen*). Wie aber *entscheiden* die Führungskräfte auf den verschiedenen Stufen? Jeder Manager muss damit leben, dass er ständig Entscheidungen treffen muss, auch wenn er sich nicht hundertprozentig sicher ist – und in der heutigen komplexen Situation der Unternehmen wird immer ein Rest von Unsicherheit bestehen bleiben: Wird die Fusion gelingen? Kann der neu eingestellte Vertriebsleiter die Mannschaft in Schwung bringen und die Absatzzahlen steigern? Wird die neue Software wirklich leistungsfähiger sein als die alte? Kein Manager an der Spitze, auf der mittleren oder auf unteren Stufe kann vorab garantieren, dass seine Entscheidung richtig sein wird – das hat Entscheidungsfindung auf allen Stufen der Führung gemeinsam.

Es bestehen meiner Erfahrung nach jedoch sehr große Unterschiede dahingehend, was die Rahmenbedingungen auf den verschiedenen Stufen der Führung angeht: Die *Führungsspitze* fällt generell *Entscheidungen unter Risiko*. Sie kennt ihr Ziel und ihren Weg, weiß aber nichts über die Wahrscheinlichkeit, mit der das erwartete Ergebnis eintreffen wird, oder über die Anzahl der möglichen anderen Ausgänge, zu denen die Strategie führen kann. Sie verfügt nur über ein Minimum an Daten und Fakten sowie über eine gewisse Erfahrung, und letztlich basieren ihre Entscheidungen immer auf deutlich mehr Spekulation als auf Information.

Stellen Sie sich dazu die Führungssituation auf einem Dreimaster mit 40 Mann Besatzung vor: Natürlich weiß der Kapitän nicht mit absoluter Sicherheit, ob ein Unwetter aufziehen wird oder nicht, aber er trägt die Verantwortung für seine Mannschaft und sein Schiff und muss deshalb den nächsten Hafen ansteuern, wenn die Zeichen der Natur seinem Eindruck nach auf Sturm stehen. Es ist sein Risiko: Bleibt das Wetter stabil, dann hat er durch den Kurswechsel viel Zeit verloren. Nimmt er keinen Kurswechsel vor und gerät in einen Sturm, riskiert er es, in Seenot zu geraten. Wie in einem jedem Unternehmen auch, stehen dem Kapitän allerdings Berater zur Seite, das heißt Spezialisten für die Gezeiten, für Navigation und so weiter. Die Entscheidung trifft er aber letztlich allein. Tut er das nicht und lässt sich vom Wind einfach immer weiter treiben, sorgt er für erhebliche Unruhe unter der Mannschaft und riskiert nicht zuletzt den Untergang.

Top-Manager entscheiden unter Risiko

Ausgangspunkt: Eine Führungsspitze, die vor risikoreichen Entscheidungen zurückschreckt – und das ist meiner Erfahrung nach in viel zu vielen Unternehmen der Fall – kommt ihren ureigensten Aufgaben nicht nach.

Die Folge: Richtungsweisende Entscheidungen werden verschleppt. Tauchen Probleme auf, ist es für einen Kurswechsel oft bereits zu spät.

Warum drücken sich so viele Top-Manager um richtungsweisende Entscheidungen herum? Meinem Eindruck nach haben sie erstens Angst, sich falsch zu entscheiden, und zweitens, sich bei Mitarbeitern und in der Öffentlichkeit unbeliebt zu machen. Dazu ein Beispiel:

Als eine seiner schwierigsten Entscheidungen bezeichnet Hartmut Mehdorn, Vorstandvorsitzender der Deutschen Bahn AG, sein im Jahr 2000 beschlossenes Investitionsprogramm von rund 90 Milliarden Mark, mit dem innerhalb von fünf Jahren die Züge, Bahnhöfe und das Schienennetz wieder auf Vordermann gebracht werden sollten. »Wir haben also gezielt hohe Millionenverluste geplant und bis an die Grenze des Vertretbaren Schulden aufgebaut, die wir jetzt auf dem Weg zur Kapitalmarktfähigkeit wieder abbauen werden«, schreibt Mehdorn. »Für ein hartes Sanierungsprogramm, gepaart mit Millionenverlusten über mehrere Jahre, selbst, wenn sie geplant und begründet sind, gibt es natürlich keinen Beifall, weder in der Öffentlichkeit noch bei den Mitarbeitern. Man kann sich einen besseren Antritt als Vorstandsvorsitzender wünschen. Aber gelernt habe ich nicht nur bei dieser Entscheidung, dass der unternehmerische Erfolg sich nur einstellt, wenn man sich um die schwierigen Entscheidungen am Anfang nicht drückt. Denn sonst steht am Ende der unternehmerische Misserfolg.«[41]

Wenn *Mittel-Manager* im Unternehmen *Entscheidungen* treffen, dann geschieht dies *unter Unsicherheit*. Das Ziel ist bekannt, denn das wurde ja vom Top-Management vorgegeben. Der Weg dorthin wird zusammen mit den nachgeordneten Führungskräften entwickelt und lässt sich auch relativ klar beschreiben. Die Wahrscheinlichkeit, mit der das anvisierte Ziel erreicht wird, ist aber nicht klar. Das liegt unter anderem auch daran, dass das Mittel-Management den Erfolgsideen der Führungsspitze zwar glaubt, aber nicht genau weiß, auf Grundlage welcher Informationen, Spekulationen oder gar Visionen sie entstanden sind. Heinz K. Stahl bringt dieses Dilemma in seinem Aufsatz über das Mittel-Management als »Stützen des Systems« auf den Punkt: »Aufgrund seiner Sandwich-Position im Unternehmen kennt das mittlere Management nie wirklich die vollen Hintergründe. Es muss aber trotzdem so tun, als ob es sich mit der Logik der Veränderungen voll und ganz identifiziert.«[42]

Stellen wir uns noch einmal die Führungssituation auf dem Dreimaster vor: Entscheidet sich der Kapitän für einen Kurswechsel, so gibt er das entsprechende Kommando an die nächste Führungsebene weiter, an die

»Toppsgasten«. Sie kommunizieren dieses Kommando weiter an die Matrosen, die die Segel setzen und somit den Befehl des Kapitäns in die Tat umsetzen. Auf einem Schiff – und Gleiches gilt auch für ein Unternehmen – ist es unvorstellbar, dass die Toppsgasten selbst über den Kurs des Schiffes entscheiden und womöglich noch in lange Diskussionen geraten, wenn ein schneller Kurswechsel notwendig ist.

Mittel-Manager entscheiden unter Unsicherheit

Ausgangspunkt: Wenn Führungskräften dieser Stufe ein hohes Maß an risikoreichen Entscheidungen abverlangt wird, kommt das Top-Management seiner Verantwortung für die strategische Steuerung nicht nach. Das mittlere Management wird zudem von seiner eigentlichen Aufgabe abgehalten, die Zielvorgaben der Führungsspitze an die untere Ebene zu vermitteln.
Die Folge: Das Unternehmen dümpelt vor sich hin, riskiert sogar einen Schlingerkurs oder die unbebremste Fahrt auf ein Hindernis.

Manager auf der *operativen Stufe* treffen *Entscheidungen unter Sicherheit*. Ihnen ist das zu erreichende Ziel bekannt, außerdem die möglichen Wege dorthin, die möglichen Ergebnisse und die Wahrscheinlichkeit, mit der diese Ergebnisse eintreffen. Sie berufen sich bei ihren Entscheidungen auf die Vorgaben der ihnen vorgesetzten Führungsstufen, auf eine relativ sichere Datenbasis und auf ihre eigenen Erfahrungen. Dadurch gilt also: Entscheidungen, die unter Risiko oder unter Unsicherheit gefällt werden müssen, fallen nicht in ihren Bereich – und darauf sollten sie auch bestehen.

Das bedeutet übertragen auf die Situation auf dem Dreimaster: Ein Matrose kennt sich aus mit Segeln, Seilen und Knoten und setzt dieses Wissen ein, wenn es gefragt ist. Wenn sein Kapitän beziehungsweise die Toppsgasten eine Wende oder Halse ankündigen, dann weiß er, was er zu tun hat. Er weiß auch, wie wichtig es ist, dass er sich der Entscheidung »von oben« beugt: Denn ein Schiff, auf dem jeder Matrose beschließt, das Segel nach seiner Fasson zu setzen, fährt niemals auf dem von der Führungsspitze bestimmten Kurs.

Manager an der Basis entscheiden unter Sicherheit

Ausgangspunkt: Sind sie gezwungen, Entscheidungen unter Unsicherheit oder gar unter Risiko zu treffen, läuft etwas grundfalsch im Unternehmen.
Die Folge: Das Unternehmen kann die Zielvorgaben nicht halten, weicht vom Kurs ab und gerät schließlich in Schieflage.

Laut einer aktuellen Untersuchung der Münchener Personalberatung Twist zum Thema »Führen in der Krise« bestehen die meisten Manager an der Basis darauf, dass Entscheidungen von ihren Vorgesetzten getroffen werden – und zwar zügig. »Mitarbeiter wollen rasche Entscheidungen – und wenn Unangenehmes ansteht, sollen die Chefs das sofort ansprechen und die Konsequenzen einleiten«, so Claudia Harss, Mitautorin der Studie.[43]

Ein erfreuliches Ergebnis, das sich aber mit meinen Erfahrungen nicht unbedingt deckt: In viel zu vielen Unternehmen meint der Kapitän, Entscheidungen den nachgeordneten Kräften überlassen zu können und sich selbst um jede Seilwinde kümmern zu müssen, während der einfache Matrose glaubt, über den Kurs des Unternehmens mitbestimmen zu dürfen. Dieses Chaos sollten Sie in Ihrem Unternehmen verhindern, und deshalb sollten Sie dafür sorgen, dass die Führungskräfte der verschiedenen Stufen die Entscheidungen gemäß ihren Verantwortungsbereichen treffen – das sehen Sie zusammengefasst in der Grafik auf Seite 94.

Die Entscheidungsfaktoren Information und Spekulation

Bei meinen Mitarbeiterumfragen stelle ich immer wieder fest, dass sich Führungskräfte darüber beklagen, dass sie nicht genügend Informationenerhalten würden – und das gilt für Vertreter aller Hierarchiestufen. Ihr Wunsch nach mehr Information lässt sich häufig trotz aller Anstrengungen – noch mehr Meetings, ein ständig aktualisiertes Intranet oder aktuelle Presseauswertungen und andere Informationen per Umlaufmappen – offenbar nicht befriedigen. Folglich muss dieses Problem andere, versteckte Hintergründe haben, oder anders ausgedrückt, es handelt sich um ein psychologisches Problem, das man folgendermaßen beschreiben kann:

Abbildung 10: Stufenspezifische Entscheidungsfaktoren

Führungskräfte treffen Entscheidungen unter ...

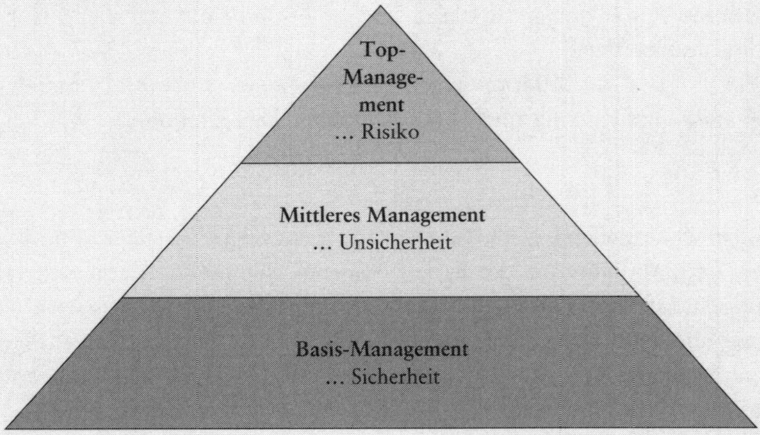

© Michael Löhner

Ursachen für die Klage über Informationsmangel bei Managern

Manager wollen mehr Informationen, weil sie mehr Sicherheit suchen. Manager suchen wiederum mehr Sicherheit, wenn sie kein Vertrauen haben. Das sieht für die einzelnen Führungsstufen so aus:

- *Top-Manager* klagen über einen Mangel an Informationen, wenn ihnen Selbstvertrauen und Unternehmerkompetenz fehlen.
- *Mittlere Führungskräfte* beschweren sich über Informationsmangel, wenn sie nicht genügend Führungskompetenz haben.
- Die *operative Stufe* verlangt nach mehr Informationen, wenn ihr Fachkompetenz fehlt.

Informationsmangel bei Top-Managern Fehlende Informationen – und auf dieser Stufe der Führung fehlen ihnen eigentlich immer Informationen – können sie nur durch Kreativität und Mut ersetzen. Die Führungsspitze kann sich zwar auch auf ihre Erfahrung sowie auf Daten und Fakten beziehen, muss aber ein hohes Maß an Spekulation in Kauf nehmen. Das psychologische Problem dabei ist, dass uns Entscheidungen auf sicherer Grundlage Selbstvertrauen einflößen, wohingegen Entscheidungen auf unsicherer Basis uns in Unsicherheit stürzen. Auch für Top-Manager ist also die Verlockung groß, möglichst sichere Entscheidungen zu treffen und unsichere zu umgehen. Damit allerdings engen sie ihre Möglichkeiten, und damit auch die Chancen ihres Unternehmens, immer mehr ein.

Informationsmangel bei Mittel-Managern Hier liegt die Ursache für Klagen über fehlende Informationen häufig in mangelnder Führungskompetenz. Auf dieser Ebene wird jedoch auch der Mut erwartet, fehlende Information durch Vertrauen in die Erfolgsidee des Top-Managements zu ersetzen. Wie gesagt liegt es in der Struktur des Systems, dass das Mittel-Management nicht die vollen Hintergründe kennt, nach »unten« hin aber dennoch Vertrauen vermitteln muss.

Informationsmangel bei operativen Managern Die operativen Manager sollten sich bei der Bewältigung der anstehenden Aufgaben vor allem auf ihre Erfahrung und auf eine ausreichende Faktenlage stützen können. Werden hier Informationsklagen laut, ist der Glaube an die eigene Kompetenz gestört, möglicherweise auch das Beziehungsvertrauen zum Mittel-Management.

Man kann diese Zusammenhänge so zusammenfassen: Der Grad der Information und das Ausmaß der Spekulation ist auf den verschiedenen Stufen der Führung unterschiedlich ausgeprägt. Grundsätzlich gilt: Je geringer der Grad an Information, desto höher das Ausmaß der Spekulation.

Der Mangel an Informationen kann in einem Unternehmen jedoch durch eine gut ausgeprägte Vertrauenskultur aufgewogen werden. In so einer Unternehmenskultur lösen die Erfolgsideen – wir können auch sagen: die spekulativen Entscheidungen – der Führungsspitze Mut und Hoffnung aus. Manager und Mitarbeiter beklagen sich nicht über Informationsmangel, sondern gehen mit Optimismus an die Arbeit und vertrauen ihrem Top-Management und sich selbst, dass sie den in Aussicht gestellten Erfolg erreichen werden. Herrscht dagegen Misstrauen im Unternehmen, reagiert die Belegschaft mit Angst, Pessimismus und Abwehr. Eventuell sogar vorhandene Fakten (Informationen statt Spekulationen) nehmen sie nicht zur Kenntnis oder werten kurzerhand die Quellen ab, aus denen sie stammen.

Abbildung 11: Entscheidungsfaktoren in der Führung

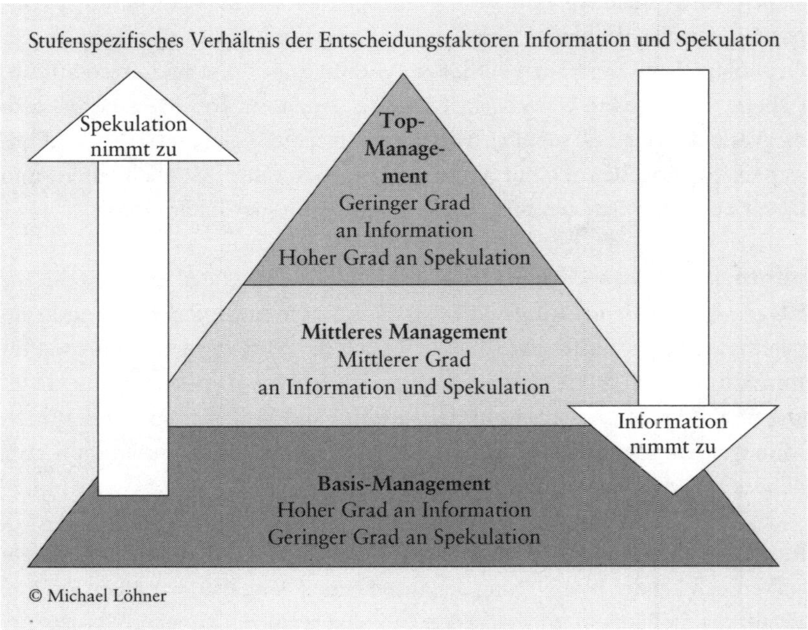

Sicher entscheiden in einer komplexen Umwelt

Manager der oberen Führungsriegen sprechen ungern über ihre Schwierigkeiten, ständig auf unsicherer Entscheidungsbasis handeln zu müssen. Wer gibt als Top-Führungskraft schon gerne zu, dass ihn eine Entscheidung so manche schlaflose Nacht gekostet hat? Gern bagatellisieren Manager auch dieses Problem, indem sie ihre Entscheidungsnot als unterhaltsames Spiel darstellen, etwa in dieser Art: Pumpen wir weiter Geld in dieses Projekt und spielen wir noch ein bisschen auf dieser Wiese, oder ziehen wir uns zurück und suchen einen anderen Spielplatz – auch wenn wir dabei ein paar Mitarbeiter zurück-, beziehungsweise entlassen müssen? Beide Extremreaktionen, das angstvolle Ächzen unter der Notwendigkeit der Entscheidungen einerseits und das Herunterspielen des Entscheidungsdrucks andererseits, werden der Situation nicht gerecht.

Was Führungskräfte der oberen Stufe entwickeln müssen, ist eine Sicherheit im Umgang mit der Unsicherheit. Der Münchner Psychotherapeut und systemische Berater Klaus Eidenschink hat zusammengefasst, zu welchen kontraproduktiven Verhaltensweisen Führungskräfte neigen, die diese Sicherheit vermissen lassen:

1. Sie weichen dem Stress aus, indem sie zögerlich oder gar nicht entscheiden.
2. Sie treffen zwar Entscheidungen, machen im Falle einer Fehlentscheidung aber ihre Mitarbeiter dafür verantwortlich.
3. Sie reißen selbst kleinste Sachentscheidungen, die eigentlich an der Basis zu treffen wären, an sich und kontrollieren die Prozesse bis ins Detail.

»Die eigentliche Herausforderung besteht für Manager darin, das Ideal aufzugeben, dass Entscheidungen gewiss sein können. Und sie besteht darin, zu lernen, die eigene Unsicherheit zu kultivieren und mit prognostischen Hypothesen als Entscheidungsgrundlage zufrieden zu sein«, erklärt Eidenschink.[44]

Ich meine, dass ein erster Schritt in diese Richtung ein erkenntnistheoretischer ist, nämlich die Unterscheidung zwischen Wirklichkeit und Realität – auch die *sokratische Differenz* genannt. Leider ist das Wissen um die sokratische Differenz aus der aktuellen Management-Literatur weitgehend verschwunden. Damit ist aber leider auch eine Grundlage zum Treffen sinnvoller Entscheidungen und zum Erwerb sinnvoller Kommunikationsfähigkeit – auf allen Stufen der Führung – vernachlässigt worden. Deshalb möchte ich an dieser Stelle genauer auf die *sokratische Differenz* eingehen.

Nach Sokrates Ansicht konstruieren wir die *Wirklichkeit* mit unserem individuellen Erkenntnisvermögen selbst – deshalb wird dieser Denkansatz auch *konstruktivistisch* genannt. Ein »Ding für mich« ist also nicht das gleiche wie ein »Ding an sich«, oder anders gesagt: Das, was wir uns unter der Wirklichkeit vorstellen, ist Ergebnis unserer eigenen Spekulation. Das liegt daran, dass alles, was wir erleben, mindestens die Filter der Sinne (Riechen, Schmecken, Hören, Sehen und Tasten sind individuell verschieden), die Filter der Stimmung (individuelle Interpretation je nach den eigenen sozialen, erotischen, aggressiven und narzisstischen Charakteranteilen), die Filter der Identität (Selektion je nach individuellen Werten, Erwartungen, Interessen und Bedürfnissen) und die Filter der Kategorien (spezielle Ordnung je nach Wissen, Erfahrung und Bildung) durchläuft, bevor es das subjektive Erleben begründet.

Im Unterschied zur Wirklichkeit ist die *Realität* das, »was der Fall ist«. Unter Realität ist demnach die Bezeichnung des *Tatsächlichen* und seinen Beziehungen zu verstehen, während sich Wirklichkeit mit der *Wirkung*, also den subjektiven Verarbeitungen, beschäftigt. Der Sprachgebrauch im Bereich der Suche nach Realitätsnähe ist eher beschreibender und begründender Art – wir sprechen von Informationen. Wenn wir versuchen, andere über unsere Sicht der Wirklichkeit in Kenntnis zu setzen, sprechen wir dagegen in einer bewertenden und behauptenden Form – wir versuchen, andere von unserer Vorstellung (Spekulation) zu überzeugen.

Nach dem konstruktivistischen Ansatz ist es für uns nicht möglich, die Realität selbst zu erkennen – also zu erkennen, was *wahr* ist. Wir können uns lediglich vorstellen, wie die Wahrheit unserer Meinung nach aussieht, und darüber für uns sogar *Gewissheit* erlangen. Dumm und intolerant nannte Sokrates genau die Menschen, die zwischen Wahrheit und Gewissheit nicht unterscheiden konnten. Wer hingegen zwischen Realität und Wirklichkeit zu unterscheiden gelernt hat, kann grundsätzlich nicht mehr sagen als: »Nach dem augenblicklichen Stand meines Wissens neige ich zu folgender Ansicht …«

Dieses komplexe Modell der *sokratischen Differenz* kann man grafisch folgenderweise zusammenfassen:

Abbildung 12: Die sokratische Differenz

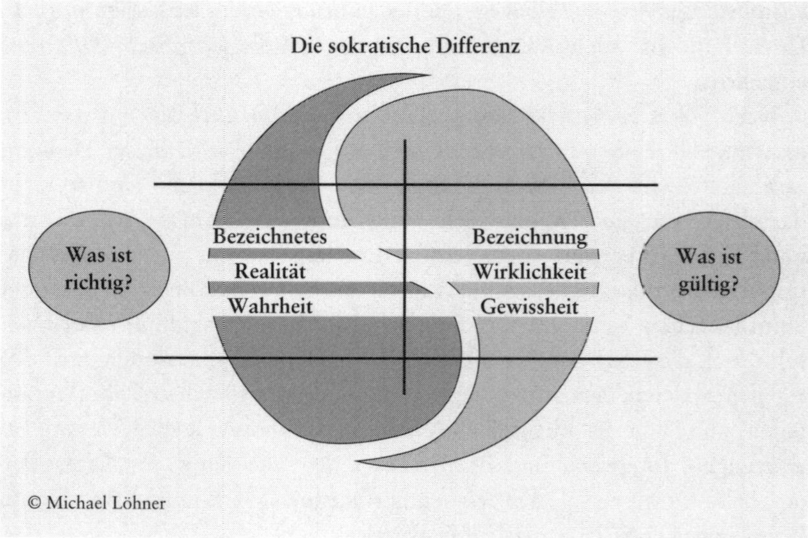

Das hört sich zunächst alles sehr theoretisch an und scheint wenig praktischen Nutzen für den Führungsalltag zu bieten – hat es aber, denn Sie können es anhand dieses Modells und mithilfe der Logik lernen, die eigene Spekulation überzeugend darzustellen oder die Spekulationen anderer effektiv zu überprüfen. So besteht zum Beispiel vieles, das Sie von Ihren nachgeordneten oder auch von Ihren vorgesetzten Managern zu hören bekommen, ausschließlich aus Schlusssätzen. Diese beginnen mit »Also«, gefolgt meist von einem »ich meine« und einer Forderung, Entscheidung oder Lösung. Die meisten Erklärungen begnügen sich mit einer Tatsache und einer daraus gezogenen subjektiven Schlussfolgerung – ohne dass dabei die Bedingungen genannt werden, unter denen sie gelten sollen. Solche Erklärungen können beispielsweise sein:

- »Ein derartiger Misserfolg hat personale Konsequenzen ...«
- »Die Öffentlichkeit kann hierbei nicht übergangen werden ...«
- »Damit ist in der Praxis nichts anzufangen ...«
- »Die Kostensituation zwingt zu dringenden Entscheidungen ...«
- »Im Großraumbüro ist konzentriertes Arbeiten unmöglich ...«

Diesen Beispielen ist gemeinsam, dass es sich um Behauptungen handelt. Behauptungen haben einen Wahrheitsanspruch, liefern dabei jedoch keine Begründung mit. Auch die Tatsache, die einen Schlusssatz begründet, erzeugt noch keine vollständige Argumentation, denn aus einem Fakt kann noch kein Schluss gezogen werden. Erst die Kenntnis des zugrunde liegenden Prinzips führt zu einem vollständigen Argument. Prinzipiensatz, Faktensatz und Schlusssatz bilden somit eine Einheit, die in ihrer Folgerichtigkeit auf Logik geprüft werden kann – und dazu müssen die Bedingungen ausfindig gemacht werden, unter denen der jeweilige Satz gilt. Der Satz »Die Kostensituation zwingt zu der dringenden Entscheidung, Personal abzubauen« kann zum Beispiel unter den Bedingungen gelten, dass

- das Unternehmen tatsächlich so unter Druck steht, dass eine wirtschaftliche Krise absehbar ist;
- tatsächlich nur dann Schaden vermieden werden kann, wenn schnell gehandelt wird;
- die Personalkosten tatsächlich als Ursache für die schwierige Gesamtsituation des Unternehmens gelten können.

Wenn Sie alle Bedingungen sammeln, die Ihnen in den Sinn kommen, und diese nach ihrer Gewichtung ordnen, erhalten Sie einen so genannten *Ent-*

scheidungsbaum, den Sie als Basis für Ihre Entscheidungen nutzen können. Sie haben auch die Möglichkeit, zusammen mit anderen Führungskräften Ihrer Stufe oder mit Ihren Mitarbeitern gemeinsam solche Bedingungskataloge aufzustellen. Sie erreichen damit eine hohe Realitätsdichte, einen gemeinsamen Erkenntnisfortschritt und in den meisten Fällen auch einen Konsens. Nicht zuletzt gelingt Ihnen mit diesem Verfahren auch eine Entpersonalisierung von Lösungen und Antworten. Das ist besonders wichtig, wenn Sie als Führungskraft dazu neigen, die Lösungsvorschläge bestimmter Mitarbeiter oder Vorgesetzter von vornherein für gut zu halten, während Sie die Vorschläge bestimmter anderer Kollegen tendenziell eher ablehnen.

Das bedeutet Entscheiden auf den drei Stufen der Führung:

Wenn Sie im Top-Management tätig sind Sie fällen *Entscheidungen unter Risiko*. Sie sind auf einen hohen Grad an Spekulation angewiesen und verfügen über nur wenige Informationen, die Ihnen Sicherheit bei Ihrer Entscheidung geben können.

Wenn Sie über Informationsmangel klagen, fehlt Ihnen *Unternehmerkompetenz* und *Selbstvertrauen*.

Wenn Sie im mittleren Management tätig sind Sie *entscheiden unter Unsicherheit*. Das zu erreichende Ziel wurde vom Top-Management vorgegeben, Sie wissen aber nicht, auf Grundlage welcher Informationen und Spekulationen dieses Ziel formuliert worden ist.

Klagen Sie über Informationsmangel, dann fehlt es Ihnen an *Führungskompetenz* – und das bedeutet auf Ihrer Ebene, dass es Ihnen an Mut mangelt, fehlende Informationen durch Vertrauen in die Führungsspitze zu ersetzen.

Wenn Sie als Manager an der Basis tätig sind Sie *entscheiden* innerhalb vorgegebener Regeln und Rahmenbedingungen – und damit *unter Sicherheit*.

Sollten Sie sich über einen Mangel an Informationen beschweren, ist entweder das *Beziehungsvertrauen* zum Mittel-Management gestört, oder aber Sie verfügen über keine ausreichende *Fachkompetenz*.

Für Manager auf jeder Stufe der Führung gilt Unterscheiden Sie zwischen Ihrer Wahrnehmung (der *Wirklichkeit*) und dem, was tatsächlich der

Fall ist (der *Realität*). Lassen Sie sich nicht durch *Behauptungen* in die Enge treiben, sondern bestehen Sie auf *Begründungen* (logischen Schlüssen).

Führen heißt vertrauen und Vertrauen vermitteln

Wenn von Führung und Vertrauen die Rede ist, denkt man schnell an das Buch *Vertrauen führt* von Reinhard K. Sprenger. Das Buch bringt wichtige Erkenntnisse zum Thema Vertrauen, was darin aber meines Erachtens zu kurz kommt, ist die differenzierte Betrachtung dessen, was Vertrauen auf den unterschiedlichen Stufen der Führung bedeutet.

Grundsätzlich gesagt beschreibt Vertrauen die Qualität einer Beziehung: Basiert diese auf der Gewissheit, dass die jeweils andere Person langfristig zuverlässig und glaubwürdig ist, dann können wir von gegenseitigem Vertrauen ausgehen. Wenn wir im Zusammenhang mit den drei Stufen der Führung von Vertrauen sprechen, müssen wir jeweils zwei Aspekte in den Blick nehmen: Einerseits geht es um das Vertrauen, das die Manager anderen vermitteln, und andererseits darum, dass sie gegenüber anderen selbst Vertrauen aufbauen.

Für das *Top-Management* ist es besonders wichtig, gegenüber den nachgeordneten Stufen *Erfolgsvertrauen* zu vermitteln. Das heißt, sie müssen sich so verhalten, dass andere Manager an ihren siegreichen Ehrgeiz und somit an den Erfolg glauben. Um wiederum darauf zu vertrauen, dass ihre Mitarbeiter wirklich an sie glauben, müssen Top-Manager aber auch an sich selbst glauben, also über *Selbstvertrauen* verfügen. Dass sie das in den meisten Fällen haben, zeigt nicht nur der Blick auf ihre regelmäßigen Selbstdarstellungen in den Medien, sondern auch eine aktuelle Umfrage der Personalberatung Heidrick & Struggles. In einer Studie wurden 1 000 Manager der ersten und zweiten Stufe nach ihrem Jobverständnis und ihrem Führungsverhalten befragt. Thomas Kell, der die Studie geleitet hat, fasst das Ergebnis folgendermaßen zusammen: »Topmanager verfügen über ein starkes, krisenresistentes Selbstbewusstsein, das sie befähigt, auch in schwierigen Situationen rasch zu handeln.« Dieses hohe Selbstbewusstsein ist die Grundlage dafür, dass sie in Bezug auf die Entscheidungskraft deutlich besser abschneiden als die Manager der zweiten Stufe. Gleichzeitig ist es aber auch der Grund dafür, dass sie meistens nur mäßige Teamplayer sind. Interessanterweise waren die befragten Spitzenmanager nicht intelligenter als die nachgeordnete Riege: Im analytischen Denken und beim Thema Kreativität lagen Manager beider Hierarchien gleichauf.[45] Offenbar macht also besonders das ausgeprägte Selbstbewusstsein einen Manager zu einer Spitzenkraft – eine Eigenschaft, die in Maßen durchaus zum Erfolg einer Person beitragen, in der Extremform des Narzissmus aber auch sehr problematisch werden kann. Doch dazu später mehr (siehe Kapitel 4, Abschnitt *Zwischen Autonomie und Einsamkeit: Herausforderungen im Top-Management*).

Im *mittleren Management* ist vor allem die Fähigkeit zu einem stabilen *Beziehungsvertrauen* gefordert. Mittel-Manager müssen zugleich der Führungsspitze und der Basis vertrauen – und zwar im Sinne von »ihnen trauen« beziehungsweise »ihnen etwas zutrauen« (siehe dazu auch das Unterkapitel *Vertrauen in Personen und Vertrauen in ihren Erfolg*). Wie erfolgsentscheidend ein solches Vertrauen sein kann, zeigt folgendes Beispiel:

Franz Fehrenbach, Vorsitzender der Geschäftsführung der Robert Bosch GmbH, wurde bereits mit 28 Jahren zum Leiter der Materialwirtschaft in einem großen Bosch-Werk mit rund 150 Mitarbeitern ernannt. »Mein damaliger Mentor hatte den Mut und das Vertrauen, mir eine derart große Aufgabe als erste Führungsaufgabe zu übertragen«, erinnert sich Fehrenbach. »Und dieser Vertrauensvorschuss hat mir gezeigt, welche Kräfte und welche Leistungsbereitschaft dadurch freigesetzt werden können. Meine bleibende Erkenntnis daraus: Mitarbeitern Vertrauen schenken und ihnen frühzeitig verantwortungsvolle Aufgaben übertragen.«[46]

Grundlage für das Beziehungsvertrauen ist eine gewisse psychische Stabilität – Fachleute sprechen dabei von einem gesunden »Urvertrauen«, das bereits in frühester Kindheit durch stabile Bindungen innerhalb der Familie entsteht. Gleichzeitig hat das Mittel-Management dafür zu sorgen, dass die vor- und nachgeordneten Stufen ihm selbst trauen. Die Basis dafür ist wiederum eine integre Persönlichkeit des Mittel-Managers, das heißt, dass er sagt, was er denkt und tut, was er sagt – eine Eigenschaft, durch die sich auch die Führungsspitze auszeichnen sollte.

Stephen R. Covey definiert Integrität »als Wertmaßstäbe, die wir uns setzen. Wenn wir eindeutige Werte vor Augen haben und täglich pro-aktiv danach handeln, entwickeln wir Selbst-Bewusstsein und Selbstwert. Wir sind in der Lage, uns sinnvolle Ziele zu setzen und auf sie hinzuarbeiten. Wenn wir Vorsätze nicht verwirklichen und Verpflichtungen gegenüber anderen nicht einhalten können, nimmt man uns bald nicht mehr ernst, und Misstrauen breitet sich aus.«[47] Wenn Führungskräfte integer wirken, bringen Mitarbeiter ihnen gerne Vertrauen und Respekt entgegen: Sie erkennen ihren Vorgesetzten freiwillig und ohne Wenn und Aber an. Laut Covey ist das »keinesfalls mit Naivität, blindem Gehorsam oder roboterhafter Dienstbarkeit gleichzusetzen. Vielmehr handelt es sich hier um kluges, aufrichtiges, bedingungsloses Engagement.«[48] Auf dieser Grundlage gewinnt die Führungskraft großen Einfluss auf ihre Mitarbeiter (Covey spricht von »legitimer Einflussnahme«), ohne Zwang ausüben zu müssen. Das gilt vor allem dann, wenn Manager und Mitarbeiter aller Stufen eine gemeinsame Perspektive haben: Das könnte beispielweise das Unternehmensziel sein, aber auch eine gemeinsame Vorstellung davon, wie man miteinander umgehen möchte. Manager der mittleren und oberen Führungsstufe sind gut beraten, an ihrer Integrität zu arbeiten, denn wenn sie als unzuverlässig gelten, werden die Vertrauensgrundlage und damit auch die Motivation im Unternehmen zerstört.

Auch die *Führungskräfte an der Basis* sind in Sachen Vertrauen mehrfach gefordert: Sie müssen ihre Fach- und Methodenkenntnisse ständig

Abbildung 13: Stufenspezifisches Führungsvertrauen

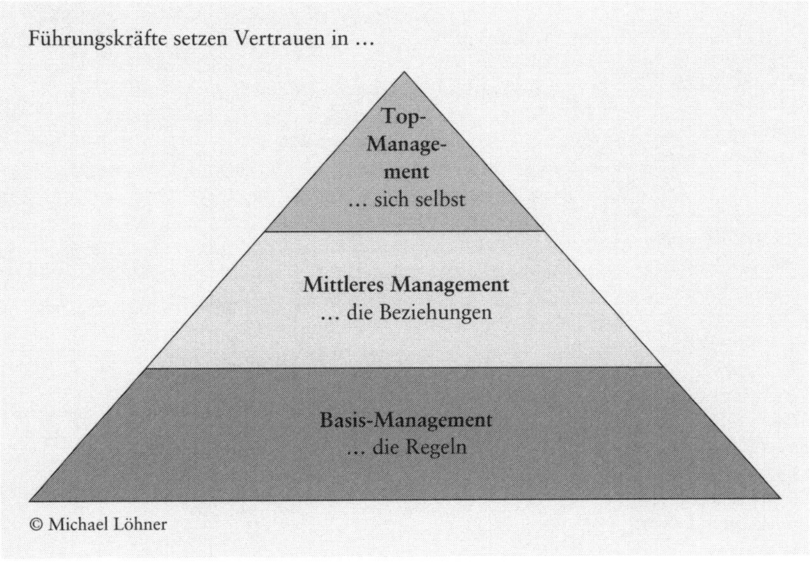

aktuell halten, damit ihre Vorgesetzten ihrer *Kompetenz* trauen. Genau wie die Manager der ersten und zweiten Stufe sollten auch sie charakterlich integer sein, das heißt auf dieser Ebene besonders, dass sie ihre Versprechen und Zusagen einhalten. Umgekehrt müssen sie darauf vertrauen, dass sie sich auf die vom Top-Management *aufgestellten Regeln verlassen* können. Unter diese Regeln fallen beispielsweise die Marschrichtung des gesamten Unternehmens oder interne Abläufe, aber auch Zusagen ihnen gegenüber: dass ihr Gehalt pünktlich und in der vereinbarten Höhe überwiesen wird, dass sie den Urlaub nehmen können, der ihnen zusteht, und dass ihnen die zugesicherte Betriebsrente im Alter auch wirklich ausgezahlt wird.

Notwendige Eigenschaften auf den drei Stufen der Führung

Um Erfolgsvertrauen, Beziehungsvertrauen oder Kompetenzvertrauen vermitteln zu können, sind auf den drei Stufen der Führung unterschiedlich ausgeprägte, dominante Eigenschaften gefragt:

Abbildung 14: Stufenspezifische Führungsfähigkeiten

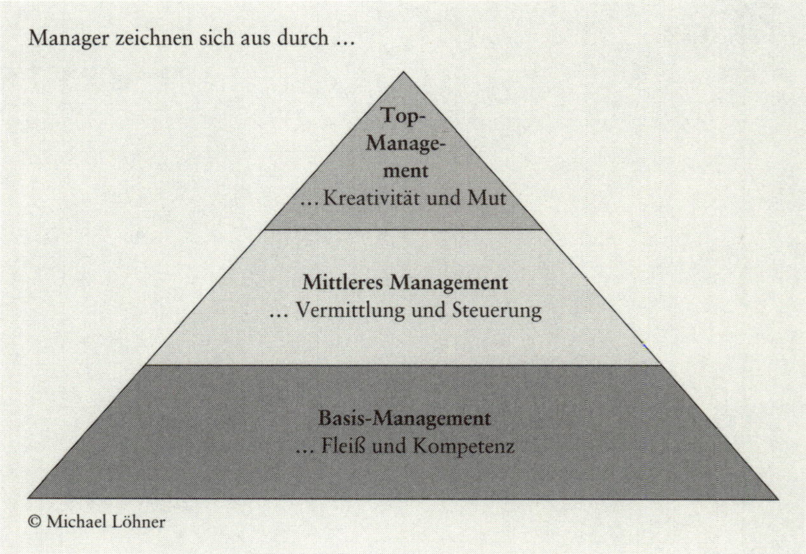

Das *Top-Management* braucht Kreativität und Mut, um seine Erfolgsideen im Unternehmen durchzusetzen. Oft genug erweisen sich gerade die Ideen als erfolgreich, die zunächst völlig abwegig erscheinen.

Das *Mittel-Management* muss sowohl über Kreativität und Mut verfügen als auch über Beharrlichkeit und Kompetenz. Letztere Eigenschaften helfen ihm dabei, die von oben ausgegebene Marschrichtung nach unten zu vermitteln. Erstere braucht es, um Prozesse selbst voranzutreiben.

Die *Manager an der Basis* wiederum zeichnen sich durch Beharrlichkeit und Kompetenz bei der Bewältigung ihrer Aufgaben aus.

Tatsächlich sind alle genannten Eigenschaften auf allen Stufen der Führung notwendig, wie ein prominentes Beispiel zeigt: Roland Berger wurde einmal nach seinem persönlichen Erfolgsgeheimnis gefragt, und antwortete: »Mut und Verstand«, und natürlich noch »harte Arbeit«.[49] Fleiß und Kompetenz sind ebenfalls auf allen Führungsebenen ausschlaggebend für den Erfolg eines Unternehmens, aber unter verschiedenen Gesichtspunkten: Zeichnen den Manager an der Basis Kompetenz und Fleiß im Hinblick auf die Bewältigung seiner Aufgaben aus, so setzt der kompetente und unermüdliche Mittel-Manager sein Können für eine gelingende Gestaltung der Beziehungen zur nachgeordneten Führungsmannschaft ein. Die Top-Führungskraft wiederum sucht beharrlich nach neuen Perspektiven und unterzieht die bereits entdeckten regelmäßig kritischen Prüfungen – und das kann sie nur tun, wenn sie kompetent genug ist, die Entwicklungen auf den Märkten richtig einzuschätzen.

Grundlage für beide Tugenden – Kompetenz und Fleiß – ist Disziplin. Dieses Wort wurde eigentlich längst in die Mottenkiste gepackt, denn Selbstentfaltung, Selbstverwirklichung und Spaß schienen viel attraktiver zu sein, zumal in der kurzen, irren Blütezeit der Internet-Unternehmen um die Jahrtausendwende. Doch die Zeiten haben sich gewendet: »Schluss mit lustig«[50] heißt es heute, man erinnert sich wieder an das, was die Gründerväter von früher auszeichnete. Dazu gehören Dinge wie permanent am Ball zu bleiben, neueste Entwicklungen zu verfolgen, neue Methoden zu erlernen oder Chancen zu wittern, bevor andere Wind davon bekommen. Wird dies vom Top-Management vorgelebt – und nicht nur vorgepredigt –, hat ein Unternehmen bereits eine gute Basis für seinen Erfolg gelegt.

Auch Mut und Kreativität sind mit unterschiedlichen Schwerpunkten auf allen Stufen der Führung gefragt: Vertreter der unteren Führungsstufen müssen Mut und Kreativität beweisen, wenn sie ihre Aufgaben bewältigen. Der Ressortleiter Risikocontrolling eines Kreditinstitutes zeigt zum Beispiel Rückgrat, wenn er ein Unternehmen auch dann kritisch bewertet, wenn er weiß, dass das eigene Top-Management hier an einem Geschäft interessiert ist. Der Qualitätsmanager eines Sektherstellers beweist Mut, wenn er trotz Termindrucks einen LKW mit Glasflaschen zurückweist, auch wenn diese »nur« leichte Qualitätsmängel aufweisen. Und ein IT-Projektleiter zeigt sich kreativ, wenn er bei der Behebung eines Netzwerkproblems ganz neue Wege geht – auch wenn er zunächst nicht weiß, ob diese zum Erfolg führen werden.

Mut und Kreativität sind bei Mittel-Managern in ganz anderen Zusammenhängen gefragt: Kann ich darauf vertrauen, dass die von mir beauftragte Person erfolgreich arbeiten wird? Wird die neue Managerin die aktuelle Krise des Consulting-Projektes überwinden und das Gutachten pünktlich abgeben können? Bekommt die neue Marketingchefin die Abteilung in den Griff? Findet die Forschungsleiterin einen Weg, die Versuchsreihe erfolgreich abzuschließen? Werden Abteilungen umstrukturiert, Projektgruppen gebildet oder neue Kräfte eingestellt, ist das zumeist die Aufgabe des mittleren Managements. Bei ihren Entscheidungen geht es um eine Menge Geld: Setzen sie den richtigen Mann oder die richtige Frau auf einen Posten, tragen sie wesentlich zum Erfolg des Unternehmens bei. Entscheiden sie sich für die falschen Personen, sind schnell Millionenbeträge verschenkt. Auch hier spielt Kreativität eine Rolle: Warum sollte eine promovierte Ärztin nicht auch als Unternehmensberaterin reüssieren? Oder als Geschäftsführerin einer Vertriebsfirma?

Top-Führungskräfte wiederum müssen Kreativität und Courage zeigen, wenn es um grundsätzliche Problemlösungen geht: Investieren wir in Stahl oder nicht? Stoßen wir das Bankgeschäft mit Privatkunden ab? Setzen wir auf eine Produktidee, an die noch keiner glaubt? Hier sind kreative Entscheidungen zuweilen fruchtbarer als solche, die unter ängstlicher Umklammerung von Marktforschungsresultaten getroffen werden. Grundsätzlich gilt, dass die Performance der Top-Führungsmannschaft das gesamte Unternehmen entscheidend prägt, und das gilt meiner Erfahrung nach auf internationaler Ebene: Legt das Board zum Beispiel Wert auf ethische Standards in der Produktion, auf Qualitätsmanagement oder beständige Prozessoptimierung, so lassen sich die entsprechenden Instrumente im gesamten Konzern implementieren – die Idee setzt sich durch. Zieht das Board dann jedoch nicht mit, fallen diese Projekte in sich zusammen wie Kartenhäuser.

Vertrauen in Personen und Vertrauen in ihren Erfolg

Das Vertrauen in den Erfolg von Personen ist etwas grundsätzlich anderes als das Vertrauen in die Beziehung zu Personen: Im ersten Fall traue ich jemandem etwas zu, im zweiten Fall traue ich jemandem. Beides sind Komponenten, die einen großen Einfluss auf die Unternehmenskultur haben, und in ihrer unterschiedlichen Ausprägung lassen sie sich – unabhängig von der Führungsebene – folgendermaßen grafisch darstellen:

Abbildung 15: Erfolgsvertrauen und Beziehungsvertrauen in der Führung

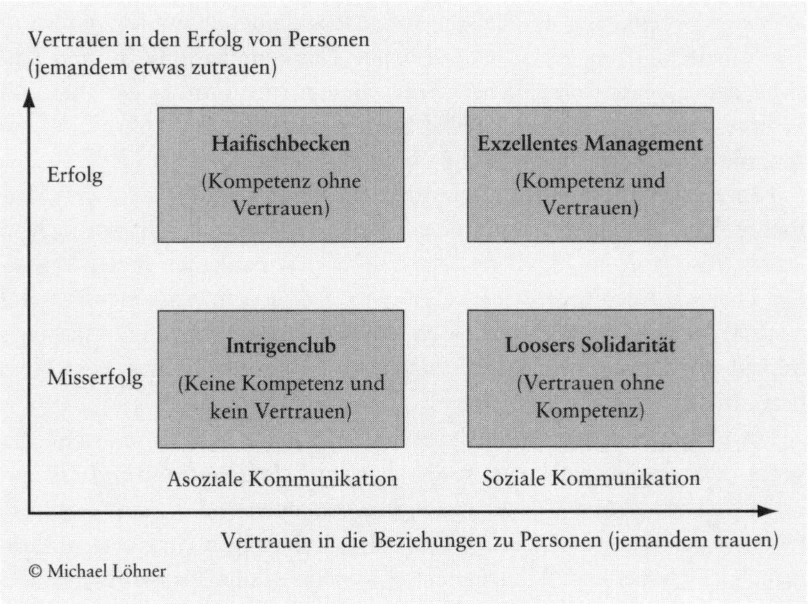

Unternehmen, in denen keiner dem anderen traut und auch niemand dem anderen etwas zutraut, bezeichne ich als *Intrigenclub*. Hier funktioniert gar nichts, weil jeder damit beschäftigt ist, den jeweils anderen misstrauisch ihr Versagen nachzuweisen. Die eigenen Unzulänglichkeiten werden regelmäßig bei den anderen gesucht und entdeckt und dort auf verschiedene Weise bestraft, wobei üble Nachrede und Mobbing besonders beliebt sind. Überspitzt gesagt können wir uns eine solche Firma – manchmal ist es auch nur eine Abteilung innerhalb eines Unternehmens – als einen wilden Haufen vorstellen, der seine Zeit mit archaischem Frustprügeln verbringt.

Wenn hingegen eine misstrauische Grundstimmung vorherrscht, ein Team oder die gesamte Firma aber dennoch Erfolge erzielt, spreche ich von einem *Haifischbecken*. Hier stimmen zwar die Zahlen, aber nicht die Stimmung: Misstrauisch und neidisch beäugt jeder den Erfolgsbeitrag des anderen, häufig wird auch sabotiert und gemobbt. Je größer der Erfolg, desto aggressiver werden die Raubtiere im Becken. Richtig große Erfolg bleiben ihnen jedoch verwehrt, weil sie nicht in der Lage sind, sich zu koordinieren. Für beide – sowohl den Intrigenclub als auch das Haifischbecken – gilt: Tendenziell wenden sich die darin zusammengeschlossenen Personen voneinander ab. Sie sind sozial so unfähig, vernünftig miteinander zu interagieren, dass eine »asoziale Kommunikation« vorherrscht. (Mit der umgangssprachlichen Bezeichnung von »Asozialen« hat das nichts zu tun. Im Gegenteil, selbst hoch angesehene Top-Führungskräfte sind mitunter nicht fähig, sozial zu kommunizieren.)

Fast ebenso unerfreulich, dafür aber ein wenig gemütlicher als im Haifischbecken, geht es zu, wenn eine zusammenarbeitende Gruppe sich in ihrem Misserfolg solidarisiert. *Loosersolidarität* nenne ich dieses Verhalten: Hier wird sich gegenseitig bemitleidet und gemeinsam lamentiert und nach Trost gesucht. Wer sich in ein solches Team integrieren will, muss mitleiden – Optimismus und Erfolgsorientierung werden mit Ausschluss bestraft.

Ein gesundes Arbeitsklima herrscht im Grunde nur dann, wenn ein Team oder ein Unternehmen in den eigenen Erfolg vertraut *und* die Zusammenarbeit zudem von gegenseitigem Vertrauen und sozialer Kommunikation getragen wird. Treffen diese beiden günstigen Umstände zusammen, haben wir es mit *exzellentem Management* zu tun: Die Führungskräfte arbeiten gemeinsam gegen Probleme und gemeinsam für ihr Ziel. Darüber hinaus sorgen sie dafür, dass sie sich als Persönlichkeiten so unterstützen, dass jede von ihnen wachsen kann – womit wir wieder beim Biophilie-Postulat wären (siehe dazu in Kapitel 1 den Abschnitt *Gemeinsam wachsen – im Rahmen der Möglichkeiten*).

Dabei dürfen wir aber nicht vergessen, dass dies eine Idealvorstellung ist. In der Realität mögen sich Manager zwar gegenseitig unterstützen, sie haben dabei aber immer zuerst ihre eigenen Interessen im Blick. Saj-nicole A. Joni, Vorstandsvorsitzende und Gründerin des Beratungsunternehmens

Cambridge International Group, hat dieses Phänomen als »strukturelles Vertrauen« bezeichnet. Joni schlägt deshalb folgende vier Fragen vor, anhand derer Sie feststellen können, wie weit Sie anderen Managern vertrauen können:

1. Kann – unter Berücksichtigung der Position und der Verantwortlichkeiten der betreffenden Person – eine von seinen Zielen oder Interessen unabhängige Bewertung erwartet werden?
2. Ist sie in einer Position, in der sie uneingeschränkt loyal handeln kann?
3. Ist es unwahrscheinlich, dass sie Informationen manipuliert oder filtert?
4. Kann glaubhaft vorausgesetzt werden, dass diese Person in Zukunft keine Position einnehmen wird, die das Vertrauensverhältnis durch strukturelle Beschränkungen belastet?[51]

Joni zufolge ist es für den Erfolg eines Managers wesentlich, Vertrauenspersonen realistisch einschätzen zu können. Aufgrund des starken Wettbewerbs innerhalb eines Unternehmens rät sie, Kollegen und Mitarbeitern gegenüber Vorsicht walten zu lassen: »Gehen Sie im Zweifelsfall davon aus, dass Ihr Gegenüber befangen ist.« Sie empfiehlt, bei wichtigen Entscheidungen jeweils eine »dritte Meinung« von außen einzuholen, das heißt von einem externen Berater. Außerdem hält Sie interne Netzwerke für hilfreich, die Führungskräfte am besten schon zu Beginn ihrer Laufbahn aufbauen sollten: Zu diesem Zeitpunkt können sie noch leicht Hilfe von Managern anderer Abteilungen erwarten, von Mentoren oder von Kollegen, die in der gleichen Situation sind wie sie selbst. Auf dem Weg nach oben hingegen ändern sich die Interessenslagen. Deshalb sollten Manager »den sich verändernden Status ihrer Netzwerke so sorgfältig beobachten wie ein Seismologe die Verschiebung der Kontinentalplatten«, warnt Joni.[52]

Das Geschick eines Managers, sich ein Netzwerk aus internen und externen Beratern aufzubauen, denen er wirklich vertrauen kann, sichert seinen Erfolg – und letztlich auch den seines Unternehmens. Verfügt er nicht über ein solches, kann er schnell in Abhängigkeit von Managern und Mitarbeitern geraten, die ihn gemäß ihrer eigenen Interessen nur mit gefilterten Fakten und entsprechend präparierten Informationen versorgen. Folglich ist er nicht mehr in der Lage, die Situation seines Unternehmens realistisch einzuschätzen, und seine strategischen Entscheidungen werden dementsprechend weniger erfolgreich sein.

Joni zufolge lassen sich zuverlässige, von starkem Vertrauen geprägte Beziehungen weder erkaufen noch erzwingen, sondern sie entwickeln sich über einen langen Zeitraum. Führungskräfte sollten deshalb rechtzeitig beginnen, sich um eine solche Vertrauenskultur zu bemühen, denn »ohne dieses Vertrauen ist der Erfolg eines Managers nicht denkbar«, ist die Beraterin überzeugt.[53]

Loyalität als Grundlage des Vertrauens

Um in einem Unternehmen eine Vertrauenskultur zu schaffen, muss eine wichtige Voraussetzung gegeben sein: Loyalität. Loyalität ist eine notwendige Bedingung für jede Vertrauensbildung zwischen Menschen, und sie ist dementsprechend ein wichtiger Faktor unabhängig der verschiedenen Stufen der Führung. »Loyal« ist das französische Wort für legal und bedeutet in diesem Zusammenhang redlich, ehrlich. »Legal« aus dem Lateinischen bedeutet gesetzlich. Vor diesem Hintergrund wird klar, dass Loyalität die Zuverlässigkeit im verantworteten, glaubwürdigen Einhalten von geschriebenen und ungeschriebenen Vereinbarungen bedeutet. Im Unternehmen gehören dazu alle Rechte und Pflichten, die in der allgemeinen Gesetzgebung und in den individuellen Arbeitsverträgen festgehalten wurden, außerdem die besonderen Gepflogenheiten der Firma, was den Umgang miteinander angeht. Um Missverständnissen gleich vorzubeugen: Mit Loyalität meine ich keinen irgendwie gearteten »Kadavergehorsam«, sondern vielmehr folgenden Grundsatz:

Loyalität ist kritische Treue.

Ein Mittel-Manager sollte die von der Führungsspitze ausgegebene Strategie also nicht blind nach unten »durchdrücken«, sondern im Zweifelsfall durchaus seine Bedenken anmelden. Das Gleiche gilt natürlich für die Loyalität zwischen den Managern an der Basis hin zur mittleren Führungsebene und für die Stufe der Fachkräfte und Sachbearbeiter hin zu den Gruppen- oder Teamleitern.

Illoyalität im Unternehmen erkennt man meinem Eindruck nach weniger an spektakulären Unterschlagungen oder Verleumdungen oder an undurchsichtigen Freistellungsaktionen, sondern vielmehr an ganz alltäglichen Handlungen: Da ziehen sich Mitarbeiter in versteckte Nischen zurück und schieben jahrelang eine ruhige Kugel, wobei sie gleichzeitig vorgeben, chronisch überlastet zu sein. Oder Unternehmer überweisen ihren Mitarbeitern nicht pünktlich ihr Gehalt, halten versprochene Beförderungen nicht ein oder verlangen ein Unmaß an Überstunden. Illoyalität von Mitarbeitern zeigt sich zum Beispiel an folgenden Kennzeichen:

- Verantwortungsflucht durch die Fehlersuche bei anderen;
- aktive Mitarbeit am schlechten Ruf anderer;
- Nestbeschmutzung in und außerhalb des Hauses;
- Bündnisse mit dem Kunden gegen das Unternehmensinteresse;
- »Bestrafung« des Unternehmens bei persönlicher Verärgerung.

Loyale Partner zollen sich gegenseitig Respekt, indem sie individuelle Bedürfnisse im Ernstfall gegenüber den vereinbarten, gemeinsamen Interessen zurückstellen. Das gegenseitige Wissen darum, dass beide Seiten der Partnerschaft so handeln, begründet ihr gegenseitiges Vertrauen. Wenn also Mitarbeiter einen Teil ihrer Bedürfnisse zugunsten ihres Tätigkeitsfeldes zurückstellen, können sie fest darauf vertrauen, dass ihnen das Unternehmen dafür Folgendes gibt:

- gesicherte Arbeitsplätze, die bei entsprechender Leistung und einem entsprechenden ökonomischen Umfeld eine möglichst langfristige Tätigkeit garantieren;
- ein gesichertes Einkommen, das wirtschaftliche Rezessionen und persönlichen Krankheitsausfall nicht zur existenziellen Bedrohung werden lässt;
- die gesicherte Förderung individueller Entfaltung durch die Führungskräfte und die Entwicklungsmaßnahmen;
- eine gesicherte Altersversorgung, die eine erhebliche Ergänzung zur persönlichen Vorsorge darstellt;
- gesicherte Aufstiegsmöglichkeiten innerhalb der vorgezeigten Möglichkeiten, je nach persönlicher Leistung;
- gesicherte soziale Geborgenheit innerhalb des Unternehmens.

Ein Unternehmen steht loyal zu seinen Mitarbeitern, wenn diese Grundleistungen jedem einzelnen Mitarbeiter gegenüber gelten. Das wiederum bedingt dann die Loyalität der Mitarbeiter gegenüber dem Unternehmen.

Verständnis begründet Vertrauen

Viele Führungskräfte empfinden die persönlichen Bedürfnisse ihrer Mitarbeiter als Störfaktoren – sie stören sich an dem »Psychokram«, da doch Sachlösungen so viel wichtiger wären. Eine solche Grundeinstellung reduziert jedoch jede Vertrauensbildung. Um eine Vertrauensbasis zu begründen, brauchen Manager jeder Stufe neben einer integren Persönlichkeit auch ein geeignetes Gesprächsverhalten. Dabei kommt es gar nicht ausschließlich auf das Verbale an, eine wesentliche Grundlage ist vor allem auch das Zuhören und Verstehen: Denn wer nicht verstehen kann, kann auch keine Vertrauensfelder aufbauen.

Berichtet Ihnen ein Mitarbeiter von seinen Sorgen und Nöten – seien sie beruflicher oder privater Natur –, dann sortieren Sie das, was er sagt, nicht gleich in bestimmte Schubladen: Werten Sie nicht (»Das ist doch ein lächerliches Problem«) und interpretieren Sie nicht (»Herr Meier will Ihnen bestimmt eins auswischen«). Halten Sie sich auch mit gut gemeintem Trost (»Das ist alles halb so schlimm und geht sicher schnell vorbei«) oder mit voreiligen Ratschlägen zurück (»Ich in Ihrer Lage würde sofort Folgendes tun«). Und starten Sie auf keinen Fall ein Verhör (»Wann genau haben Sie zum ersten Mal mit diesem Problem zu tun gehabt?«).

Auch wenn es Ihnen schwer fällt: Hören Sie zuerst einmal nur zu und lassen Sie Ihren Mitarbeiter reden. Warten Sie einen Moment ab, nachdem er seine Ausführungen beendet hat, denn manche Menschen neigen dazu, nach einer kurzen Denkpause noch etwas wirklich Wesentliches nachzuschieben. Stellen Sie dann Fragen, die Ihnen helfen, die Angelegenheit Ihres Mitarbeiters noch besser zu verstehen.

In vielen Fällen geht Ihr Mitarbeiter gar nicht davon aus, dass Sie eine Lösung aus dem Hut zaubern. Er erwartet lediglich ein wenig Zuspruch und das Gefühl, dass Sie ihn in seiner Identität annehmen. Er hat die Antwort auf seine Frage möglicherweise schon selbst parat, kann sie aber noch nicht formulieren. In diesem Fall können Sie ihm – als eine Art Katalysator – auf die Sprünge helfen. Was Ihr Mitarbeiter aber auf keinen Fall möchte, ist, dass Sie sein Problem zu Ihrem eigenen machen und in einem Handstreich zu lösen versuchen. Erinnern Sie sich an die sokratische Differenz (siehe den Abschnitt *Sicher entscheiden in einer komplexen Umwelt*): Weder Sie noch Ihr Mitarbeiter können den vorliegenden Sachverhalt, so wie er ist, wirklich begreifen. Sie können nur ihre jeweils eigene Perspektive darauf entwickeln, wobei Sie aber niemals eine genaue Deckungsgleichheit erreichen werden.

Wenn Sie sich das Problem eines anderen aneignen, lösen Sie nicht den Knoten der Sache an sich, sondern immer nur den Knoten der Sache, so wie sie sich Ihnen darstellt. Dem anderen helfen Sie damit überhaupt nicht weiter, sondern schaden ihm eventuell sogar: Denn Sie vermitteln ihm das Gefühl, dass Sie ihn für unfähig halten, und zeigen ihm außerdem, dass Sie ihn nicht verstehen. Warum sollte er Ihnen dann also trauen?

Sie sollten als Führungskraft mit Mitarbeitern grundsätzlich so reden, wie Sie das von einem gleichgestellten Kollegen erwarten würden. Haben Sie einen Konflikt oder ein Problem zu lösen, dann vergessen Sie für eine Weile, wer die Rolle des Chefs spielt und wer nicht. Seien Sie partnerschaftlich und konzentrieren Sie sich ganz auf die Sache.

Das bedeutet Vertrauen auf den drei Stufen der Führung

Wenn Sie im Top-Management tätig sind Sie vermitteln *Erfolgsvertrauen*. Ihre Kollegen und die Ihnen nachgeordneten Manager glauben an Ihre Erfolgsideen. Nicht zuletzt deshalb, weil Sie sich durch ein unerschütterliches Selbstbewusstsein auszeichnen.

Wenn Sie im mittleren Management tätig sind Sie verfügen über die Fähigkeit, *Beziehungsvertrauen* herzustellen. Das heißt, Sie vertrauen der Führungsspitze als auch der Basis und trauen den dort tätigen Managern auch die entsprechenden Fähigkeiten zu. Gleichzeitig agieren Sie so, dass die untere und die obere Führungsstufe Ihnen Vertrauen schenkt.

Wenn Sie als Manager an der Basis tätig sind Für Sie ist es erfolgsentscheidend, dass die von Ihren Vorgesetzen aufgestellten *Regeln verlässlich* sind. Das gilt aber gleichermaßen für Ihre Pflichten und Rechte: Damit das mittlere und obere Management Ihnen traut und etwas zutraut, halten Sie Ihre Fach- und Methodenkenntnisse ständig aktuell.

Für Manager auf jeder Stufe der Führung gilt Sorgen Sie dafür, dass sowohl das *Vertrauen in den Erfolg von Personen* als auch das *Vertrauen in die Beziehungen zu Personen* in Ihrem Unternehmen möglichst stark ausgeprägt ist. Nur so können Sie nach dem Biophilie-Postulat führen – was nicht nur zu einem menschlicheren Umgang im Unternehmen führt, sondern auch zu größerem wirtschaftlichen Erfolg.

Weil die meisten Unternehmen diesen Idealzustand (noch?) nicht erreicht haben, sollten Sie sich um eine *realistische Einschätzung der Personen in Ihrer Umgebung* bemühen. Je nach Position kann Ihr Gegenüber befangen sein oder versuchen, seine eigenen Interessen gegen Ihre durchzusetzen.

Eine wichtige Grundlage für Vertrauen im Unternehmen ist *Loyalität*: Die Führungsspitze hält ihre Versprechen gegenüber den nachgeordneten Managern und Mitarbeitern, diese wiederum liefern die vereinbarte Leistung.

Ausschlaggebend für eine tragfähige Kultur des Vertrauens ist jedoch eine *verständnisvolle Kommunikationskultur* im Unternehmen.

Nachdem wir nun die spezifische *Kompetenz* der Manager auf den drei Stufen der Führung kennen gelernt, Ihre *Verantwortungsbereiche* unter die Lupe genommen, die Rahmenbedingungen Ihrer *Entscheidungen* untersucht und das Thema *Vertrauen* im Licht des Drei-Stufen-Konzepts betrachtet haben, sind hier noch einmal die wichtigsten Punkte zusammengefasst:

Erfolgreich führen auf drei Stufen – darauf kommt es an:

Top-Manager

- zeichnen sich aus durch Unternehmerkompetenz,
- tragen Erfolgsverantwortung,
- treffen Entscheidungen unter Risiko,
- vermitteln und verfügen über Erfolgsvertrauen.

Mittlere Manager

- zeichnen sich aus durch Beziehungskompetenz,
- tragen Beziehungsverantwortung,
- treffen Entscheidungen unter Unsicherheit,
- vermitteln und verfügen über Beziehungsvertrauen.

Manager an der Basis

- zeichnen sich aus durch Fachkompetenz,
- tragen Sachverantwortung,
- treffen Entscheidungen unter Sicherheit,
- vermitteln und verfügen über Vertrauen in Regeln.

Ich habe Ihnen gezeigt, welchen ausschlaggebenden Einfluss die persönliche Integrität der Manager auf eine erfolgreiche und von Vertrauen geprägte Führung im Unternehmen hat, und wie wichtig gelingende Kommunikation für eine tragfähige Kultur des Vertrauens ist. Noch einmal: Nur auf der Grundlage von Vertrauen gelingt Führung mit dem Drei-Stufen-Konzept, und nur auf dieser Grundlage lassen sich Prozesse erfolgreich steuern.

Im folgenden Kapitel (*Persönlichkeitsentwicklung für Manager*) möchte ich Ihnen deshalb erklären, wie Sie als Führungskraft – ganz gleich auf welcher Stufe Sie agieren – so an sich arbeiten können, dass Sie sich zu einer Führungs*persönlichkeit* weiterentwickeln.

Anschließend (Kapitel 5, *Werkzeug Kommunikation*) werde ich Ihnen die Elemente der Kommunikation vorstellen und Ihnen zeigen, wie Sie Ihre Kompetenz in diesem Bereich verbessern können.

Kapitel 4

Persönlichkeitsentwicklung für Manager

Als erfolgreicher Manager brauchen Sie, wie wir im vorherigen Kapitel gesehen haben, Kompetenz, Verantwortungsbewusstsein, Entscheidungskraft sowie die Fähigkeit, zu vertrauen und Vertrauen zu vermitteln. Die Art und Weise, wie Sie diese Aspekte in Ihrem Berufsalltag leben, ist dabei von Ihrer Position innerhalb der Unternehmenshierarchie abhängig. So weit, so gut, mögen Sie denken. »Aber wie finde ich heraus, ob ich mit meiner Persönlichkeit und meinen ganz individuellen Fähigkeiten tatsächlich zu dem Job passe, den ich habe?« Das ist eine immens wichtige Frage, denn vielleicht gehen Ihre Probleme im Berufsalltag auf Defizite zurück, die Ihnen gar nicht bewusst sind oder auf die Sie keinen Einfluss haben? Oder umgekehrt: Möglicherweise haben Sie das Zeug zum Bereichsleiter oder zum selbstständigen Unternehmer, ohne dass Ihnen das bisher klar geworden ist?

Aus diesem Grund möchte ich in diesem Kapitel auf das näher eingehen, was Sie als Manager ausmacht: auf Ihre Persönlichkeit, oder anders gesagt, Ihr »Selbst«. Doch zuvor möchte ich Sie bitten, sich kurz Zeit zu nehmen, um über folgende Fragen nachzudenken. Notieren Sie sich bitte, wie häufig Sie die Antwort »A« oder »B« als zutreffend gewählt haben.

Fragebogen

1. Ich arbeite in erster Linie für
   A: das Unternehmen, in dem ich tätig bin;
   B: für meine Biografie.

2. Wenn ich mich im Unternehmen für ein Projekt besonders einsetze, tue ich dies aus der Motivation heraus,

A: Anerkennung durch meine Vorgesetzen, Kollegen und Mitarbeiter zu bekommen;

B: weil ich gerne selbst gesetzte Ziele erreiche.

3. Ich entwickele besonders gute Ideen, wenn

A: zwischenmenschliche Konflikte im Team zu lösen sind;

B: Sachprobleme zu lösen sind.

4. Wenn mir ein Fehler unterläuft, ist es mir besonders wichtig,

A: mich bei den betroffenen Personen im Unternehmen zu entschuldigen;

B: neue Lösungswege für das Sachproblem zu finden.

5. Tauchen Konflikte innerhalb meines Teams, meines Unternehmens oder mit meinen Kunden auf,

A: gehe ich diesen möglichst aus dem Weg;

B: nehme ich diese gerne in Kauf, weil ich darin eine Chance sehe, meinem Ziel ein Stück näher zu kommen.

6. Disziplin fällt mir nicht schwer, vor allem wenn es darum geht,

A: die Ziele des Top-Managements oder meines direkten Vorgesetzten umzusetzen;

B: mich den Sachzwängen meiner Ziele und Projekte zu stellen.

7. Wie ich bei anderen Personen im Unternehmen ankomme, ist für mich

A: sehr wichtig. Ich fühle mich am wohlsten und arbeite am besten, wenn ich sozial gut eingebunden bin;

B: relativ unwichtig. Ob ich beliebt bin oder nicht, zählt für mich nicht – im Gegenteil, bei manchen Kollegen gelte ich sogar als egozentrisch.

8. Wenn ich mich unausgeglichen oder gestresst fühle, neige ich zu

A: Arbeitssucht;

B: Isolation.

Es ist Ihnen sicherlich nicht verborgen geblieben, worauf ich mit diesen Fragen hinaus will: Es geht um Ihre Neigung, eher selbstbestimmt (autonom) oder fremdbestimmt (heteronom) zu handeln. Haben Sie sich überwiegend für Antwort »A« entschieden, tendieren Sie dazu, die Regeln anderer zu akzeptieren – zumindest schätzen Sie sich selbst so ein. Haben Sie überwiegend »B« gewählt, neigen Sie als Führungskraft eher zu selbstbestimmtem Handeln.

In diesem Kapitel zeige ich Ihnen, welche Anforderungen die verschiedenen Stufen der Führung an Ihre Autonomie beziehungsweise Heteronomie stellen. Dabei geht es einerseits um die Frage, wie Sie die Fähigkeit Ihrer Mitarbeiter zu selbstständigem Handeln fördern können, und andererseits, wie Sie Ihre eigene Persönlichkeit entwickeln können: Haben Sie die richtigen Anteile an heteronomem und autonomem Verhalten in Ihren Führungsalltag integriert? Dabei gilt grob vereinfacht: Je höher Sie auf der Führungstreppe stehen, desto mehr Autonomie wird von Ihnen erwartet. Dann werde ich Ihnen zeigen, dass Sie als Manager aber vor allem auch über ein ausreichendes Selbstbild und eine realistische Selbsterkenntnis verfügen müssen. Sie müssen also Ihre eigene Persönlichkeit mitsamt Ihren Schattenseiten kennen und auch in der Lage sein, diese ständig zu reflektieren und auszugleichen. Deshalb ist eine ausgeprägte Konflikt- und Veränderungsbereitschaft für eine erfolgreiche Führungskraft ebenfalls unerlässlich. Damit Sie abschließend auch überprüfen können, ob Sie selbst über diese Persönlichkeitsmerkmale verfügen, schließt das Kapitel mit einem Persönlichkeitstest.

Zwischen Selbst- und Fremdbestimmung

Unternehmen brauchen eigenständig denkende, kreative Führungskräfte, wenn sie im Wettlauf um die besten Ideen und um Marktanteile ganz vorn dabei sein wollen. Gleichzeitig sind sie darauf angewiesen, dass keiner der Manager so weit aus der Reihe tanzt, dass er das gesamte System gefährdet. Die Balance zwischen einem möglichst hohen Maß an Freiraum für einzelne Manager einerseits und notwendiger Anpassung andererseits ist weder für die Unternehmen noch für die einzelnen Führungskräfte leicht zu finden und auch zu halten. Diese »Spannung« lässt sich gleichzeitig aber auch gewinnbringend einsetzen: Unternehmen, die sie produktiv leben und als Energiequelle nutzen, sind besonders erfolgreich. Ein Beispiel dafür können Manager aus den mittleren Führungsetagen sein, die Entwicklungen auf eigene Faust anschieben, ohne sich »nach oben« hin abzusichern – wie Kozo Ohsone, der Erfinder des Mini-CD-Players von Sony:

Ohsone beauftragte Techniker und Produktdesigner damit, einen CD-Player in der Größe einer CD zu entwickeln. Er bat sie, dieses Vorhaben geheim zu halten, damit sich das Top-Management nicht mit ungebetenen Ratschlägen einschalten konnte. Gleichzeitig signalisierte Ohsone, dass er keine Auskunft über seine Beweggründe geben würde, einen so kleinen Apparat zu entwickeln. Das Projekt gelang: Die Sony-Fachleute konnten die notwendigen Schaltkreise auf kleinstem Raum unterbringen und ein Gerät entwickeln, das gerade einmal ein Zwanzigstel der Größe des ursprünglichen CD-Players hatte. Der Mini-CD-Player kostete nur ein Drittel und setzte sich am Markt schnell durch.[54]

Manager wie Ohsone sind erfolgreiche Gratwanderer: Sie verlassen ausgetretene Pfade und setzen neue Ideen um, gleichzeitig handeln sie im Sinne des Unternehmens. Mit ihrem Mut, ungewohntes Terrain zu betreten, zeigen sie ihre Fähigkeit zu selbstbestimmtem Handeln, also ihre Autonomie (von griechisch *autos,* »selbst« und *nomos,* »Gesetz«: sich sein Gesetz selbst geben). Dass sie parallel dazu die Ziele des Unternehmens im Blick behalten, zeigt ihre Fähigkeit zur Heteronomie (von griechisch *heteros,* »anders«, also etwa: sich an die Gesetze halten, die von anderen aufgestellt wurden). Autonomie und Heteronomie sind auf jeder Stufe der Führung notwendig, allerdings in verschiedenen Gewichtungen: An der Basis ist vor allem die Fähigkeit gefragt, Aufgaben nach vorgegebenen Regeln zu erledigen. Je weiter man in der Hierarchie nach oben steigt, desto stärker werden die autonomen Anteile gefordert.

Leben und arbeiten nach eigenen Prinzipien

Ihre autonomen Anteile helfen Ihnen dabei, Ihren persönlichen Wert und Ihre Selbstachtung aus sich selbst heraus zu erklären, nicht etwa über Ihren persönlichen Besitz wie die Villa in bester Wohnlage, das besondere Automodell, die teure Uhr oder die Bauhaus-Lampe auf Ihrem Schreibtisch. Nein, Ihre Selbstachtung ist ganz unabhängig von solchen Äußerlichkeiten. Damit sind Sie im tiefsten Inneren freier als diejenigen, die ihre Selbstdefinition über das Materielle bestimmen und damit in ständiger Angst leben, ihren Besitz zu verlieren. Sie halten den Verzicht auf Äußerlichkeiten nicht für eine beklagenswerte Einschränkung Ihrer Möglichkeiten, sondern Sie gehen vielmehr davon aus, dass Sie unabhängig bleiben, wenn sie ein Minimum an Verbrauch anstreben.

Zur Grundeinstellung eines Menschen mit starken autonomen Anteilen gehört es auch, seinen Selbstwert nicht von seiner Funktion im Unternehmen abhängig zu machen. Im Zweifelsfall verzichtet er lieber auf seinen Job, als sich in einen Skandal verwickeln zu lassen. Und wenn er sieht, dass er im Sinne des Unternehmens auch einmal einen Erfolg erzielen kann, ohne die vorgeschriebenen Dienstwege einzuhalten, dann geht er diesen Weg – siehe Sony-Manager Ohsone. Wer autonom lebt, hat keine Angst vor kreativem Ungehorsam. Er bricht gerne aus eingefahrenen Routinen und Erfahrungsgefängnissen aus, auch wenn er dafür den Abschied von bekannten Strukturen in Kauf nehmen muss.

Autonomie und Loyalität müssen kein Gegensatz sein: Selbstbestimmt handelnde Manager halten sich an ihre Zusagen gegenüber einem Unternehmen, solange sie diese mit ihren Prinzipien vereinbaren können. Wenn sich Zusagen und Prinzipien nicht mehr vereinbaren lassen, beenden sie die Zusammenarbeit und hinterlassen einen sauberen Tisch.

Dazu braucht es ein hohes Maß an Disziplin, so wie Autonomie überhaupt ein sehr diszipliniertes Leben und Arbeiten erfordert. Selbstbestimmt zu handeln bedeutet nämlich keinesfalls, zu tun oder zu lassen, was einem gerade in den Sinn kommt, sondern vielmehr, seine emotionale Stimmung gerade nicht über seine Pflichten und Zusagen zu setzen. Ein autonom agierender Mensch handelt nicht aus Lust, sondern aus Verpflichtung seinen eigenen Prinzipien gegenüber. Erst dadurch ist er in der Lage, wirkliche Unabhängigkeit zu kultivieren. Deshalb halte ich den folgenden Leitsatz für sehr wichtig:

Es ist wichtig, dass sich die Menschen auf einem seelischen Niveau stabilisieren, auf dem sie das Nützliche dem Angenehmen vorziehen.

Solche Prinzipien, die einen Menschen zu der beschriebenen Lebens- und Handlungsweise führen, können auf Unternehmensebene zum Beispiel sein,

- seine eigenen Zusagen einzuhalten,
- seine Energie zugunsten eines Unternehmens beziehungsweise einer Idee einzusetzen,

- andere Menschen zu fördern,
- sich nicht vorschnell nach dem Urteil anderer zu richten, sondern sich immer ein eigenes Bild eines Sachverhalts oder eines Menschen zu schaffen,
- sich nicht von materiellen Dingen blenden zu lassen,
- sich nicht an Betrug oder Korruption zu beteiligen.

Wer sich um ein konsequent autonomes Leben bemüht, lebt in permanenter Ungemütlichkeit: Es ist anstrengend, sich seine Prinzipien immer wieder ins Gedächtnis zu rufen und sich in zweifelhaften Fällen für die eigene Aufrichtigkeit statt für den eigenen Vorteil zu entscheiden. Es ist mühsam, die eigenen Urteile und Vorurteile immer wieder daraufhin zu überprüfen, ob sie den selbst gesetzten Maßstäben wirklich standhalten können. Und es ist schmerzhaft, das eigene Selbstbild immer wieder daraufhin zu befragen, ob es den eigenen Ansprüchen gerecht wird. Der Lohn dieser Anstrengung aber ist groß: nämlich die Ausbildung einer reifen, integren Persönlichkeit.

Wer sich stattdessen der Macht seiner eigenen Gewohnheiten überlässt und sich zu seiner vermeintlichen Sicherheit in einen Kokon aus Besitztümern sowie Regeln und Vorurteilen einspinnt – die er ungeprüft von anderen übernommen hat –, der verliert seine Autonomie. Leider ist das bei sehr vielen Menschen der Fall, denn der Mensch hat grundsätzlich die Tendenz, seine Lebendigkeit, Offenheit und damit auch seine Autonomie abzulegen, und sich in soziale Systeme einzupassen.

Keine Autonomie ohne Heteronomie

In der Realität sind Autonomie oder Heteronomie – im Sinne eines Lebens in absoluter Selbst- beziehungsweise Fremdbestimmtheit – in Reinform kaum vorstellbar. Die Begriffe implizieren sich sogar gegenseitig: Ein hochrangiger Manager kann sich zum Beispiel aus freien Stücken dazu entscheiden, sich den Prinzipien des Firmengründers anzuschließen – das Unternehmen nicht an die Börse zu führen oder bestimmte Produktionsmethoden beizubehalten –, auch wenn dies ökonomisch derzeit nicht als optimale Lösung erscheint. Ein solcher Manager beschließt also selbstbestimmt, Gesetze zu akzeptieren, die er ursprünglich nicht selbst vorgegeben hat.

Umgekehrt muss zum Beispiel ein hoch qualifizierter Mitarbeiter, der aus einer sozialen Notlage heraus einen sehr einfachen und von vielen Vorgaben geprägten Job annimmt, um überhaupt überleben zu können, nicht zwingend daran zerbrechen. Er stellt zwar zumindest äußerlich mit dem Ziel der Selbsterhaltung seine autonomen Bestrebungen zurück, seine Gedanken und Werturteile kann er aber weiterhin selbst bestimmen. Er kann auch seine Selbstachtung durchaus bewahren und aus dem System der unfreiwilligen Fremdbestimmung ausbrechen, sobald er eine Chance dazu sieht. Der Philosoph Theodor W. Adorno hat es so formuliert: Der Mensch sei sowohl das »Produkt des Drucks« als auch »das Kraftzentrum, das ihm widersteht«.[55] Wahre Autonomie entwickelt sich nach Adornos Einschätzung also erst unter den widrigen Bedingungen äußerer Sachzwänge, die dem Menschen Heteronomie abfordern.

Autonomie und Heteronomie im Unternehmen

Wie gerade in den Beispielen schon angeklungen ist, existieren auch im Unternehmen Selbst- und Fremdbestimmung parallel, und sind dort beide in bestimmtem Maße auf allen drei Stufen der Führung notwendig. So entscheidet die *Führungsspitze* eines Unternehmens zwar in relativer Selbstbestimmtheit über die Strategie des Unternehmens, sie ist mit ihren Entscheidungen aber an die Rahmenbedingungen der Wirtschaft gebunden: Ob es sich um ein hoch kompetitives Umfeld handelt oder nicht, ob die Rohstoffpreise steigen oder sinken oder wie das aktuelle Arbeitsrecht aussieht, wird alles von außen bestimmt. Das *mittlere Management* wiederum ist für das Beziehungsmanagement und die erfolgreiche Kommunikation der Unternehmensziele eigenverantwortlich, muss sich aber gleichzeitig an die Vorgaben der Unternehmensspitze halten und agiert damit ebenfalls teilweise fremdbestimmt.

Am größten ist das Maß der Heteronomie an der *Basis*: Hier ist kompetenter Abwicklungsfleiß gefragt sowie störungsfreie Routine durch Disziplin. Die Regeln werden »von oben« vorgegeben und müssen eingehalten werden – gleichzeitig aber fordern die Unternehmen selbstverantwortlich handelnde Mitarbeiter. Ganz deutlich zu sehen ist dies in den Stellenanzeigen: Die gesuchten Bewerber sollen Verantwortung übernehmen wollen, aus eigenem Antrieb die Initiative ergreifen, Prozesse anstoßen, »über den Tellerrand« ihrer Bereiche schauen, sich entfalten – kurz: Sie sollen autonom sein. Dass eine sinnvolle Zusammenarbeit gleichzeitig nur dann möglich ist, wenn sich die Mitarbeiter in das bestehende System einpassen, wird gerne ausgeblendet und führt später in vielen Fällen zu Konflikten.

Meiner Einschätzung nach lässt sich die Spannung zwischen dem strukturellen Druck eines Unternehmens einerseits und der Notwendigkeit, selbstbestimmt handelnde Manager und Mitarbeiter zu beschäftigen, andererseits, nicht auflösen. Im Gegenteil:

Führungskräfte haben die Aufgabe, die Spannung zwischen Autonomie und Heteronomie zu akzeptieren und *keine* polaren Lösungen anzustreben.

Das bedeutet, dass die Führungsspitze von keinem Mitarbeiter absolute Anpassung fordern, genauso wenig aber niemandem völlig freie Entfaltungsmöglichkeiten versprechen sollte. Stattdessen ist es wichtig, die Balance zwischen der Erhaltung und der Entfaltung des Systems zu finden, zwischen der Durchsetzung von Regeln, die unbedingt eingehalten werden müssen, und der Akzeptanz von Eigeninitiative, die mit Blick auf den gemeinsamen Erfolg auch einmal Regeln übertritt.

Es muss aber auch nicht die perfekt ausgewogene Balance zwischen Autonomie und Heteronomie sein. Unternehmen, die von ihren Mitarbeitern einen hohen Grad an Heteronomie verlangen, können auch Vorteile bieten: Hier fühlen sich Menschen wohl, die gerne in einem verlässlichen System arbeiten, die gerne jeden Tag genau wissen, was sie zu tun haben, die sich in stark durchorganisierten Gruppen geborgen fühlen und nicht dazu neigen, das gemeinsame Ziel infrage zu stellen. Solche Manager und Mitarbeiter empfinden ein durch zu starke Eigeninitiative und Erfolgsorientierung geprägtes Arbeitsumfeld als belastend und stressig. Ein Vorgesetzter oder ein Kollege, der sich über Regeln hinwegsetzt, um bestimmte Ziele zu erreichen, ist für sie dann ein sozial rücksichtsloser Zeitgenosse.

Agiert ein Unternehmen abseits der stark umkämpften Marktsegmente – oder handelt es sich sogar um eine verwaltende Institution –, kann es eine solche Kultur der Heteronomie ohne Probleme verkraften. Ist dagegen eine Art »Kriegsführung« notwendig, um im Wettbewerb überhaupt bestehen zu können, müssen Unternehmen sich mehr auf die eigene Erfolgsstärke konzentrieren – und diese steht in direktem Zusammenhang mit seiner Autonomie, die sich aus der Summe der Autonomien der Mitarbeiter ergibt.

Die Unterschiede zwischen den beiden reinen Extremformen, nämlich zwischen Unternehmen mit einer Kultur der Heteronomie und solchen mit einer Kultur der Autonomie, lassen sich folgendermaßen zusammenfassen:

Unternehmen im Spannungsfeld zwischen Heteronomie und Autonomie

Heteronomie	Autonomie
Ziel ist die Erhaltung des Systems.	Ziel ist Entfaltung des Systems.
Regeln bestimmen die Interaktion.	Erfolge bestimmen die Interaktion.
Gehorsam bestimmt das Denken.	Eigeninitiative bestimmt das Denken.
Konfliktlösung mit Bürokratie.	Konfliktlösung mit Kommunikation.
Unternehmen vermittelt Geborgenheit.	Unternehmen vermittelt Erfolgsstärke.
Mitarbeiter neigen zu kollektiver Verführbarkeit.	Mitarbeiter neigen zu sozialer Rücksichtslosigkeit.
Unternehmenskultur ist geeignet für »Friedensführung«.	Unternehmenskultur ist geeignet für »Kriegsführung«.

Autonomie fördern durch Anerkennung und Kritik

Auch wenn ein gewisses Maß an Heteronomie in Unternehmen und auf den einzelnen Führungsebenen unverzichtbar ist, ist es generell doch wichtig, die selbstbestimmten Anteile aller Mitarbeiter zu stärken. Durch die verstärkte Erfolgsorientierung und Selbstständigkeit auch an der Basis kann das Unternehmen letztlich profitieren.

Führungskräfte können die Autonomie ihrer Mitarbeiter gezielt stärken, indem sie zwischen Anerkennung und Lob sowie zwischen Kritik und Tadel unterscheiden – und auch dementsprechend handeln. Meiner Einschätzung nach wird hier auf allen Führungsebenen viel zu wenig differenziert. Und mehr noch: Der Effekt des Lobes wird häufig völlig falsch eingeschätzt. Das gilt für Manager und Mitarbeiter gleichermaßen, die bei meinen Befragungen gebetsmühlenartig formulieren, es möge vonseiten des Managements bitte schön »mehr gelobt werden«. Und die sich anschließend wundern, warum ihre Mitarbeiter sich trotz des vielen Lobens nicht ändern.

Abbildung 16: Rückmeldung und Orientierung

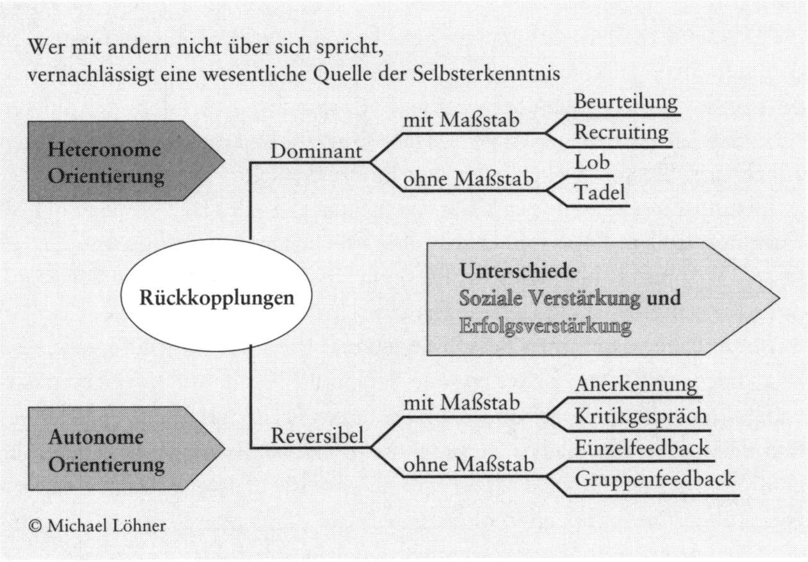

Förderung von Selbst- und Fremdbestimmung bei Mitarbeitern

Heteronomie	Autonomie
Tadel	Kritik
Lob	Anerkennung

Ein *Lob* ist nichts anderes als eine subjektive Bewertung der Person nach dem Motto: »Du gefällst mir.« Ein solches Feedback wirkt etwa so, als wenn man einem Kind sagt: »So ist das brav! Du bist ein artiges Kind.« So wird die Fähigkeit der Person gelobt und damit verstärkt, sich den vorgegebenen

Regeln anzupassen. Die sachliche Leistung spielt dabei eine untergeordnete Rolle. Ein heteronom dominierter Mitarbeiter wird sich über ein Lob freuen, da er ein positives Feedback für seine Neigung bekommt, fremdbestimmt zu handeln. Daraufhin wird er sich weiterhin bemühen, den Regeln Folge zu leisten, die andere ihm vorsetzen. Wer Feedback in Form eines Lobes gibt, spricht immer *dominant*, das heißt, er spricht aus der Position des höhergestellten Autoritätsträgers. Seine Worte können also nur »von oben nach unten« kommuniziert werden. Sie kennen die typischen Situationen, die genau nach diesen Regeln funktionieren: Ein Beurteilungsgespräch zum Beispiel, in dem schulmäßige Noten vergeben werden, oder ein Rekrutierungsgespräch, bei dem ein hierarchisch übergeordneter Gesprächspartner dem Kandidaten vermittelt, ob er in seinen Augen etwas »taugt« – und dies ist in den meisten Fällen ein äußerst subjektiv geprägter Eindruck.

Ein autonom handelnder Mitarbeiter hingegen wird sich von einem Lob entmutigt fühlen: Es ist ihm gleichgültig, ob eine andere Person ihn »artig« findet. Worauf es ihm vielmehr ankommt, ist eine konstruktive Rückmeldung für seine Leistung. Gemeint ist eine ehrliche *Anerkennung* der Person mitsamt ihren autonomen Bestrebungen und ihrer Leistungsfähigkeit, und zwar nach objektiven Kriterien. Die Person erfährt damit eine Wertschätzung, die unabhängig davon ist, ob sie ihrem Feedbackgeber subjektiv gefällt oder nicht. Ein solches Gespräch ist *reversibel:* Es wird auf Augenhöhe geführt. Jeder der Gesprächspartner kann auf die gleiche Weise mit seinem Gegenüber kommunizieren, ohne dass dieser es als unangemessen empfindet. Wer Anerkennung erfährt, wird sich ermutigt fühlen, weiterhin nach seinem eigenen besten Wissen und Gewissen zu handeln – auch wenn dies im Sinne eines Unternehmens geschieht.

Im Idealfall transportiert ein Einzel- oder Gruppenfeedback genau diese Anerkennung in Form einer wertfreien Nachricht, »wie du auf mich wirkst«. Voraussetzung hierfür ist folgende innere Haltung des Feedback-Gebers:

Ich bin ich und du bist du. Du bist nicht auf der Welt, um so zu sein, wie ich dich haben will.

Diese Haltung erfordert, das gebe ich gerne zu, einen gewissen Grad an Reife. Wenn Feedbackgespräche in Ihrem Unternehmen grundsätzlich dominant und subjektiv wertend ablaufen und Sie jetzt möglicherweise irritiert sind angesichts meiner Sicht der Dinge, dann zweifeln Sie bitte nicht gleich an dem, was Sie gerade gelesen haben – denken Sie stattdessen zunächst einmal über das persönliche Format der Ihnen bekannten Feedback-Geber nach.

Ähnlich verhält es sich mit dem Paar Tadel und Kritik: Wer einen Mitarbeiter *tadelt*, der signalisiert ihm mangelnden Gehorsam und wertet dadurch die Beziehung zu ihm ab. Ganz gleich, ob jemand eine eigenständige Leistung erbracht hat oder nicht, durch einen Tadel wird nur das Einhalten beziehungsweise Brechen von Regeln kommentiert.

Im Gegensatz dazu steht die konstruktive *Kritik* als Beschreibung einer Leistung oder Fehlleistung. Im Idealfall gelingt es der Führungskraft, die persönliche von der sachlichen Ebene zu trennen, denn dann ist Kritik in der Sache möglich, ohne dass ein Mitarbeiter befürchten muss, dass damit auch die persönliche Beziehung zu seinem Vorgesetzten gefährdet ist. Wenn Sie diese beiden Ebenen voneinander trennen können, stärken Sie die Eigeninitiative Ihrer Mitarbeiter. Umgekehrt sollten Ihre Alarmglocken schrillen, wenn einer Ihrer Mitarbeiter auf positives Feedback wie ein kleines Kind auf seinen lobenden Vater reagiert und nonverbal signalisiert: »Ich war brav, oder? Jetzt freust du dich und hast mich lieb, nicht wahr?« Das klingt reichlich übertrieben, aber achten Sie in Ihrem Berufsalltag einmal auf solche Nuancen. Sie werden erstaunt sein, wie häufig und wo Sie diese zu spüren bekommen – bei Managern in hohen Führungspositionen ebenso wie auf der Ebene der Fachkräfte und Sachbearbeiter.

Der Grund ist in vielen Fällen in der frühkindlichen Erziehung zu suchen: Wer von seinen Eltern nur dann liebevolle Zuneigung erfahren hat, wenn er Leistung zeigte, der wird dieses Schema sein Leben lang nicht mehr los. Er hetzt von Erfolg zu Erfolg, wünscht sich nichts sehnlicher als Liebe und fühlt sich letztlich doch immer einsam. Falls Sie also nicht nur als Führungskraft agieren, sondern auch als Vater oder Mutter, möchte ich Ihnen dringend ans Herz legen:

Hat ein Kind ein Problem gelöst und dabei Kreativität und Mut gezeigt, dann geben Sie ihm echte Anerkennung. Hat es eine Aufgabe mit Disziplin und Fleiß bewältigt, dann geben Sie ihm Zuwendung.

Ganz gleich, auf welcher Führungsebene Sie sich befinden und mit welchen Mitteln Sie die Autonomie Ihrer Mitarbeiter stärken, Sie sollten dabei immer folgenden Anspruch an erfolgreiche Führung im Kopf haben:

Führung hat die Aufgabe, den Menschen die Angst vor ihrer eigenen Autonomie zu nehmen.

Mit einer tragfähigen Konfliktkultur zu mehr Autonomie

Unternehmen, die den Wunsch nach autonomen Mitarbeitern ernst meinen, brauchen als Basis eine tragfähige Konfliktkultur, in der alle Beteiligten frei sind, sich selbst *in dem vom Unternehmen geforderten Potenzial* zu entdecken und zu entfalten. Je mehr selbstbestimmte Mitarbeiter ein Unternehmen verträgt, desto wirkungsvoller muss die Konfliktkultur sein – und desto erfolgreicher wird es sich gleichzeitig am Markt behaupten können.

In der Managementliteratur wird dieses Spannungsfeld gerne zugunsten einer Seite aufgelöst: Da heißt es entweder, alle Mitarbeiter könnten sich ungebremst selbst entfalten, wenn nur die richtigen Führungstechniken angewendet würden. Oder es wird umgekehrt die Renaissance der Kontrolle und der Disziplin proklamiert. Meiner Einschätzung nach ist es unabdingbar, beide Pole zusammenzudenken, denn sonst bleibt man in der Führung hinter den Möglichkeiten einer gesunden Konfliktkultur zurück.

Die Art der Konfliktlösung spielt in Unternehmen eine wichtige Rolle, denn sie hat enorme Auswirkungen auf die Unternehmenskultur und auf die Entfaltungsmöglichkeiten der Mitarbeiter. Die positive Lösung von Autonomiekonflikten stärkt die Fähigkeit zur Selbstbestimmung, die negative Lösung hingegen schwächt sie und führt damit zu mehr Bürokratisierung. Dazu ein Beispiel:

Eine Mitarbeiterin der Marketingabteilung einer Bank wird zur Ressortleiterin befördert. Damit steht ihr ein Dienstwagen zu. Nach den Vorstellungen der Bank ist dies eine bestimmte Automarke in einer bestimmten Größe und Preisklasse – so wie sie das in ihren mehrseitigen, juristisch abgesicherten Vorschriften festgehalten hat. Nun stellt sich aber heraus, dass die Ressortleiterin in ihrer Freizeit eine begeisterte Jazzmusikerin ist, und für ihre Proben und Auftritte viele Instrumente und technische Geräte transportieren muss. Sie kann also mit dem vorgeschlagenen Automodell nichts anfangen, sondern wünscht sich vielmehr einen praktischen Kombi. Auf solche Sonderwünsche ist die Bank aber nicht eingestellt und besteht auf dem vorgeschriebenen Modell. Die Ressortleiterin muss sich für ihre Freizeit also jeweils ein anderes Auto organisieren, was zusätzlich Geld und Nerven kostet. Bei jeder Probe und jedem Auftritt ärgert sie sich über die mangelnde Flexibilität ihres Arbeitgebers, die sich auch in vielen anderen Details ihrer täglichen Arbeit äußert. Ihre Motivation nimmt kontinuierlich ab, und sie fängt an, über einen Jobwechsel nachzudenken.

Beispiele wie diese findet man häufig im Alltag der Unternehmen: Da wird die Ordnung der Parkplätze nicht kommunikativ gelöst, sondern über Anweisungen organisiert. Oder der modebewusste Kollege wird von seinem Vorgesetzten nicht direkt auf seine sehr jugendliche Frisur und die ungewöhnlichen Schnitte und Farben seiner Anzüge angesprochen, vielmehr sanktioniert dieser Chef die komplette Abteilung durch eine rigide Kleiderordnung.

Zu Recht fühlen sich Mitarbeiter durch ein solches »Durchregieren« in ihrer Aktionsfreiheit eingeschränkt und ungerechtfertigt gegängelt. Die Führungskräfte von Unternehmen, in denen solche Verhaltensmuster an der Tagesordnung sind, brauchen sich nicht zu wundern, wenn ihre Belegschaft entmutigt Dienst nach Vorschrift schiebt oder sogar zu Sabotageaktionen neigt. Manager sollten sich deshalb folgenden Grundsatz zu Herzen nehmen:

Erfolgreich sind die Unternehmen, die so viel Heteronomie wie nötig einfordern und so viel Autonomie wie möglich zulassen.

Ähnlich, wie ein Mensch auf Dauer innerhalb seines selbst geschaffenen Systems aus Besitztümern, Regeln und Vorurteilen verhärten und abstumpfen kann, so neigen auch Unternehmen dazu – wenn sie dieser Tendenz nicht von Anfang an achtsam entgegenarbeiten –, sich von einer flexiblen Gemeinschaft zu einer unflexiblen Institution zu wandeln. Das kann sehr skurrile Formen annehmen, denn da werden etwa informelle Regeln bis hinein in die kleinsten Details des täglichen Lebens und Arbeitens entfaltet: mit welchen Grußformeln interne und externe Adressaten von Korrespondenz bedacht werden und in welcher Reihenfolge die E-Mail-Adressen in das Empfängerfeld eingetragen werden müssen; wie eine Umlaufmappe oder eine interne Information auf die Reise durchs Unternehmen geschickt wird; wer wann und in welcher Begleitung in die Kantine geht; welche Dekoration wer auf seinem Schreibtisch platzieren darf – Sie können diese Liste sicher um etliche Punkte ergänzen. Verfehlungen werden in solchen Unternehmen hart sanktioniert und sorgen mitunter für mindestens genauso viel Wirbel in der Abteilung wie die Entwicklung einer bahnbrechenden Innovation.

Im Unterschied dazu legt ein lebendiges Unternehmen mit hohem Autonomie-Anteil mehr Wert auf die Qualität der Interaktion als auf die Einhaltung von Regeln. Kreativer Ungehorsam wird hoch geschätzt, genauso Zivilcourage und Toleranz. Wenn ein Projektfortschritt dadurch unterstützt wird, dass der Abteilungsleiter sich mit einem Techniker in der Kantine zum Mittagessen trifft, dann treffen sich die beiden – und dabei ist es ganz gleich, ob dies für alle gut sichtbar ist oder nicht. In einer Institution hingegen, die großen Wert auf die kleinen Unterschiede zwischen den Hierarchien legt, ist das undenkbar.

Führungskräfte in Unternehmen mit hohem Autonomie-Anteil fürchten sich auch nicht davor, Mitarbeiter aus den verschiedensten sozialen Milieus und mit den unterschiedlichsten Bildungshintergründen zu integrieren. Im Gegenteil: Sie wissen, dass gerade diese Diversität innerhalb ihres Unternehmens zu einer starken Innovationskraft führt. Diese Unternehmen verfügen in meiner Terminologie über eine hohe »Omega-Toleranz«. Im Unterschied dazu schließen Institutionen mit hohem Heteronomie-Anteil störende Andersdenkende oder -seiende konsequent aus – diese haben nur eine geringe »Omega-Toleranz«. Solch ein Unternehmen definiert seine Identität durch Abgrenzung, nicht durch Integration. Das bezieht sich nicht nur auf die Verschiedenartigkeit der eigenen Mitarbeiter, sondern auch auf die eigenen Produkte und Dienstleistungen. Die eigene Leistung wird über die Abwertung der Mitbewerber verstanden. Eine Firma mit vielen autonom handelnden Managern dagegen wird sich eher durch die eigene Unverwechselbarkeit definieren – und zwar mit neugierigem und aufgeschlossenem Blick auf die Konkurrenz. So verblüfft es nicht, dass die interne Lerngeschwindigkeit eines solchen Unternehmens tendenziell größer ist als die von solchen mit geringer »Omega-Toleranz«.

Die Konfliktkultur in Unternehmen mit hohem Autonomie-Anteil unterscheidet sich also grundlegend von der Kultur, die sich in heteronom dominierten Institutionen verhärtet. Hier sind noch einmal die Unterschiede:

Konfliktkultur in Unternehmen mit hohem Anteil an Heteronomie und Autonomie

Heteronomie	Autonomie
Regeln liegen vor Interaktionen.	Interaktionen bestimmen die Regeln.
Es gibt eine geringe Omega-Toleranz.	Es gibt eine hohe Omega-Toleranz.
Identität wird durch Abgrenzung gebildet.	Identität wird durch Integration gebildet.
Konflikte fördern die Bürokratie.	Konflikte fördern die Kommunikation.

Eine ähnliche Entwicklungstendenz, nämlich von Autonomie und Lebendigkeit hin zu regelrechter Starrheit, finden wir übrigens auch innerhalb von Teams. Meiner Erfahrung nach gilt hier folgendes Muster:

Jedes konstante Team hat die Tendenz zur Gruppenbildung, die eher auf den Erhalt ihrer selbst ausgerichtet ist als auf die gemeinsame Lösung von Problemen.

Damit die Bedeutung dieses Merksatzes deutlicher wird, möchte ich an dieser Stelle die Unterschiede zwischen einem *Team* und einer *Gruppe* darlegen: Das vorrangige Ziel in einem *Team* ist das gemeinsame Lösen eines Problems. Wenn ein Mitglied des Teams einen zielführenden Beitrag leistet, so hat dieser Gewicht, ganz gleich, ob dieser vom dienstältesten Fachexperten oder vom Praktikanten beigesteuert wird. Die Qualität jeder Aussage ist entscheidender als die Qualität des Senders. Die Autorität des Teamleiters begründet sich in der Fähigkeit, eine Problemlösung zu moderieren.

Eine *Gruppe* dagegen bezeichnet eine definierte Rangordnung mit sozialpsychologisch erkämpftem Hackabstand. Ihr vorrangiges Ziel ist es, die Regeln der Gruppe aufrechtzuerhalten – wobei der Erhalt einer Konfliktlinie zwischen zwei verfeindeten Personen auch zu dieser Art von Regeln zählen kann. Das führt häufig dazu, dass Gesprächsbeiträge je nach Rangordnung gewichtet und Kreativität sowie Autonomie so unterdrückt werden. Die Fähigkeit des Überzeugens autorisiert den Gruppenleiter, und so ist es in Gruppen relativ leicht, kollektive Überzeugung zu erreichen. Wenn es also gilt, gemeinsame Aufgaben nach vorgegebenen Lösungswegen zu bewältigen, ist eine Gruppe die ideale Arbeitsgemeinschaft. Wer dagegen neue Wege einschlagen will, ist mit einem Team besser beraten.

Sie mögen nun fragen, warum das so ist, woher diese Zugkraft in Richtung Fremdbestimmung, die auf den Einzelnen, auf das Team und auf das Unternehmen insgesamt so stark wirkt, kommt. Der Grund dafür ist die Erziehung, so wie die meisten von uns sie erlebt haben: In den Familien und in den Schulen wurde und wird viel Energie darauf verwendet, uns gefügig zu machen und in ein System der Fremdbestimmung einzupassen. Lob und Tadel gehören zur Tagesordnung, anerkennende Worte und konstruktive Kritik sind eher selten zu hören. Dass aus braven Kindern selten überzeugende Spitzenmanager werden – daran wird oft nicht gedacht. Umgekehrt ist eine Erziehung, die einseitig die autonomen Bestrebungen der Sprösslinge fördert, auch nicht zielführend. Rücksichtslose Einzelkämpfer werden in den meisten Unternehmen nicht gebraucht. Wir können also festhalten:

Jedes Unternehmen, jedes Team und jeder Einzelne bewegt sich im Spannungsfeld zwischen Autonomie und Heteronomie. Manager und Mitarbeiter müssen zu selbst- *und* fremdbestimmtem Handeln fähig sein, denn es kommt darauf an, innerhalb dieses Spannungsfelds die Balance zu wahren. Gelingt dies nicht, entwickelt sich eine Tendenz hin zur Regelfixiertheit und zur Starrheit – sprich: zur Heteronomie.

Das bedeuten Autonomie und Heteronomie im Unternehmen

… für Sie als Manager Sie leben und arbeiten nach Ihren *eigenen Prinzipien*, und gleichzeitig *innerhalb der Rahmenbedingungen*, die Ihnen das Unternehmen und dessen Umfeld vorgibt.

Sie *setzen Ihre Ideen um*, aber *im Einklang* mit der *strategischen Zielsetzung* Ihres Unternehmens.

Sie handeln *selbstverantwortlich* und *selbstbestimmt*, und zwar im Rahmen Ihres Verantwortungsbereichs.

Sie machen Ihren *Anspruch* auf *bestimmte Statussymbole* geltend (Dienstwagen, Parkplatz, Büroausstattung, und so weiter), ohne jedoch Ihr Selbstwertgefühl davon abhängig zu machen.

... für Ihren Umgang mit Mitarbeitern Für Erfolge und erfolgreiche Eigeninitiativen Ihrer Mitarbeiter sprechen Sie ihnen *ehrliche Anerkennung* aus, aber nicht im Sinne eines schulmäßigen Lobes.

Kommt es zu Misserfolgen, reagieren Sie mit *konstruktiver Kritik* und nicht mit einem Tadel.

Im Falle eines Konfliktes sorgen Sie für *offene Kommunikation*, das heißt, Sie sprechen mit den betroffenen Mitarbeitern anstatt unpersönliche E-Mails zu verschicken oder Aushänge ans schwarze Brett zu schlagen.

... insgesamt Das Unternehmen steht *stabil*, gleichzeitig entfaltet es sich durch *Wachstum* und *Veränderung*.

Kreativer Ungehorsam, Zivilcourage und *Toleranz* werden *hoch geschätzt*, rücksichtslose Alleingänge allerdings nicht.

Innerhalb des Unternehmens arbeiten sehr *unterschiedliche Menschen*, die sich dennoch zusammengehörig fühlen.

Interaktion und Zusammenarbeit im Unternehmen sind auf *Erfolge* ausgerichtet. Dies geschieht innerhalb *geregelter*, aber *nicht starrer Abläufe*.

Das Unternehmen fördert *Eigeninitiativen* und *gemeinsame Problemlösungsprozesse*, im Krisenfall allerdings wird auch durchregiert.

Das Unternehmen vermittelt *Geborgenheit*, aber auch *Erfolgsstärke*.

Autonomie und Heteronomie in der Führung

Bereits zu Beginn dieses Kapitels haben wir gesehen, dass mit steigender Hierarchie die Notwendigkeit wächst, dass Manager sich autonom verhalten, neue Freiräume in den Märkten entdecken und diese kreativ und erfolgreich nutzen. Definierte Arbeitsvorgänge mit Kompetenz und Fleiß zuverlässig und fehlerfrei abzuwickeln, reicht in den oberen Etagen der Führung allein nicht mehr aus – diese Eigenschaften sind eher an der Basis gefragt. Doch wie äußern sich autonomes und heteronomes Verhalten bei Führungskräften nun genau?

Die Persönlichkeit eines Managers mit starken *heteronomen* Anteilen unterscheidet sich ganz grundsätzlich von einem vorwiegend autonom handelnden Manager: Die heteronom orientierte Führungskraft ist vor allem an Anerkennung durch die Gemeinschaft innerhalb des Unternehmens interessiert. Daraus bezieht sie ihr Selbstbewusstsein. Sie fühlt sich dann am besten, wenn die Mitarbeiter sie mögen und die Vorgesetzen sie für ihre Arbeit loben. Seine Kreativität nutzt ein Manager mit einer Tendenz zur Fremdbestimmung vor allem dazu, den sozialen Zusammenhalt in seiner Abteilung zu stärken oder die Integration einzelner Mitarbeiter zu fördern. Dabei nimmt er Konflikte eher zögerlich in Angriff. Am liebsten ist ihm eine harmonische, von gegenseitigem Vertrauen geprägte Atmosphäre. Unterläuft ihm ein Fehler, so treibt ihn vor allem der Wille, sich gegenüber der Gruppe zu entschulden und trotz des Misstritts wieder in die Gemeinschaft aufgenommen zu werden. Diszipliniertes Arbeiten liegt ihm sehr gut, wobei er sich dabei vor allem auf das Erreichen der vorgegebenen Ziele konzentriert. Einerseits zeigt er einen Charakter mit Disposition zum Sozialen, andererseits ist er so stark auf Anerkennung durch andere fixiert, dass er zur Arbeitssucht neigt.

Eine von *autonomen* Anteilen dominierte Führungskraft dagegen bezieht ihr Selbstbewusstsein aus ihren Erfolgen und Siegen – was bis zum Narzissmus und eifersüchtigen Hüten der eigenen Macht und Geltung gehen kann. Was sie genau als Erfolg feiern möchte, lässt sie sich nicht durch die Strategien ihrer Vorgesetzten vorschreiben, sondern wählt eigene Ziele. Es ist nicht auszuschließen, dass ein solcher Manager dabei durchaus seine eigenen Interessen über die des Unternehmens stellt – sich also sozial rücksichtslos verhält. Seine Kreativität setzt ein selbstbestimmt handelnder Manager in erster Linie dazu ein, die Probleme seiner Projekte zu lösen. Wenn der Haussegen im Unternehmen oder in seiner Abteilung einmal schief hängt, stört ihn das nicht weiter. Im Gegenteil: Er nimmt Konflikte gern in Kauf, wenn sie dem Erreichen seines Ziels dienen. Wenn er einen Fehler begeht, so ist ihm die Reaktion der Kollegen und Mitarbeiter nicht weiter wichtig: Er konzentriert sich darauf, sich neu zu orientieren, um die Sache wieder in den Griff zu bekommen. Auch ein autonomer Manager agiert sehr diszipliniert, richtet sich dabei aber in erster Linie nach den Sachzwängen, die sein eigenes Ziel mit sich bringt – andere interessieren ihn weniger. Seine Schattenseite: Er ist so auf sich und seine Ziele fixiert, dass er zur Vereinsamung neigt.

Wir können die unterschiedliche Ausprägung der Persönlichkeiten bei Führungskräften wie folgt zusammenfassen:

Autonom und heteronom bestimmte Manager

Manager mit überwiegend ...	... heteronomen Anteilen	... autonomen Anteilen
beziehen ihr Selbstbewusstsein durch ...	Anerkennung durch die Gemeinschaft	durch das Erreichen selbst gesetzter Ziele
nutzen ihre Kreativität, ...	um die soziale Gemeinschaft zu stärken	um Sachprobleme zu lösen
suchen bei Fehlern ...	soziale Entschuldung	neue Lösungswege für Sachprobleme
nehmen Konflikte ...	widerwillig in Kauf	gern in Kauf, wenn sie dem Erreichen des eigenen Ziels dienen
verhalten sich diszipliniert gegenüber ...	Autoritäten	Sachzwängen ihrer Ziele und Projekte
zeigen eine Charakterdisposition zum ...	Sozialen	Narzisstischen
neigen zu ...	Arbeitssucht	Vereinsamung

Ob ein Manager mit eher heteronomen oder autonomen Anteilen erfolgreich sein wird, hängt von seiner Position auf der Hierarchieleiter im Unternehmen ab, aber auch vom Unternehmen selbst. Gelegentlich wird beispielsweise eine deutlich fremdbestimmt orientierte Führungskraft auf einer relativ hoch angesiedelten Stufe eingesetzt, weil darüber ein extrem autonomer Manager sitzt, der keinerlei selbstbestimmtes Handeln unter ihm duldet. Auch solche Unternehmen können im Markt funktionieren – sie sind in ihrer Handlungsfähigkeit aber eingeschränkt, weil sie zugunsten einer straffen »Regierung« von oben nach unten auf Kreativität an Schlüsselpositionen verzichten. Oder anders gesagt: Sie gehen das Risiko ein, dass das gesamte Unternehmen in eine Schieflage gerät, sobald die Führungsspitze irrt.

Grundsätzlich aber können wir davon ausgehen, dass Autonomie und Heteronomie im Unternehmen wie folgt verteilt sind:

Abbildung 17: Die Führungskraft zwischen Autonomie und Heteronomie

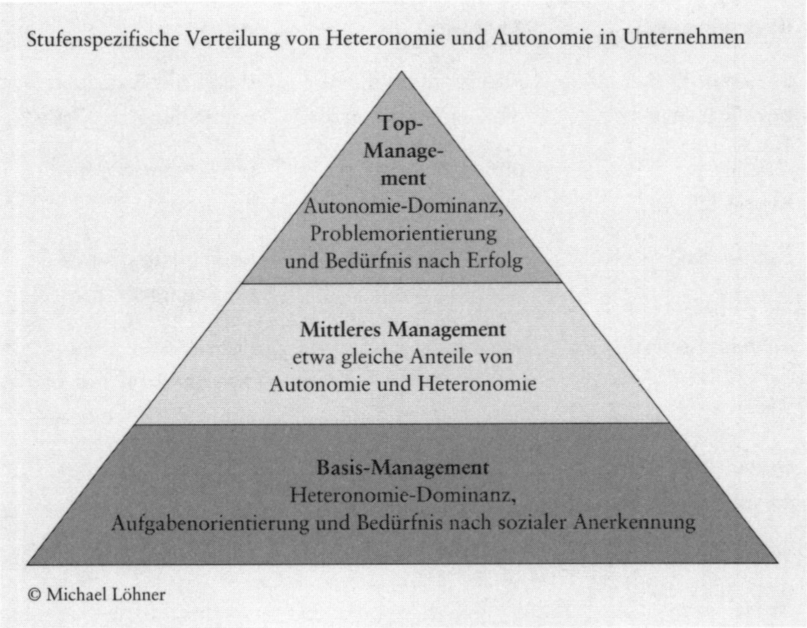

In den folgenden drei Unterkapiteln möchte ich nun genauer auf die Herausforderungen für die drei Führungsstufen eingehen, die sich aus dem Verhältnis von selbstbestimmten und fremdbestimmten Anteilen bei Top-Managern, mittleren Managern und Basis-Managern ergeben.

Zwischen Autonomie und Einsamkeit: Herausforderungen im Top-Management

Mit zunehmender Höhe der Führungsposition nehmen die Regeln ab, der Freiraum wird größer. Das ist durchaus ein zweischneidiges Schwert: Einerseits bringt dieser Freiraum die Chance mit sich, große Erfolge zu erzielen, andererseits drohen bei Misserfolg aber auch harte Konsequenzen, denn Top-Führungskräfte großer Konzerne müssen in vielen Fällen ihren Posten räumen, wenn ihre Strategie fehlgeschlagen ist.

Auch wenn der große Spielraum der oberen Führungsriege vielen wie ein paradiesisches Spielfeld vorkommt, das obendrein mit üppigen Gehältern, prächtigen Dienstwagen und Arbeitsräumen versüßt wird: Die Anspannung, die dieser Job mit sich bringt, ist immens. Die große Autonomie auf der oberen Führungsstufe hat eine Schattenseite, denn sie führt zur Isolation. Das ist für viele Manager nur schwer zu ertragen, auch wenn sie sich in der Öffentlichkeit nicht darüber äußern.

Diese Tendenz zur Isolation kann für ein Unternehmen gefährlich werden. Wenn sich das Top-Management zu stark von der Basis abgrenzt, kappt es wichtige Feedbackschleifen innerhalb des Unternehmens. Die Folge ist, dass »die da oben« nicht mehr wissen, was die Leistungsfähigkeit ihres Unternehmens ausmacht und wo seine besonderen Probleme liegen, und dass sie dann völlig losgelöst von den Realitäten an unpassenden Strategien basteln. Top-Führungskräfte, die auf der ihnen nachgeordneten Führungsstufe vor allem solche Manager installiert haben, die sich durch ein geringes Maß an selbstbestimmtem Handeln auszeichnen, laufen darüber hinaus Gefahr, ihre eigene Kompetenz falsch einzuschätzen: Weil ihr Umfeld allem zustimmt und sie nicht über mögliche Misserfolge informiert, verfestigt sich bei ihnen der Eindruck, über die Qualitäten eines Superhelden zu verfügen. Gleichzeitig spüren sie, dass sie auf dünnem Eis stehen.

Ihnen fehlt es an ehrlichem und konstruktivem Austausch – und das hält keine Psyche lange durch. Denn der Mensch, so formuliert es Klaus Eidenschink, »ist auf Dialog und Beziehung angelegt«. Daraus leite sich das Gefährdungspotenzial für Top-Manager ab, die systembedingt zu Isolation neigen. Eidenschink: »Psychosomatische Entwicklungen und seelische Verarmungsprozesse sind die Folge von hyperautonomen Arbeitsstilen und führen langfristig zu Beeinträchtigung der Leistungsfähigkeit.« Break-Down oder Burn-Out seien nicht nur eine Folge von Stress und Arbeitssucht, sondern auch von Isolation und Vereinsamung im täglichen Tun.[56]

In meinen Coachings stellt sich oft heraus, dass die Probleme der Top-Manager gar nicht in erster Linie im Kontext ihrer Funktion innerhalb des Unternehmens liegen, sondern in persönlichen Konflikten begründet sind. Wer sich bis zur Spitzenposition durchgesetzt hat, dem scheint alles machbar, alles beherrschbar, alles zur Verfügung zu stehen. Welche Werte sind dann noch wichtig? Was zählt die eigene Familie, die eigene Ehe noch? Oft empfinden Führungskräfte das, was ihnen ursprünglich einmal Kraft und Rückhalt gegeben hat, auf dem Höhepunkt ihrer Karriere nur noch als Störfaktor – und gehen entsprechend damit um: Sie schalten den störenden Faktor ab.

Das Gleiche gilt auch auf Unternehmensebene. Sobald Mitarbeiter, Kollegen und selbst die längsten und treuesten Wegbegleiter eine Auseinandersetzung fordern, werden sie zum Hindernis und somit aus dem Weg geräumt. Nicht selten halten Manager diese Rücksichtslosigkeit für Sachorientierung. Sie kreisen um sich selbst als Mittelpunkt der Welt und wundern sich dann, dass sie aus den sozialen Zusammenhängen eben dieser Welt herausfallen. Trotz oder gerade wegen ihrer ausgeprägten Egozentrik klagen viele der Top-Führungskräfte über ein Gefühl von innerer Leere. Denn obwohl ihnen alles zu Füßen liegt, sind sie nicht Herr über ihr eigenes Leben: Sie sind permanent gefordert, und in diesem Gefordert-Sein verlieren sie sich zunehmend mehr. Sie erleben, dass sie in einer Welt voller Funktionen stehen und dadurch ihr Mensch-Sein immer weiter reduzieren, dass ihnen das Wissen um ihren Lebensgrund langsam entgleitet und dass ihnen letztlich alles gleichgültig wird.

Der niederländische Wirtschaftswissenschaftler und Psychoanalytiker Manfred F. R. Kets de Vries sieht den Grund für diese Entwicklung in Kindheitserfahrungen: Ihm zufolge haben »viele Top-Manager, die von Geld und Arbeit besessen sind, in ihrer Kindheit oder Jugend etwas entbehrt. Sie rackerten sich für ein hohes Gehalt und Aktienoptionen ab. Sie wollten genug Geld verdienen, um unabhängig zu sein. Damit alle sie – derb ausgedrückt – ›mal konnten‹. Das war ihre Art, mehr Kontrolle über eine Welt zu gewinnen, die sie aufgrund ihrer Kindheitserfahrungen in vieler Hinsicht als unkontrollierbar empfanden.« Das Problem dabei sei, dass diese Manager nie wieder aus ihrer Tretmühle herauskämen und deshalb auch nicht in der Lage seien, private Beziehungen aufzubauen und zu pflegen oder ein ausbalanciertes Leben zu leben: »Sie können nur arbeiten, etwas anderes haben sie nicht gelernt.«[57]

Um aus ihrer Sackgasse herauszukommen, wählen Manager mit derartigen Problemen eigenartige Wege. Sie stürzen sich beispielsweise noch mehr in die Arbeit und versuchen, sich mit waghalsigen Aktionen noch einmal einen richtigen Kick zu verschaffen. Oder sie gehen fremd, oft mit deutlich jüngeren Partnerinnen oder Partnern. Dass solche Affären Stress am Arbeitsplatz und in der eigenen Familie nach sich ziehen, liegt auf der Hand. Da ist dann von Scheidung die Rede, und dann muss das Sorgerecht geregelt und das gemeinsame Haus verkauft werden.

Auf eine andere Weise problematisch ist es, wenn sich ein von Einsamkeitsgefühlen geplagter Manager Trost verschafft, indem er zu einzelnen Mitarbeitern eine besonders enge Beziehung aufbaut und diese über seine

Probleme im Unternehmen und im privaten Umfeld ins Vertrauen zieht. »Dadurch entsteht zwangsläufig eine problematische Gruppendynamik, die geprägt ist von Eifersucht, Misstrauen und Loyalitätskonflikten der ins Vertrauen gezogenen Mitarbeiter«, hat Klaus Eidenschink beobachtet.[58] Er empfiehlt deshalb, das Bedürfnis, als »Gleicher« zu einer Gruppe zu gehören, nicht in der eigenen Abteilung zu befriedigen, sondern – warum auch nicht – im Golf-, Rotarier- oder VIP-Club.[59] .

Um die Diskrepanz zwischen dem inneren Desaster und dem äußeren Erfolg zu kitten, greifen viele Top-Führungskräfte zu einem nahe liegenden, aber gefährlichen Mittel: Sie geben den inneren Dialog auf. Sie denken über ihre widersprüchlichen Gefühle und die Bruchstücke ihrer Lebenswelt einfach nicht mehr nach, sondern fliehen in eine Ritualisierung ihres sozialen Lebens. Die nie endende Abfolge von Meetings, Geschäftsessen, Telefonaten und Treffen mit der offiziellen oder inoffiziellen Partnerin beziehungsweise dem Partner sorgen für eine scheinbare Stabilität. Sobald jedoch diese äußere Struktur ins Wanken gerät, ist es auch mit der mühsam erzeugten inneren Ruhe vorbei. Diese Strukturgefährdung wird als Gefährdung der eigenen Persönlichkeit interpretiert.

Doch diese Abwärtsspirale ist nicht zwangsläufig – man kann sie durch eine permanente Reflexion der eigenen Erfahrungen, Werte und Wünsche aufhalten. Das ist zwar mühsam, wirkt dem Auseinanderfallen der psychischen Instanzen aber entgegen. Die Mühe lohnt sich mehrfach: Manager mit einer ausgeprägten Integrität sind nicht nur zufriedener, ausgeglichener und gesünder, sondern auch glaubwürdiger. Was können Sie als Top-Manager also konkret tun, um trotz Ihrer autonom bestimmten Position der Isolation zu entgehen?

Wege aus der Isolation bei Top-Managern

Führen Sie ein ausgeglichenes Leben: Sorgen Sie dafür, dass Sie neben der Arbeit ein wirklich bereicherndes, soziales Leben mit Ihrer Familie und Ihren Freunden führen, dass Sie Ihren kulturellen und sportlichen Interessen nachgehen und auch Zeit zum Nichtstun einplanen.

Trainieren Sie Ihre Fähigkeit zur Autonomie und *zur Bindung:* Als Top-Manager sind Sie systembedingt in einer Position, in der Sie sich leicht isolieren können oder in der Sie leicht isoliert werden. Achten Sie darauf, dass Sie einerseits Ihrer Aufgabe gerecht werden, selbstbestimmt nach Zielen für Ihr Unternehmen zu suchen, und dass Sie andererseits einen engen Kontakt zu Ihrem mittleren Management pflegen. Sorgen Sie dafür, dass Sie regelmäßig konstruktives Feedback bekommen – auch wenn dies nicht immer einfach oder angenehm ist.

Denken Sie über Ihre Schwächen und Ängste nach: Je klarer und realistischer das Bild ist, das Sie von sich selbst haben, desto besser können Sie führen. Sie haben es dann nämlich nicht nötig, sich oder anderen etwas vorzumachen. Lassen Sie sich, wenn möglich, auch zu diesen Themen regelmäßig Feedback von Ihren Kollegen und Mitarbeitern geben, zumindest aber von Ihrer Familie und Ihren Freunden. Und scheuen Sie sich nicht, in problematischen Situationen einen Coach in Anspruch zu nehmen.

Machen Sie sich unabhängig von Äußerlichkeiten: Auch wenn Sie ein fürstliches Gehalt verdienen: Leben Sie so »normal« wie möglich. Damit bleiben Sie innerlich unabhängig – also wirklich autonom – und behalten Ihre Bodenhaftung. Sie brauchen nicht das schnellste Auto zu fahren: Wenn Sie sich in einer wirklich wichtigen Position befinden, wird man auf Sie warten.

Zwischen allen Stühlen: Herausforderungen im mittleren Management

Das mittlere Management ist das »Schmiermittel« der Unternehmen: Ist es fähig, so herrscht eine produktive Arbeitsatmosphäre und eine von Vertrauen getragene Kultur. Die Entscheidungen des Top-Managements kommen unmissverständlich an der Basis an, die Arbeitsfortschritte der Basis werden klar nach oben kommuniziert. Als Bindeglied sind die Manager der mittleren Stufe aber auch besonderen Belastungen ausgesetzt. Sie sind – in abgeschwächter Form – mit den gleichen Herausforderungen konfrontiert wie die obere Führungsstufe. Auch in ihrer Position können sie in Isolation geraten, wenn sie sich nicht jeden Tag aktiv dafür einsetzen, mit ihren Mitarbeitern im Gespräch zu bleiben. Gleichzeitig tragen

Sie aber auch die Belastungen der Basis mit, nämlich gemäß den Vorgaben »von oben« zu agieren, von anderen definierte Aufgaben zu erledigen und dabei kompetenten Abwicklungsfleiß an den Tag zu legen – auch wenn das wenig herausfordernde und größtenteils fremdbestimmte Routinearbeiten sind. In ihrer Mittler-Position sind sie aber weniger in Gefahr, mit gravierenden Fehlern ein gesamtes Unternehmen in die Krise zu stürzen – das ist der Vorteil ihres im Vergleich zur Führungsspitze eingeschränkten Aktionsradius.

Für viele Mittel-Manager ist ihr Job ein permanenter Drahtseilakt zwischen Autonomie und Heteronomie. Eine Führungskraft aus der Papierindustrie bringt den ständigen Konflikt so auf den Punkt: »Entweder ich passe mich der Ordnung an, dann kommt der Vorwurf, dass ich bloß verwalte. Ich habe dann das Gefühl, mich früher oder später selbst überflüssig zu machen. Oder ich versuche, meine Ellbogenfreiheit zu vergrößern, dann gelte ich als Maverick, als jemand, der die Ordnung stört.«[60]

Auch ihre Hauptaufgabe, die Kommunikation der Erfolgsideen von oben nach unten, erfordert eine gute Balance zwischen Selbst- und Fremdbestimmung. Es reicht nicht aus, wenn Mittel-Manager nur leere Sprüche weiterreichen, an die sie selbst nicht glauben. Eine solche Diskrepanz wird im Unternehmen sofort bemerkt. Die Führungskräfte der mittleren Stufe müssen sich vielmehr die Strategie und Wertewelt des Unternehmens so zu Eigen machen, dass sie diese glaubhaft und überzeugend an die Basis kommunizieren können. Aus freien Stücken – autonom – akzeptieren sie also die von ihren Vorgesetzten vorgegebene Marschrichtung, und zeigen damit zugleich ihre Fähigkeit zur Heteronomie. Nur wenn ihnen dieser Spagat gelingt, sind sie auch in der Lage, die Marschrichtung rational und emotional anschlussfähig zu erläutern und die daraus abzuleitenden Handlungskonsequenzen deutlich zu machen.

Viele Mittel-Manager empfinden ihre Aufgaben als ausgesprochen schwierig – das zeigt eine aktuelle Umfrage der Gesellschaft Neuland & Partner unter 400 Führungskräften, die noch nicht länger als drei Jahre Personalverantwortung tragen: 76 Prozent der Befragten gaben an, dass es ihnen schwer fällt, von der Unternehmensspitze vorgegebene Ziele herunterzubrechen. »Sie fühlen sich mit der Frage völlig allein gelassen, wie übergeordnete Ziele der Firma – wie ›Qualitätssteigerung‹ – in die einzelnen Geschäftsbereiche übersetzt werden sollen«, erklärt Michèle Neuland, die die Studie durchgeführt hat.[61] Ihrer Einschätzung nach haben die Manager Probleme damit, ihren Mitarbeitern konkrete, inhaltliche Ziele zu setzen. Und genau dieses Problem spiegelt meines Erachtens den oben beschriebenen schwierigen Spagat wider: das autonome Agieren innerhalb der von anderen vorgegebenen Rahmenbedingungen. Vielen Führungskräften fehlt zu Beginn ihrer Karriere zum einen die entsprechende Erfahrung, zum anderen aber auch einfach die Fähigkeit dazu.

Zwei Drittel der Studienteilnehmer haben laut der Befragung außerdem Schwierigkeiten damit, den Rollenwechsel zwischen der heteronom dominierten Position des Mitarbeiters hin zum deutlich autonomer arbeitenden Mittel-Manager zu vollziehen, und nahezu allen Befragten (92 Prozent) fällt es schwer, einen eigenen Führungsstil zu entwickeln.

In Konfliktfällen wie Arbeitsverweigerung oder Verschwendung von Firmenressourcen wussten drei Viertel der Führungskräfte nicht recht, wie sie mit dem Fehlverhalten ihrer Mitarbeiter umgehen sollten. Das ist eine alarmierend hohe Zahl, haben doch vor allem Mittel-Manager die Aufgabe, eine produktive Unternehmenskultur zu stärken, in der Konfliktbewältigung mehr geschätzt wird als Konfliktvermeidung. Treten Konflikte auf, sind Mittel-Manager wieder in ihrer Kunst gefordert, heteronome und autonome Anteile zu balancieren: Einerseits müssen sie im Sinne des Unternehmens dafür sorgen, dass vorgegebene Aufgaben erledigt und Qualitätsstandards eingehalten werden. Andererseits müssen, oder vielmehr: wollen, sie sich selbst und ihre eigene Abteilung im Unternehmen profilieren – auch im Interesse derjenigen, die sie führen.

Dass die Interessen des Unternehmens in einem strukturellen Widerspruch zu den Interessen des Teams stehen, darauf hat Klaus Eidenschink hingewiesen. Während das Unternehmen übergreifende Ziele braucht, um überhaupt funktionsfähig zu sein, ist jedes Team »an der eigenen Autonomie interessiert und möchte die Arbeitsabläufe und möglichst auch die Erfolgskriterien und Ziele selbst bestimmen.« Als Grund dafür nennt der individualpsychologisch und systemisch orientierte Berater die menschliche Psyche: »Für das Team ist die eigene Identität wichtig, also das Gefühl, etwas Eigenes zu schaffen, damit gesehen zu werden, klare Grenzen und auch Gegner zu haben, gegen die man sich profilieren kann.«[62]

Der Mittel-Manager sitzt also exakt zwischen den Stühlen: Auf der einen Seite muss er die Entscheidungen »von oben« mittragen und durchsetzen, andererseits erwarten seine Mitarbeiter, dass er ihre Interessen »nach oben« hin vertritt. In beiden Fällen wird also von ihm erwartet, dass er im Sinne anderer, also heteronom handelt. Dies jedoch soll er autonom tun:

Aus freien Stücken soll er sich hinter die Erfolgsideen der Führungsspitze stellen und diese eigeninitiativ und kreativ umsetzen, und genauso selbstbestimmt und mutig soll er sich für die ihm nachgelagerten Stufen einsetzen. Obendrein ist er mit seinen eigenen Wertvorstellungen und Idealen konfrontiert, zu denen er als integre Persönlichkeit stehen will – die im Getriebe des Unternehmensalltags aber nicht immer leicht aufrechtzuerhalten sind.

Abbildung 18: Besondere Herausforderungen im mittleren Management

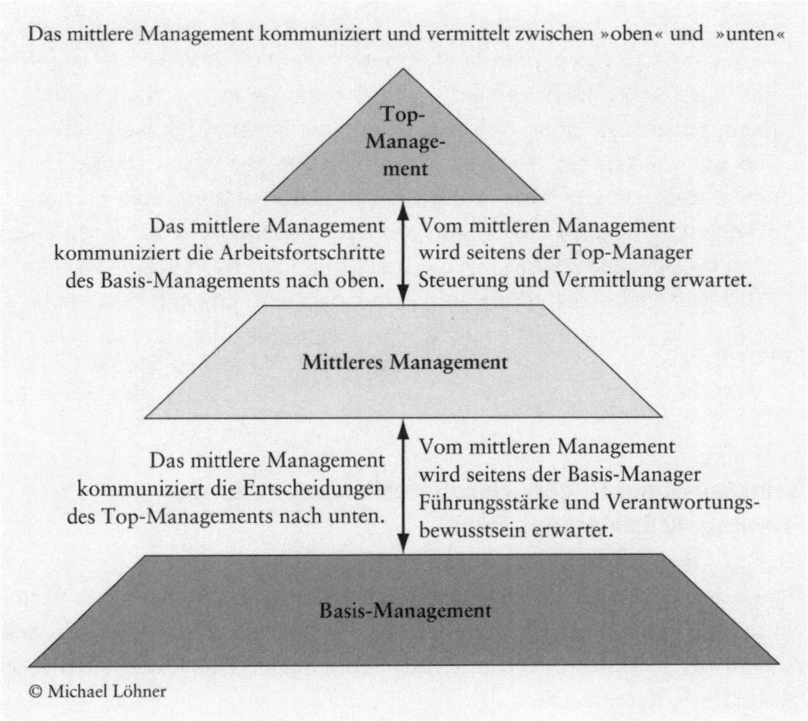

Was können Sie als Mittel-Manager konkret tun, um dem täglichen Stress Ihrer Position gewachsen zu sein? Im Grunde gelten die gleichen Hinweise für Sie wie für die Vertreter des Top-Managements. Darüber hinaus sollten Sie unbedingt folgende Punkte beachten:

Wege aus dem Zwiespalt der Mittel-Manager

Lösen Sie sich von der Vorstellung, den Stress in Ihrem Job irgendwann überwinden zu können: Dass Sie ständig Interessen balancieren müssen und dass täglich sowohl Ihre Vorgesetzten als auch Ihre Mitarbeiter mit einer Fülle von Erwartungen auf Sie losstürmen, ist eine strukturelle Besonderheit Ihrer Position. Ausschalten können Sie diesen Zustand nicht, Sie können sich lediglich damit abfinden.

Machen Sie sich unabhängig vom Wohlwollen anderer: Das gilt für die Beziehungen zu Ihren Vorgesetzten genauso wie für den Draht zu Ihren Mitarbeitern. Machen Sie sich klar, worin genau Ihre Aufgabe im Unternehmen besteht und mit welchen Wertvorstellungen Sie diese erfüllen wollen – und richten Sie sich ausschließlich nach diesen Leitlinien. Sobald Sie sich zu einseitig für die Interessen der Mitarbeiter einsetzen, handeln Sie gegen die Interessen des Unternehmens. Und wenn Sie die Unternehmensziele zu hart durchsetzen, laufen Sie Gefahr, von Ihren Mitarbeitern Unmenschliches einzufordern. Ist es für Sie nicht möglich, nach Ihren eigenen Prinzipien und Wertvorstellungen zu handeln, denken Sie lieber über einen Jobwechsel nach, anstatt Ihre Autonomie aufzugeben.

Selbstbewusst folgen: Herausforderungen für die Führungskräfte an der Basis

Die Belastungen einer Führungskraft nehmen nicht unbedingt ab, je weiter wir in der Hierarchie nach unten schauen. Sie verändern sich lediglich, und wer meint, Ressort- oder Projektleiter erledigten einen vergleichsweise leichten Job, der irrt sich.

Auf den Schultern der Manager an der Basis lastet der gesamte Druck der Umsetzung: Hier gelingt die Entwicklung eines neuen Medikaments – oder sie scheitert. Hier wird ein neues Versicherungskonzept erfolgreich verkauft – oder es floppt. Hier werden Sparkonzepte umgesetzt – oder verschleppt. Die Arbeit der Basis wird so lange kaum bemerkt, wie sie rund läuft. Geht ein großes Projekt jedoch schief, so rast diese Nachricht in Windeseile durch alle Hierarchiestufen bis in die Unternehmensführung und kommt als Druckwelle genauso schnell wieder zurück. Verfügt das Mittel-Management über ein starkes Rückgrat – oder anders gesagt: einen hohen Anteil an Autonomie –, so wird die Wucht dieser Welle etwas abgeschwächt. Hat sie hingegen keines, so bleibt der Führungskraft an der Basis nichts anderes übrig, als sich zumindest schützend vor ihre Mitarbeiter zu stellen.

Wer in einem großen Unternehmen ein kleines Team führt, ist oftmals gleichzeitig als Fach- und als Führungskraft tätig. Als Laborleiter in der Pharmaindustrie steht er selbst in weißem Kittel an den Geräten, als Ingenieur in der Autoindustrie arbeitet er aktiv in den Werkstätten oder an Simulationsrechnern mit, und als Redaktionsleiter schreibt und redigiert er selbst. Diese Gratwanderung ist nicht leicht zu bewältigen, erfordert sie doch, dass der Manager auf dieser Stufe immer wieder pendelt zwischen dem engen Fokus seiner konkreten Aufgabe (der Laborversuch, der Motor, die Zeitungsseite) und dem weiteren Blick auf die größeren Arbeitszusammenhänge innerhalb seines Teams – und auch auf die Positionierung dieses Teams innerhalb des Unternehmens.

Geht es darum, einzelne Aufgaben umzusetzen, sind vor allem die heteronomen Anteile der Basis-Führungskraft gefragt. Für viele ist es nicht einfach, ihre autonomen Strebungen so im Zaum zu halten, dass sie sich tatsächlich ohne Widerstand an vorgegebene Termine oder Qualitätsstandards halten. »Viele Menschen in den Unternehmen müssen (wieder) lernen, wie man zustimmt, ohne Stimmvieh zu sein, wie man sich anpasst, ohne sich aufzugeben, wie man sich einfügt, ohne sich klein zu fühlen«, schreibt Klaus Eidenschink. Seiner Einschätzung nach ist der Unwille zum Geführtwerden in den hiesigen Unternehmen mittlerweile so groß, dass er »zum manifesten Standortnachteil« geworden ist.[63] Tatsächlich wird die Fähigkeit, sich führen zu lassen, in den vielen Programmen zur Personalentwicklung auch nicht trainiert – »Richtig führen« klingt ja auch viel attraktiver. Doch immer mehr Unternehmen erkennen mittlerweile, dass hier ein echtes Problem liegt und setzen Seminare zur Teamentwicklung an. Gleichzeitig erkennen auch immer mehr Manager und Mitarbeiter an der Basis, dass ihre eigenen Widerstände unproduktiv sind. Deshalb widmen sich zahlreiche Coachings mittlerweile den Themen »Aufschieberitis« oder »Arbeitsblockaden«.

Wer geführt wird, muss sich freiwillig zum Gehorsam entschließen können. Auch an der Basis ist Heteronomie nicht ohne Selbstbestimmung denkbar, mehr noch: Es ist eine besondere Herausforderung an die autonomen Anteile der Persönlichkeit. In einer extremen Form können wir diesen Zusammenhang in einem Kloster beobachten: Aus freien Stücken ordnen sich hier Ordensbrüder beziehungsweise -schwestern den mehr oder weniger rigiden Regeln ihrer Glaubensgemeinschaft unter, um genau dadurch zu einer besondern Form der inneren Freiheit zu gelangen, fernab von allen Verlockungen des Konsumalltags oder den schwankenden Launen ihrer eigenen Psyche. So streng wie im Kloster geht es in einem Unternehmen natürlich nicht zu, aber der Vergleich zeigt deutlich, dass das freiwillige Einordnen in ein bestehendes System nicht zwangsläufig die Aufgabe der eigenen Autonomie bedeutet.

Als Manager an der Basis können Sie Folgendes tun, um Ihre Führungsfähigkeit zu stärken:

Wege aus der Führungsfalle für Basis-Manager

Trainieren Sie den Blickwechsel zwischen Nahaufnahme und Weitwinkel: Sie mögen zwar beispielsweise ein hervorragender Ingenieur sein, aber Sie sollten auch regelmäßig Abstand von Ihren eigenen, operativen Aufgaben nehmen und Ihre Führungstätigkeit in den Fokus rücken: Wie läuft die Zusammenarbeit im Team? Auf welchem Stand sind die einzelnen Projekte? Wie ist Ihr Team innerhalb des Unternehmens positioniert? Für diese Fragen sollten Sie sich jeden Tag bewusst Zeit nehmen – und sie in Ihrem Rahmen, aber dennoch mit der Autonomie einer Führungskraft beantworten.

Analysieren Sie Ihre inneren Widerstände: Fällt es Ihnen schwer, täglich die vielen Regeln zu beachten und Vorgaben einzuhalten, die Ihnen »von oben« vorgesetzt werden? Rebellieren Sie bewusst oder unbewusst dagegen? Setzen Sie sich mit diesen Untiefen Ihrer Persönlichkeit auseinander, denn ansonsten bringen Sie nicht nur ihre eigene Karriere in Gefahr, sondern schaden auch Ihrem Team oder sogar dem gesamten Unternehmen.

Das bedeuten Autonomie und Heteronomie auf den drei Stufen der Führung

Wenn Sie im Top-Management tätig sind Ihre Persönlichkeit ist von *starken autonomen Anteilen* geprägt.

Die *Ziele*, die Sie sich selbst gesetzt haben, treiben Sie an und prägen Ihr Selbstbewusstsein. Gleichzeitig wissen Sie um die *ökonomischen, politischen* und *rechtlichen Rahmenbedingungen*, die Ihnen Grenzen setzen. Und Sie sind bereit, Ihre Ziele und sich selbst immer wieder infrage zu stellen und gegebenenfalls zu ändern.

Sie kümmern sich vor allem um die kompetente *Lösung von Sachproblemen*, haben aber auch ein Gespür für die *zwischenmenschliche Ebene.*

Sie behalten die Balance zwischen der strukturell bedingten *Isolation* des Top-Managements und der notwendigen *Integration* in die *sozialen Zusammenhänge* des Unternehmens. Sie fordern regelmäßig *Feedback* ein.

Auf *Konflikte steuern Sie zielstrebig zu*, weil Sie wissen, dass jede Konfliktlösung Sie Ihrem Ziel näher bringt.

Sie zeigen ein hohes Maß an Disziplin, wenn es um die Umsetzung *Ihrer Ziele und Prinzipien* geht.

Wenn Sie im mittleren Management tätig sind Ihre Persönlichkeit ist durch *Autonomie* geprägt, gleichzeitig haben Sie *starke heteronome Anteile.*

Sie sind in der Lage, die *Balance* zu halten zwischen Ihrer Profilierung mit *eigenen Zielen* sowie der Profilierung Ihres Bereichs und der *Identifikation mit vorgegebenen Zielen.* Ihr Selbstbewusstsein beziehen Sie sowohl durch *soziale Anerkennung* innerhalb des Unternehmens als auch durch das *Erreichen Ihrer persönlichen Ziele.*

Sie verwenden etwa gleich viel Zeit dafür, *Sachprobleme zu lösen* und die *Beziehungen* nach »oben« und »unten« *zu pflegen.*

Zwischenmenschliche Konflikte gehen Sie *aktiv* und *lösungsorientiert* an.

Sie zeigen ein hohes Maß an Disziplin gegenüber den Sachzwängen *Ihrer Ziele* und gegenüber den *Zielvorgaben der Führungsspitze.*

Wenn Sie als Manager an der Basis tätig sind Sie sind bereit und in der Lage, ein hohes Maß an *Heteronomie* zu akzeptieren – also nach vorgegebenen Regeln zu arbeiten. Ihre *autonomen Anteile* nutzen Sie zu selbstbestimmtem Lösen der Probleme innerhalb Ihres Verantwortungsbereichs.

Das Erreichen *selbst gesetzter Ziele* ist für Sie wichtig. Da Sie sehr eng mit Ihrem Team zusammenarbeiten, ist *soziale Anerkennung* für Sie besonders wichtig.

Sie investieren viel Energie darauf, die *soziale Gemeinschaft* Ihres Teams zu stärken, denn Sie wissen, dass Ihre Mitarbeiter Probleme dann besonders effektiv lösen, wenn es auf der Beziehungsebene stimmt.

Auseinandersetzungen mögen Sie nicht besonders. Tauchen aber Konflikte auf, so klären Sie diese.

Sie zeigen ein hohes Maß an Disziplin gegenüber den *Zielvorgaben der Unternehmensspitze*, verlieren Ihre *eigenen Ziele* dabei aber auch nicht aus dem Blick.

Autonomie und Heteronomie in der Persönlichkeit

Manager, die ihre Persönlichkeit und ihre Führungsanforderungen nicht richtig einschätzen können, führen ein anstrengendes Leben. Aber nicht nur das: Wer als ausgeprägt autonome Persönlichkeit in einer Basis-Position mit sehr eingeschränktem Aktions- und Entscheidungsradius arbeitet, leidet nicht nur persönlich unter dieser Situation – er bringt möglicherweise das gesamte Unternehmen in Schwierigkeiten. Nicht selten kommt es vor, dass derartig fehlplatzierte Manager im Alleingang Projekte ins Leben rufen, die nicht zur Gesamtstrategie des Unternehmens passen. Oder in Meetings mit Geschäftspartnern oder Kunden als Entscheider auftreten, obwohl sie weder über die Befugnis noch über das entsprechende Budget verfügen. Ein solches Verhalten lässt das gesamte Unternehmen in einem schlechten Licht erscheinen.

Umgekehrt sitzen in fast jedem Unternehmen Manager in verantwortungsvollen Positionen in der mittleren oder oberen Führungsebene, die nicht über das notwendige Rückgrat, also über eine Persönlichkeit mit einem angemessenen Grad an Autonomie für diesen Posten verfügen. Viele dieser Manager leben in der ständigen Angst, dass ihre persönliche Überforderung irgendwann entdeckt werden könnte. Mit großem Aufwand halten sie die Fassade ihrer Lebenslügen aufrecht, während sie selbst dahinter zwischen absoluter Selbstüberschätzung und depressiver Verzweiflung schwanken. Das fehlende oder unreife Selbstbewusstsein dieser Führungskräfte manifestiert sich in folgenden Verhaltensweisen:

- Sie halten sich selbst für omnipotent und neigen dazu, andere abzuwerten.
- Sie machen sich und anderen etwas vor.
- Sie sind geradezu süchtig nach Feedback, wobei sie aber gute Rückmeldungen bezweifeln und schlechte bestrafen.

Manager hingegen, die über ein klares Selbstbild verfügen, halten sich nicht ängstlich hinter einer Fassade versteckt. Sie sind offen für konstruktive Kritik und neugierig auf Veränderungen. Ihr Selbstbewusstsein zeigt sich an folgenden Verhaltensweisen:

- Sie denken kontinuierlich über die Notwendigkeit eigener Verbesserungen in der Fach- und Sozialkompetenz nach und können auch darüber sprechen.
- Sie lassen sich von ihren Selbstzweifeln zu neuen Zielen führen – und nicht zur Resignation verleiten.
- Sie treffen eine klare Unterscheidung zwischen »Ich kann nicht« und »Ich will nicht«.

Ein realistisches Bild des eigenen Selbst ist deshalb für Sie persönlich als Manager und für das Unternehmen, in dem Sie tätig sind, erfolgsentscheidend. Dazu gehört auch eine permanente und kritische Analyse der eigenen Persönlichkeit. Denn einerseits ist die Selbsterkenntnis eine wesentliche Voraussetzung, um auf dem Gebiet des sozialen Verhaltens weiteres lernen zu können, und andererseits gehört es aber auch zu den Aufgaben einer erfolgreichen Persönlichkeit, dass sie die kritische Selbstanalyse und das Infragestellen der eigenen Fähigkeiten nicht zu weit treibt.

Je weiter man in der Führungshierarchie nach oben schaut, desto schwieriger wird die Selbstanalyse. Aus meiner Praxis als Coach von Top-Führungskräften weiß ich, dass gerade ehrgeizige, erfolgreiche und selbstsichere Menschen Hemmungen bei der kritischen Analyse des eigenen Verhaltens haben. Denn, von wenigen Ausnahmen abgesehen, gehört es zum Status einer Führungspersönlichkeit, sich möglichst selbstsicher zu geben. Konsequenterweise führt das dazu, dass die meisten Top-Manager nicht zugeben können, auf diesem Gebiet wesentlich neues dazulernen zu müssen. Das macht den Coachingprozess zwar sehr schwierig, andererseits aber auch sehr spannend.

Meiner Überzeugung nach hängt die Entwicklung einer autonomen Persönlichkeit mit Managerqualitäten eng mit einer tragfähigen Konfliktfähigkeit zusammen – und zwar auch sich selbst gegenüber. Eine erfolgreiche Führungskraft, egal auf welcher Stufe der Führung, sollte in der Lage sein, sich selbst von Lebenslügen zu befreien und die Illusionen über die eigenen Eigenschaften und Fähigkeiten abzustreifen. Sie sollte bereit sein, Veränderungen zu akzeptieren. Selbsterfahrung kann sehr schmerzhaft sein, der verantwortlich denkende Manager nimmt die damit einhergehenden Spannungen aber in Kauf. Mehr noch: Er empfindet die kontinuierliche Arbeit an sich selbst gerade deshalb als konstruktiv, weil sie ihn permanent dazu bringt, falsche Fassaden zu dekonstruieren. Der Weg ist ziemlich steinig: Es sind lange Phasen der Unzufriedenheit zu überwinden, Zeiten der Disharmonie oder sogar Zeiten der Erfolglosigkeit. Der Lohn der Mühe aber ist groß: Es ist die Ausbildung einer reifen Persönlichkeit, die im Kern nichts erschüttern kann, weil sie keine Angst davor hat, sich erschüttern zu lassen. Es ist die Ausbildung einer Persönlichkeit, die sich *selbst bewusst* ist und damit wirklich in der Lage, andere zu führen.

Richtig führen mit Konflikt- und Veränderungsbereitschaft

Autonomie allein reicht also noch nicht aus, um eine gute Führungskraft zu sein. Ein guter Manager muss ebenfalls dazu bereit sein, Konflikte und Veränderungen anzunehmen. Das heißt, er muss über die Bereitschaft verfügen, die eigenen Vorstellungen, Ziele und auch sich selbst permanent infrage zu stellen Er muss die Veränderungsbereitschaft zeigen, heteronome Anteile anzunehmen, und gleichzeitig die Konfliktbereitschaft aufbringen, um autonome Anteile durchzusetzen.

Ein Manager mit starken autonomen Anteilen beispielsweise, der sich starr gegen Veränderungen sperrt und vor allem bestrebt ist, anderen seinen Willen überzustülpen, sieht sich selbst vielleicht als »Held« – überzeugende Arbeit für sein Unternehmen wird er aber kaum leisten.

Betrachten wir nun den Zusammenhang zwischen den überwiegend autonomen oder heteronomen Anteilen eines Managers und seiner Veränderungs- beziehungsweise Konfliktbereitschaft. Die verschiedenen Kombinationsmöglichkeiten ergeben vier Typen, die ich Held, Helfer, Opportunist und Führungspersönlichkeit nennen möchte.

Abbildung 19: Konfliktrollen innerhalb eines Teams

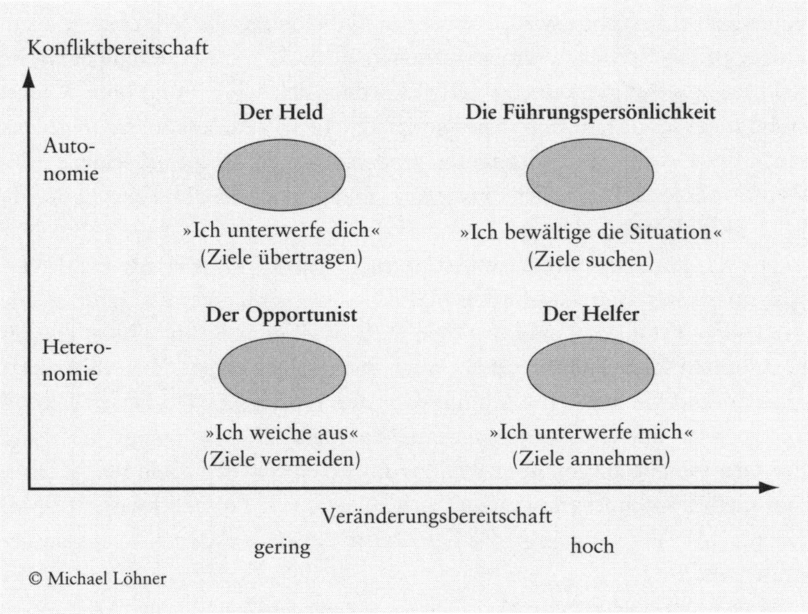

Der *Held* zeichnet sich durch einen hohen Anteil autonomer Bestrebungen aus. Er verfügt über eine starke Ich-Stabilität und hat keine Angst vor Konflikten. Im Gegenteil: Er liebt es, sich in Konfliktfällen gegenüber anderen Personen durchzusetzen und sagt den Kollegen gerne, was sie zu tun haben. Diese Persönlichkeitsanteile würden ihn eigentlich zur Führungskraft qualifizieren – leider ist er aber ein Starrkopf: Der Held neigt zu Besserwisserei, wobei er sich an vorgefertigten Meinungen festbeißt. Er ist nicht geeignet als Moderator eines gemeinsamen Erkenntnisfortschritts, der viele verschiedene Anregungen und Meinungen aufgreift. Leitet er ein Ressort, so geschieht es leicht, dass es seine Produkte oder Dienstleistungen nur schleppend oder gar nicht weiterentwickelt – und dass es zu einer hohen Fluktuation bei der Belegschaft kommt: Die meisten Mitarbeiter können das Dominanzstreben des Helden auf Dauer nicht ertragen.

Der *Helfer* ist der Gegenspieler des Helden. Seine Persönlichkeit ist geprägt durch einen hohen Grad heteronomer Anteile: Er verfügt über kein hohes Selbstbewusstsein, fühlt sich aber innerhalb einer Gruppe stabil. Im Unterschied zum Helden ist er gerne zu Änderungen bereit. Wenn ihm ein neues Ziel vorgegeben wird, wechselt er sofort seine Marschrichtung. Dem Helfer ist das Erreichen seiner eigenen Ziele nicht wichtig, möglicherweise hat er sich selbst gar keine gesetzt. Er ordnet sich schnell und ohne Widerstand unter, und stellt seine Energie seinem Team ganz zur Verfügung. Treten Konflikte auf, weicht er diesen tendenziell aus. Aufgrund seiner geringen autonomen Persönlichkeitsanteile findet man den Helfer fast nie in höheren Führungspositionen.

Der *Opportunist* wiederum ist ähnlich starrköpfig wie der Held, verfügt aber über keine starke Ich-Stabilität. Dementsprechend geht er wie der Helfer Konflikten eher aus dem Weg. Weil er sich nur schwer fremdbestimmten Zielen unterordnet, aber auch selten eigene Ziele hat, setzt er seine Energie für Ausweichmanöver ein. Opportunisten lassen sich im Team gerne mitschleppen, sie brauchen sogar die schützende Stabilität der Gruppe. Sie tragen aber wenig zum Erreichen der Ziele bei, schlimmer noch: Durch ihren Starrsinn neigen sie dazu, Entwicklungen zu blockieren. Als Führungskraft ist der Opportunist denkbar schlecht zu gebrauchen.

Eine *Führungspersönlichkeit* vereint idealerweise eine hohe Autonomie mit einer hohen Bereitschaft zur Veränderung – und dazu gehört auch die Bereitschaft, sich selbst zu verändern. Sie beharrt nicht auf ihrer vorgefassten Meinung, sondern sucht permanent nach der besten Lösungsstrategie für die Bewältigung der aktuellen Aufgaben. Sie versucht auch nicht, Mitarbeiter zu unterwerfen, sondern fördert das selbstbestimmte Arbeiten jedes Einzelnen – soweit die Rahmenbedingungen dies zulassen.

Um diese Rollen noch besser verstehen zu können, müssen wir neben den unterschiedlichen Persönlichkeiten auch noch die weiter oben beschriebene mittel- und langfristige Entwicklung eines Teams mit in den Blick nehmen: nämlich die Entwicklungstendenz von einem autonom dominierten Team zu einer Gruppe, die auf den Erhalt ihrer eigenen Regeln ausgerichtet ist und die gemeinsame Lösung von Problemen immer mehr aus dem Blickfeld verliert (siehe in diesem Kapitel den Abschnitt *Mit einer tragfähigen Konfliktkultur zu mehr Autonomie*). Denn es gilt:

Die Veränderungsenergie ist im Team sachorientiert, in der Gruppe ist sie personenorientiert.

Ein *Held* wird also innerhalb einer Gruppe vor allem dafür sorgen, dass er seine Position in der Hackordnung verteidigt. In einem Team wird er seinen Vorschlag zur Problemlösung durchsetzen wollen.

Ein *Helfer* neigt in der Dynamik einer Gruppe dazu, seine Energie einer anderen Person zur Verfügung zu stellen – sei es ein Vorgesetzter oder auch ein Kollege. Leistet ein Helfer seinen Beitrag innerhalb eines Teams, so richtet er seine Energie auf die Sache.

Ein *Opportunist* geht den Weg des geringsten Widerstands: Richtet sich eine Gruppe auf eine Person aus, so zieht er scheinbar mit. Nimmt ein Team ein Problem in Angriff, so folgt er auch hier – zumindest tut er so.

Eine *Führungspersönlichkeit* ist sowohl bereit, sich in einer Gruppe neu auszurichten, als auch im Team verschiedene Lösungen zu diskutieren – und nicht auf der eignen zu beharren.

Für Sie als Führungskraft ist es wie gesagt wichtig, ein Bild Ihrer eigenen Persönlichkeit zu haben, aber genauso wichtig ist es auch, die Fähigkeit zu selbstbestimmtem Handeln bei Ihrem Gegenüber richtig einzuschätzen – ganz gleich, ob es sich bei diesem Gegenüber um einen Mitarbeiter, einen Kollegen oder einen Vorgesetzten handelt. Allzu leicht könnten Sie einem Blender »auf den Leim gehen« und dann bitter enttäuscht werden. Hier müssen Sie ganz klar unterscheiden:

Narzisstische Selbstdarstellung ist nicht identisch mit einem hohen Anteil an Autonomie.

Egal auf welcher Führungsstufe Sie sich befinden, für Sie ist es deshalb wichtig, dass Sie die gerade genannten Typen Held, Helfer, Opportunist und Führungspersönlichkeit unterscheiden und auch im Berufsalltag erkennen können. Das ist sowohl bei dem Helden als auch bei dem Opportunisten relativ einfach, denn beide geben sich durch bestimmte Gewohnheiten zu erkennen – wobei der Held sehr viel mehr Wert auf Selbstdarstellung legt. Beide fallen in die Kategorie des *beschäftigten Menschen* und zeichnen sich durch folgende Merkmale aus. Dieser Typ Mensch

1. nimmt sich wichtiger als die Arbeit,
2. macht Zusagen über seine Verantwortungsbereiche und Ressourcen hinaus,
3. ist gierig nach vorzeigbarer Verantwortung,

4. gibt keine Warnsignale bei erkennbaren Terminproblemen,
5. spürt eine Selbstaufwertung, wenn er erklären kann, warum andere schuld sind, wenn er etwas nicht erreicht hat,
6. erlebt jeden Fehlerhinweis als persönlichen Angriff,
7. kultiviert psychosomatische Leiden als Argumentations-Joker, indem eigene Unpässlichkeit ein Standard-Thema ist. Er hat stets erschwerte Umstände,
8. argumentiert grundsätzlich aggressiv bei der Konfrontation mit eigenen Fehlern,
9. telefoniert unvorbereitet und lang, denn er hat keinen Respekt vor der Zeit anderer. Er ist Spezialist für Nebenthemen,
10. hat die falsche Selbstsicherheit, für jede Schlechtleistung gut bezahlt werden zu müssen, wenn er ausreichend die Schuld anderer daran erklären kann,
11. tut häufig Dinge, die man nicht sieht, erklärt dann aber, dass diese besonders wichtig seien,
12. will prinzipiell für seine Anstrengung bezahlt werden, weniger für seine Arbeitsergebnisse.

Dahingegen legen die Führungspersönlichkeit und der Helfer mehr Wert darauf, tatsächlich etwas zu leisten – wobei der Helfer wiederum über ein weniger ausgeprägtes Selbstbewusstsein verfügt. Dennoch: Beide lassen sich in die Kategorie der *schaffenden Menschen* einordnen. Der schaffende Mensch

1. nimmt seine Arbeit wichtiger als sich selbst,
2. macht vorsichtig Zusagen und deutet Erfüllungsprobleme von sich aus an,
3. nimmt Verantwortung überlegt an,
4. kann vorher sagen, welche Aufgaben er schaffen und welche Termine er halten kann,
5. spürt Selbstverachtung, wenn er andere für seine Misserfolge schuldig erklärt,
6. gibt Fehler prinzipiell zu und erkennt darin eine Orientierungshilfe,
7. redet so gut wie nie über Leiden, Krankheiten oder Stimmungen: Er ist nicht da, wenn er krank ist, und ist nicht krank, wenn er da ist,
8. macht eigeninitiativ Vorschläge zur Wiedergutmachung seiner Fehler,
9. telefoniert vorbereitet und kurz. Er hat Respekt vor der Zeit anderer,

10. bietet bei Schlechtleistungen Nachbesserung an und berechnet den Einfluss anderer bei künftigen Zusagen und Abmachungen realistischer,
11. tut überwiegend Dinge, die im Ergebnis wirksam sind und die deutlich etwas verändern,
12. will prinzipiell für seine Arbeitsergebnisse bezahlt werden, weniger für seine Anstrengung.

An der Basis sind *beschäftigte* Mitarbeiter oft diejenigen, die Berge auf ihren Schreibtischen auftürmen, mit ausgeprägtem Sinn für dramatische Effekte telefonieren, diskutieren oder Aktenstapel umschichten, sobald Zuschauer anwesend sind. Ihr Output tendiert gegen null, der Grad ihrer Anstrengung hingegen scheint unendlich zu sein.

Grundsätzlich sind *Beschäftigte* aber auf jeder Führungsstufe anzutreffen. In der mittleren Führungsstufe richten uneffektive *Beschäftigte* noch größeren Schaden an als an der Basis: Sie schätzen die Ressourcen ihrer Abteilung ohne Rücksprache mit den Fachkräften an der Basis nach ihrem Gusto ein und schieben, wenn Termin- oder Lieferprobleme auftauchen, die Schwierigkeiten auf ihre Mitarbeiter, Zulieferer oder sonstige Beteiligte. Rückgrat haben solche Mittel-Manager nicht. Mit großem Wirbel inszenieren sie ihre Wichtigkeit und nehmen beleidigt den Hut, sobald das Top-Management ihre Show durchschaut. Im Top-Management können sich *beschäftigte Menschen* zumeist nicht lange halten. Zu schnell spricht es sich herum, wenn ein Unternehmen nicht zuverlässig liefert. Manchmal gelingt es Vertretern dieser Sorte von Managern jedoch, den Schein des Schaffens mit raschem Job-Hopping aufrechtzuerhalten.

Sie sollten darauf achten, dass Sie in Ihrem Verantwortungsbereich solche Blender erkennen und durchschauen. Egal auf welcher Ebene sich diese *beschäftigten Menschen* befinden, Sie sollten den Kontakt zu ihnen möglichst gering halten. Sorgen Sie nach Möglichkeit dafür, dass Sie in erster Linie mit *schaffenden Menschen* zu tun haben, vor allem, wenn es um wichtige, größere Aufgaben oder Prozesse geht.

Schattenseiten der Führungspersönlichkeit

Doch nun von der Persönlichkeit verschiedener Mitarbeitertypen zurück zur Führungsebene. Ich möchte in diesem Kapitel auf die Persönlichkeit von Managern eingehen, und dabei ganz besonders auch die Schattenseiten untersuchen. Oftmals bemerken Führungskräfte die Defizite Ihrer Persönlichkeit gar nicht – und daraus resultieren unendlich viele Möglichkeiten, ungeeignet zu führen.

Betrachten wir stellvertretend vier verschiedene Führungstypen. Sie lassen sich in einem doppelten Spannungsfeld lokalisieren: Auf der ersten Achse befindet sich die Grundeinstellung des Führenden bezüglich seiner Kollegen und Mitarbeiter, die sich zwischen Wertschätzung und Geringschätzung bewegt. Die zweite Achse zeigt den Grad der Kontrolle an, der von der Fremdbestimmung auf der einen zur Selbstbestimmung auf der anderen Seite reicht. Auch wenn dies in den Augen von Psychologen etwas holzschnittartig wirken mag, lässt sich dieses Führungskreuz so darstellen:

Abbildung 20: Das Führungskreuz

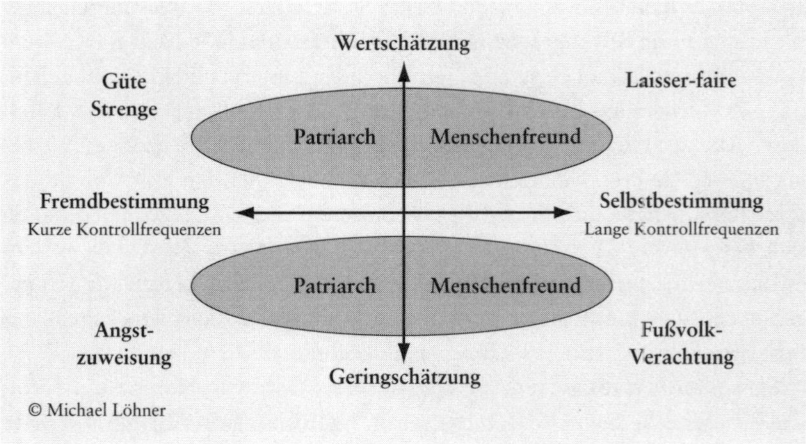

Eine geringschätzende Grundeinstellung gegenüber Mitarbeitern, gepaart mit kurzen Kontrollfrequenzen ist die typische Merkmalkombination des *Tyrannen.* Er hat es nicht gelernt, seinen Mitarbeitern oder Kollegen zu trauen, und so ist sein Grundgefühl von Misstrauen geprägt. Er selbst mag zwar zu autonomen Handlungen und Entscheidungen in der Lage sein, bei anderen aber bestraft er jeden noch so kleinen Impuls zu selbstbestimmtem Handeln. Am besten fühlt er sich, wenn er die Menschen in seiner Umgebung mit ängstlich eingezogenem Kopf und Minderwertigkeitsgefühlen belastet sieht. Soziale Bindungen sind dementsprechend fast nicht vorhanden.

Der Typus des *Gutsherren* lässt seinem »Fußvolk« zwar mehr Spielraum, verachtet es aber genauso stark. Er ist in der Lage, anderen zu vertrauen, dennoch kann er die autonomen Impulse und Initiativen seiner Untergebenen nicht anerkennen. Durch seine rücksichtslose Art und seinen abwertenden Blick auf andere hat auch er es schwer, ein stabiles soziales Netz aufzubauen, geschweige denn, sich zu einer integren Persönlichkeit zu entwickeln.

Ein klassischer *Patriarch* dagegen bringt seinen Mitarbeitern Wertschätzung entgegen, neigt aber dennoch zu starker und häufiger Kontrolle. Es fällt ihm schwer, anderen für ihre Leistungsfähigkeit Anerkennung zu zollen und ihnen einen entsprechend großen Spielraum zur Verfügung zu stellen.

Als *Menschenfreunde* schließlich möchte ich diejenigen beschreiben, die eine wertschätzende Grundeinstellung gegenüber ihren Mitarbeitern haben, sie aber an einer so langen Leine führen, dass diese zuweilen die Orientierung verlieren oder vor lauter Laisser-faire aus der Reihe tanzen.

In ihren extremen Ausprägungen sind alle diese Führungsstile schädlich, aber ein Grundsatz gilt nach meiner Erfahrung auf jeden Fall:

Führung muss sich grundsätzlich im Bereich der Wertschätzung abspielen.

Je nachdem, ob Ihre Mitarbeiter mehr oder weniger häufig kontrolliert oder »eng geführt« werden müssen, werden Sie zwangsläufig Tendenzen eines Patriarchen oder eines Menschenfreundes zeigen. Und wenn Sie als Vaterfigur zu extremer Kontrolle neigen oder als Wohltäter zu extremem Laisser-faire, sei Ihnen versichert: Veränderung ist möglich. Und so einfach ist es auch gar nicht, »gute« von »schlechten« Führungskräften zu trennen, denn oft begründen sich die erfolgreiche und die Schattenseite eines Managers in demselben Persönlichkeitsdefizit. Wo Licht ist, muss also auch Schatten sein – das gilt nicht nur in der Physik. Es kommt auch in der Wirtschaft immer wieder vor, dass die ganz großen Gestalten unter den Top-Managern dieser Welt ganz tief abstürzen. Dazu ein Beispiel:

Dennis Kozlowski war in seiner Zeit als Chef von Tyco äußerst erfolgreich: Seit 1992 hatte er Firmen im Wert von mehr als 50 Milliarden Dollar erfolgreich akquiriert. Bewundernd bezeichneten ihn Wirtschaftsmagazine als »aggressivsten

CEO«. Doch seine Unverschämtheit wurde ihm zum Verhängnis: Am 4. Juni 2002 erhob der Staatsanwalt von Manhattan Anklage gegen Kozlowski wegen des Verdachts, beim Kauf von Kunstgegenständen über eine Million US-Dollar an Steuern hinterzogen zu haben. Wiederum zerrissen sich die Medien über diesen Fall und zählten die unglaublichen Käufe des Tyco-Chefs auf – darunter ein Duschvorhang für 6000 US-Dollar und ein Schirmständer in Form eines Hundes für 15000 US-Dollar.

»Hätte Kozlowski die gute Seite der Führung besitzen können, ohne auch die schlechte zu haben?«, fragt Barbara Kellerman, Leiterin der Forschungsabteilung des Center of Public Leadership und Dozentin für Vergleichende Politikwissenschaften an der Harvard University in Cambridge, Massachusetts. »Als außerordentlich ehrgeizige Führungskraft zeigte Kozlowski fast keine Angst, wenn er enorme Risiken einging. Eine Taktik, die sich bei seiner Firmenkaufstrategie sehr häufig bezahlt machte. Aber dieselbe furchtlose Einstellung führte in seinem Privatleben zu gravierenden Fehleinschätzungen, die schließlich auch seine Karriere ruinierten«, analysiert Kellerman. Ihrer Einschätzung nach besteht das wirkliche Problem der »dunklen Seite der Macht« (um die populäre Filmserie *Star Wars* zu zitieren) nicht darin, dass sie existiert, sondern vielmehr darin, dass Führungskräfte sie nicht wahrnehmen und sie deshalb auch nicht kontrollieren können.[64]

Dabei können Führungskräfte diese »dunkle Seite« durchaus aufdecken: Ständige Selbstreflexion bringt die Schattenseiten ans Licht, die einem Manager gefährlich werden können. Bleiben sie jedoch unerkannt oder werden unbewusst unterdrückt, dann können sie plötzlich und unerwartet auf den Plan treten und die Führungskraft zu einer Aktion treiben, die sie in diesem Augenblick vielleicht sogar selbst befremdlich findet, aber nicht mehr steuern kann – wie bei Dennis Kozlowski.

Doch woher kommen diese Schattenseiten in der menschlichen Persönlichkeit? Eine Erklärung für die Schattenseiten der menschlichen Persönlichkeit bietet die Sozialphilosophie. Von dem Modell ausgehend, dass der Mensch ein soziales, rationales und emotionales Wesen ist, sind diesen Kategorien auch Stärken und Schwächen zuzuschreiben. Eine integrierte Persönlichkeit hat diese Dimensionen realitätsdicht organisiert, und sie wirken harmonisch miteinander. Desintegrierte Persönlichkeiten hingegen lassen einzelne Dimensionen verkümmern, wodurch dann Persönlichkeitsschwächen entstehen, die schlimmstenfalls zu Identitätskrisen oder Schäden in der jeweiligen Dimension führen können.

Die folgende Grafik zeigt, wie die Faktoren *Rationalität*, *Emotionalität*, *Sozialität* und *Individualität* zusammen wirken. Dabei steht Rationalität in engem Zusammenhang mit der Leistungsorientierung eines Managers und mit seinem Bedürfnis, erfolgreich Probleme zu lösen. Emotionalität ist verbunden mit der Machtorientierung einer Führungskraft: Sie hat einen starken Hang dazu, andere erfolgreich beeinflussen zu wollen. Sozialität steht in Verbindung mit Harmonieorientierung, oder anders gesagt: mit der Fähigkeit einer Führungspersönlichkeit, erfolgreich zu integrieren.

Abbildung 21: Potenziale in der Persönlichkeit

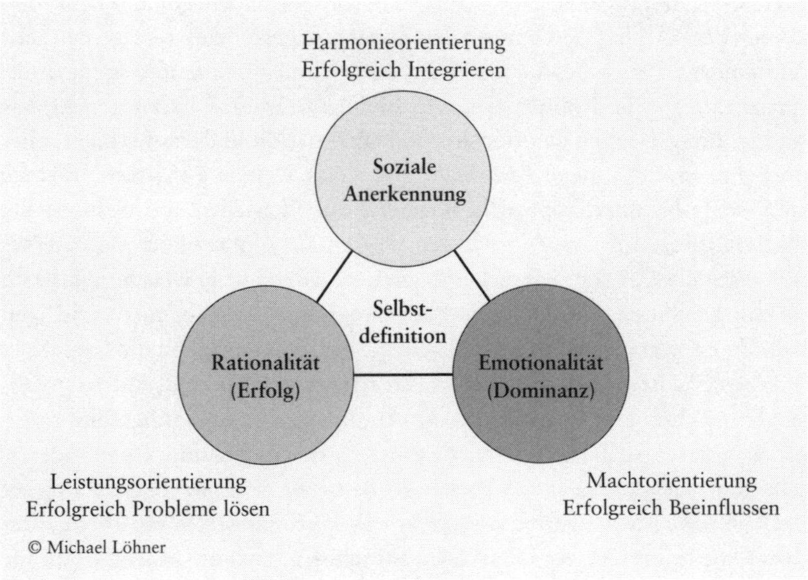

Ein Übermaß an Rationalität kann meiner Erfahrung nach bis hin zur Unberechenbarkeit führen – und zwar dann, wenn ein Manager aufgrund der Unmöglichkeit, objektive und vollständige Informationen als Entscheidungsgrundlage zu beschaffen, ausschließlich auf seinen Mut und auf Vertrauen als Erfolgsfaktoren setzt. Andererseits kommen Manager auch nicht weiter, wenn sie sich ausschließlich auf ihre Emotionen verlassen, also auf ihr »Bauchgefühl«: Sie neigen dann dazu, von ihren Gefühlen »gehabt zu werden«, statt sie bewusst »zu haben«. Zwar können starke Emotionen auch eine große Energiequelle sein, und Bauchentscheidungen können auch einmal zutreffen. Aber eine Spitzenführungskraft, die ihre Entscheidungen ohne Hilfe des eigenen Verstands trifft, ist für kein Unternehmen tragbar. Wer hingegen Zugang zu seinen Gefühlen hat, sich aber nicht von ihnen beherrschen lässt, ist autonom handlungsfähig – und kann sogar die Gefühle anderer beeinflussen und gewinnt dadurch wirkliche Macht über Menschen.

Für eine Top-Führungskraft ist es nicht leicht, ihre *Rationalität* und ihre *Emotionalität* »unter einen Hut« zu bekommen. Viele sind sogar davon überzeugt, dass Emotionen in ihrem Job gar nichts verloren haben oder sogar ein Zeichen von Schwäche sind. Das bestätigen die kalifornischen Coaches Kate Ludeman und Eddi Erlandson. Sie haben sich mit dem Phänomen der »Alpha-Tiere« unter den Top-Managern befasst – also den sehr erfolgreichen, selbstbewussten, energischen und dominanten Spitzenführungskräften – und kommen dabei zu folgender Einschätzung: »Alphas sind in ihrem Denken emotionslos und analytisch und darauf erpicht, alles über ihre Branche, neue Techniken und vieles Weitere zu wissen, aber sie sind wenig bis überhaupt nicht neugierig auf Menschen und Gefühle. Bei wirtschaftlichen Aussagen verlassen sie sich auf umfassendes Datenmaterial, aber über andere Menschen treffen sie vorschnelle Urteile, an denen sie stur festhalten. Sie sind davon überzeugt, eine Aufgabe nicht erledigen zu können, wenn sie auf Gefühle achten, die eigenen eingeschlossen.«[65]

Einerseits ist es für Führungskräfte erfolgsentscheidend, auf nachvollziehbare Daten und Logik zu bauen: Argumentationen sachlich und rational generieren und analysieren zu können, ist ein Machtfaktor. Andererseits führt der mangelnde Kontakt zu den eigenen Emotionen bei dieser Art von Alpha-Managern dazu, dass sie ihre Mitmenschen vor allem unter dem Aspekt ihrer Verwendbarkeit wahrnehmen, anstatt sie als Partner für die gemeinsame Bewältigung von Problemen zu gewinnen. Dabei merken sie nicht, wie das auf andere wirkt. So kopfgesteuert, wie solche Manager zu sein glauben, sind sie bei weitem nicht. Im Gegenteil: Ihre Emotionen führen vielmehr ein unkontrolliertes Eigenleben und sind die Ursache für ihre überschießende Machtorientierung und ihr Dominanzgehabe. Auch wenn ein Alpha-Manager einmal eine »Intuition« hat, handelt es sich tendenziell nicht um eine visionäre Eingebung, sondern um uneingestandene Gefühle. »Manchmal ist es die Furcht, sein Unternehmen könnte auf dem falschen Weg sein, manchmal ist es die Enttäuschung, sein Team nicht effektiver geführt zu haben«, schreiben Ludeman und Erlandson.[66] Was diese Manager nicht wissen: Rationalität und Emotionalität gehören zusammen. Die eine Seite ist ohne die andere nicht denkbar. Wer versucht, sich ausschließlich auf seine Ratio zu stützen, und seine Gefühlswelt dabei abspaltet, kann Personen und Situationen nicht richtig einschätzen. Und das ist keine gute Grundlage für Entscheidungen, die auf der obersten Führungsstufe regelmäßig »unter Risiko« getroffen werden müssen.

An der Spitze ist es einsam – daran lässt sich nicht rütteln. Unter diesen Umständen ist es nicht leicht, den Aspekt der *Sozialität* angemessen in die Persönlichkeit zu integrieren. Gelingt dies nicht, neigen Manager entweder zur Vereinsamung und beginnen, nur noch um sich selbst zu kreisen, um so ihre Intimsphäre zu schützen, oder sie gehen völlig auf in den diversen sozialen Rollen, die ihnen ihre Position abverlangt (siehe dazu auch in diesem Kapitel den Abschnitt *Zwischen Autonomie und Einsamkeit: Herausforderungen im Top-Management*).

Schon aus strukturellen Gründen verlangt die Position außerhalb beziehungsweise weit über den Teams der Führungsspitze eine Menge ab: Auf eine vorbehaltlose Gemeinschaft mit anderen Führungskräften kann sich kein Top-Manager verlassen, weil er hinter jeglichem Verhalten einen strategischen Schachzug vermuten muss. Schließlich kooperieren die Kollegen nicht nur in der gemeinsamen Umsetzung der Unternehmensziele, sondern konkurrieren auch um Budgets und Beförderungen.

Misslingt einem Manager die Balance zwischen dem Aufgehen in der Unternehmensgemeinschaft und dem gleichzeitigen Rückzug aus dieser Gemeinschaft, so läuft er Gefahr, sich selbst in der Struktur der Firma zu verlieren. Überspitzt gesagt verwandelt er sich in ein perfektes Zahnrad, das so reibungslos läuft, dass von seiner Persönlichkeit nichts mehr übrig bleibt. Das Ergebnis ist ein Leben als Workaholic, und zwar so lange, bis das Zahnrad abgenutzt ist und er sich mit einem Burn-out aus dem Unternehmen abmeldet.

Ein Fallstrick für Manager, die sich zu sehr auf die Seite der Integration (also der Sozialität) ziehen lassen, ist das Symptom, das ich »überschießende Harmonieorientierung« nenne. In diesem Fall befassen sich Führungskräfte mehr mit den persönlichen Befindlichkeiten der Menschen, statt sie bei ihren Aufgaben zu unterstützen. Sie schwimmen so begeistert auf der Harmoniewelle, dass sie den Überblick verlieren, wohin die Reise eigentlich geht.

Ein Manager hingegen, der sich nicht in das Unternehmen integriert und sich zu sehr in die *Individualität* zurückzieht, ist genauso wenig zu einem erfolgreichen Management in der Lage. Als isolierte Top-Führungskraft weiß er nicht mehr genau, was wirklich im Unternehmen vorgeht und kann damit auch keine Strategien entwickeln, die der derzeitigen Situation angemessen sind. Ein Mittel-Manager ohne guten Draht nach oben und nach unten wird seiner Aufgabe nicht gerecht – denn Kommunikation ist nur dann möglich, wenn er selbst mitten im Unternehmen steht und dort als integrierte Person anerkannt wird. Und auch die Basis-Führungskraft muss den Kontakt zum mittleren Management wahren, um die Projekte erfolgreich umsetzen zu können. Für jede Führungsebene gilt letztlich das Gleiche:

Integrierte Persönlichkeiten haben mehr Führungspotenzial durch natürliche Autorität.

So sehen die Schattenseiten der Persönlichkeit auf den drei Stufen der Führung aus:

Wenn Sie im Top-Management tätig sind Ihre *autonomen* Anteile sind so stark ausgeprägt, dass Sie möglicherweise zu *Narzissmus* und *Selbstüberschätzung* neigen. Sie sind so überzeugt von Ihren Fähigkeiten, dass Sie *sehr hohe Risiken eingehen* – und Gefahren dabei übersehen.

Als Chef glauben Sie das Recht zu dominantem Verhalten zu haben: als »Held«, »Tyrann«, »Gutsherr« oder »Patriarch«.

Sie neigen dazu, Ihre eigenen *Emotionen nicht wahrzunehmen* und wegzudrängen. Sie glauben, Situationen, Personen und sich selbst nur mithilfe Ihrer *Ratio* einschätzen zu können. So kann es geschehen, dass Ihre Gefühlswelt ein für Sie unkontrollierbares Eigenleben entwickelt und Sie zu irrationalen Handlungen treibt.

Sie zeigen eine Tendenz zur *Isolation* in Ihrem Elfenbeinturm.

Wenn Sie im mittleren Management tätig sind Ihre Schattenseiten können ganz unterschiedlich ausfallen – je nachdem, ob Ihre *autonomen* oder *heteronomen* Persönlichkeitsanteile dominieren: Sie tendieren zu *dominantem Chef-Gehabe* oder zu einer zu großen *Angepasstheit* und *Harmonieorientierung*.

Entweder neigen Sie zur *Unterdrückung Ihrer Emotionen* und geben die Weisungen »von oben« in bürokratischer Weise nach unten weiter, ohne jegliches Gespür für Konflikte. Oder Sie tendieren umgekehrt zu einer *gefühlsduseligen Harmoniesucht* und stecken Ihre gesamte Energie in die Pflege der Beziehungen, verlieren dabei aber die von Ihnen zu erledigenden Aufgaben aus dem Blick.

Auch Sie können einen *Hang zur Isolierung* entwickeln, anstatt Ihren kommunikativen Aufgaben nachzukommen.

Wenn Sie als Manager an der Basis tätig sind Wenn Sie eine sehr stark ausgeprägte Tendenz zur *Heteronomie* haben, neigen Sie zu einer unkritischen, vielleicht sogar *unterwürfigen Akzeptanz fremdbestimmter Regeln* (als »Helfer«).

Auch Sie können einen Hang zur *einseitigen Sachorientierung* entwickeln und dabei die zwischenmenschlichen Konflikte Ihres Teams aus dem Blick verlieren. Oder umgekehrt: Vor lauter *Sorge um die Harmonie* sind Sie vor allem mit Ihren Emotionen und den Gefühlen anderer befasst, nerven damit Ihre Mitarbeiter und bringen Ihre Projekte nicht fertig.

Nicht zuletzt neigen Sie möglicherweise dazu, als perfektes Zahnrad im sozialen System zu funktionieren – und dies unter *Verlust Ihrer eigenen Individualität.*

Nach diesem umfassenden Einblick in die menschliche Persönlichkeit, stellt sich die Frage: Wie sieht es mit Ihren Schattenseiten aus? Zur Beantwortung dieser Frage habe ich einen kurzen Test entwickelt. Er soll und kann keine professionelle Beratung ersetzen – er kann Ihnen aber einen Eindruck davon vermitteln, wie es um Ihre Persönlichkeit und damit um Ihre Führungsfähigkeit bestellt ist.

Persönlichkeitstest für Manager

Ich möchte Ihnen nun einen Test vorstellen, mit dem Sie überprüfen können, inwieweit Sie die vier Faktoren Individualität, Sozialität, Emotionalität und Rationalität in Ihrer Persönlichkeit integriert haben. Nur wenn diese vier Anteile harmonisch verteilt sind, verfügen Sie über eine ausreichend stabile und zugleich so flexible Persönlichkeit, dass Sie für die Aufgaben im Management geeignet sind.

Nachfolgend stelle ich Ihnen 13 verschiedene Aspekte vor, die für eine schwache, eine störende oder sogar eine starke Krise der Persönlichkeit sprechen können. Lesen Sie sich diese Aspekte in Ruhe durch und lassen Sie sie auf sich wirken. Entscheiden Sie dann, ob sie auf Sie zutreffen, und wenn ja, ob das »schwach«, »mäßig« oder »stark« der Fall ist. Seien Sie möglichst ehrlich zu sich selbst und notieren Sie sich, wie oft sie zu welcher der drei möglichen Einschätzungen gekommen sind.

Fragebogen

1. Der Verlust des autonomen Zentrums: Ohne eigenes Zentrum, um das sich verantwortete Aktionen lagern können, agieren wir nicht mehr selbstbestimmt aus unserer Mitte heraus. Wir reagieren lediglich auf Handlungsanforderungen.
Krisenfrage: Haben Sie manchmal das Gefühl, dass das Leben, das Sie führen, nicht zu Ihnen passt?

2. Aktion als Flucht oder Kompensation: Viele Menschen glauben, dass sich ihr Selbst nur im Erfolg realisiert. Ihre Aktionen werden deshalb zum Selbstzweck, der über ihre innere Leere hinwegtäuschen soll, und sie wählen Ersatzbefriedigungen für elementare Bedürfnisse (Sexualität, Aggression). Ziel ist extensive Aktivität statt intensiven Erlebens.
Krisenfrage: Ist Ihr Verhalten charakterisiert durch ein »getrieben sein« von Aktion zu Aktion, von Erfolg zu Erfolg?

3. Abwehr der eigenen Verwundbarkeit: Am ärgsten schmerzen Erfahrungen, die das eigene, von der Wirklichkeit weit entfernte Idealbild kränken. Diese Verwundungen führen selten zur Korrektur, meist sogar eher zur Verhärtung. Es kommt zu Unruhe, Unsicherheit, Niedergeschlagenheit, Schlaflosigkeit, Gefühlen des Verletzt-Seins.
Krisenfrage: Wehren Sie verletzt oder aggressiv alle Hinweise auf die Diskrepanz zwischen Ihrem Ich-Ideal und Ihrer Ich-Wirklichkeit ab?

4. Ausgeprägtes Suchtverhalten: Die Disposition für Ess-, Trink- oder Unterhaltungssüchte ist stark vorgeprägt. Dennoch sind wir

jederzeit frei, unsere Gewohnheiten zu ändern – bevor die Spinnweben zu Drahtseilen werden.
Krisenfrage: Fühlen Sie sich gefangen in Ihrem Suchtverhalten?

5. Mangelnde Kommunikationsfähigkeit: Oft sind Menschen nicht in der Lage, das, was sie sagen wollen, mit dem passenden Ausdruck zu verbinden. Vor allem in ungewohnten Situationen wirken sie unglaubwürdig und wenig überzeugend. Die spontane Begegnung mit der sozialen Mitwelt ist dadurch erschwert.
Krisenfrage: Fühlen Sie sich oft gehemmt, blockiert oder unsicher? Passt das, was Sie sagen, oft nicht zu dem, wie Sie es sagen?

6. Emotionale Schwäche: Wenn es nicht mehr möglich ist, Gefühle wie Trauer, Hoffnungslosigkeit oder Erschütterungen zu zeigen oder in Worte zu fassen, liegt eine Form emotionaler Schwäche vor, die bis hin zur völligen »Stummheit der Seele« (Alexiethymie) reichen kann. So können Belastungen nicht mehr rational aufgearbeitet werden. Durch diese Verdrängungsleistung nimmt die Kreativität ab, es erfolgt eine überstarke Bindung an verlässliche Realität.
Krisenfrage: Kommt es immer seltener vor, dass Sie bewusst ein starkes Gefühl wahrnehmen?

7. Gefühle der Sinnlosigkeit: Wer den Kampf um sein eigenes Selbst aufgegeben hat, findet keinen Sinn mehr im Leben – und lebt dennoch weiter. Verbunden mit einer erheblichen Unlust, sich neuen Situationen zu stellen, gilt alle Energie der Bewahrung der Umstände, an deren Wert man selbst zweifelt. Der Resignierende lebt sein Leben in der Absurdität des Sisyphos.
Krisenfrage: Stellen Sie sich oft die Frage nach dem Sinn und wissen keine Antwort darauf?

8. Haben statt sein: Viele Menschen definieren sich über ihren materiellen und sozialen Besitz. Damit ankert ihr Selbstwertgefühl in einer prinzipiell wegbrechenden Peripherie. Es wächst die Verlustangst, gleichzeitig steigt mit der Zunahme des Besitzes der

Wunsch nach mehr. Genauso ängstlich halten sich diese Menschen an ihren Idealen, Vorstellungen und Vorurteilen fest – und machen sich damit unfrei.
Krisenfrage: Würden Sie sich absolut leer fühlen, wenn Sie Ihren Besitz verlieren oder Ihre Vorurteile loslassen?

9. Leben in individueller Angst: Sie sprechen zwar nicht darüber – aber viele Manager leben in ständiger Angst. Sie empfinden jede Veränderung als bedrohlich. Die häufigste Form der Angst aber ist die Trennungsangst, weil Abschied oder Verzicht nicht als Bejahung einer Entscheidung verstanden werden, sondern als schmerzender Verlust. Rationale Kontrollen sind im Zustand der Angst teilweise abgeschaltet.
Krisenfrage: Fühlen Sie sich manchmal wie blind vor Angst?

10. Übernahme kollektiver Ängste: Heteronome Systeme wie zum Beispiel Gruppen entwickeln oft Gleichklang, Gleichschritt und Gleichmut. Individuelle Angst fließt in kollektive Feind- oder Angstbilder ein, denn sich vor dem zu fürchten, wovor sich alle fürchten, macht dieses Gefühl erträglicher und scheinbar beherrschbarer. Aber das ist nicht ungefährlich: Das Schüren kollektiver Ängste ist ein politisches Instrumentarium und verhindert die eigene Meinungsbildung.
Krisenfrage: Schließen Sie sich tendenziell den Ängsten an, die in Ihrem Unternehmen verbreitet werden?

11. Vernachlässigung des sozialen Netzes: Wer seine sozialen Kontakte vernachlässigt, neigt zu paradoxen Gefühlen: Einerseits ersehnt er die Begegnung mit den »Verschmähten«, andererseits fürchtet er sie auch als Belastung. Lädt ein Mensch häufig »Sozialschulden« auf sich, liegt oft eine uneingestandene Beziehungsstörung vor – nicht nur zu anderen Personen, sondern auch zum eigenen Selbst.
Krisenfrage: Haben Sie es in letzter Zeit vernachlässigt, sich bei Ihren Freunden und Ihrer Familie zu melden?

12. Das Tragen von Masken: Nicht selten verstecken Menschen ihr Selbst hinter einer Maske, um möglichst unauffällig zu sein und sich unangreifbar zu machen. Die Maske bestimmt ein angewöhntes, unechtes Verhalten, das ihnen sozial vorteilhaft erscheint. Sie leben und handeln dabei überwiegend unter Gruppendruck.
Krisenfrage: Fällt es Ihnen schwer, auch einmal aus der Rolle zu fallen?

13. Rückzug in die Isolation: Der Rückzug aus der Gemeinschaft ist immer ein Alarmsignal. Am Ende kann ein Mensch stehen, der seine Sozialbindungen auf sich selbst beschränkt. Autosexualität, Autoaggression und übersteigerte Selbstbezogenheit im Narzissmus können die Folge sein.
Krisenfrage: Fällt es Ihnen schwer, sich in Gemeinschaften zu integrieren? Ziehen Sie sich lieber zurück und haben Ihre Ruhe?

Auswertung:

Haben Sie die dargestellten Aspekte bei sich selbst überwiegend als *schwach* ausgeprägt wiedergefunden oder sogar hauptsächlich komplett verneint, sind Sie als Führungskraft ausreichend in Ihrer Persönlichkeit gefestigt. Sie haben Ihre Individualität, Sozialität, Emotionalität und Rationalität integriert. Sie sind in der Lage, Beziehungs- und Erfolgsvertrauen zu vermitteln und selbst zu vertrauen.

Wenn Sie die überwiegende Zahl der Fragen mit *mäßig* zutreffend bewertet haben, sind Sie als Führungskraft möglicherweise durch Persönlichkeitskrisen gefährdet. Sie haben Teile Ihrer Individualität, Sozialität, Rationalität und Emotionalität abgespalten und neigen deshalb zu einer Selbstdefinition, die nicht Ihre Person, sondern Ihre Funktionen in den Mittelpunkt stellt. Erfolgsvertrauen bauen Sie durch Leistungserfolge auf. Ihr Beziehungsvertrauen ist mit hoher Wahrscheinlichkeit geschwächt.

Empfinden Sie die meisten Aspekte in Ihrer Persönlichkeit als *stark* ausgeprägt, sind Sie als Führungskraft ungeeignet. Starke Identitätskrisen haben Ihre Individualität, Sozialität, Emotionalität und Rationalität desintegriert und aus einem harmonischen Verhältnis gebracht. Diese Abspaltung macht es Ihnen nur schwer möglich, Vertrauensfelder aufzubauen.

Wie gesagt: Dieser Test hat nicht den Anspruch, Ihnen einen umfassenden Einblick in Ihre Persönlichkeitsstruktur zu geben oder Ihre Führungsfähigkeit tatsächlich zu bewerten. Es geht dabei lediglich um einen Denkanstoß.

Selbstbild und Fremdbild

Wenn Sie sich bei der Einschätzung Ihrer Persönlichkeit nur auf Ihr Selbstbild verlassen, laufen Sie Gefahr, sich selbst in die Falle zu gehen. Denn wir sind nicht so, wie wir uns selbst sehen. Wir interpretieren uns über unsere Orientierungen, Absichten und Ziele, und sehen diese zugleich als wahr und erfüllt an. So teilen Sie Ihren Mitarbeitern möglicherweise mit, dass Ihre Türe jederzeit für sie offen stehe – tatsächlich aber fühlen Sie sich durch häufige Unterbrechungen gestört oder mit den vielen Problemen und Fragen, die tagtäglich auf sie einstürmen, überfordert. Oder Sie bitten Ihre Kollegen um konstruktives Feedback zu Ihrer Person, signalisieren mit Ihrer Körperhaltung aber gleichzeitig Ihre Angst und Ihr Misstrauen. Die befragten Kollegen werden sich als logische Konsequenz mit ihren Äußerungen zurückhalten, um Ihnen nicht zu nahe zu treten oder sich Ärger mit Ihnen einzuhandeln. Diskrepanzen wie diese können Sie nicht entdecken, wenn Sie sich mit ihren eigenen Augen im Spiegel anschauen.

Das Bild, das wir von uns haben, ist schon in der Kindheit entstanden: So bekamen Sie beispielsweise früh Anerkennung für Ihre technische Geschicklichkeit, Ihr Organisationstalent oder Ihren Mut. Wenn Sie sich durch diese Interaktionen gegenüber Ihrer Umwelt definieren konnten, wird Ihnen später ein Bild zurückgespiegelt, das mit Ihrem Eigenbild verträglich ist. Haben Sie jedoch kein ausreichendes Feedback bekommen, konnte sich kein stabiles Selbstbild entwickeln. Folge sind eine Furcht vor eventuellem Selbstverlust und eine tiefe Unsicherheit darüber, welche Begabungen und Interessen Sie eigentlich ausmachen.

Unser Selbstbild ist aber auch durch Zuschreibungen entstanden: »Du bist ein Sprachtalent, während dein Bruder technisch begabt ist«, oder

»Deine Schwester wird Erfolg haben, während du dein Leben lang schuften, es aber zu nichts bringen wirst«. Werden Zuschreibungen dieser Art nicht als solche entlarvt, können sie ganze Lebenswege sehr negativ prägen: Entweder erfüllt die betroffene Person ihre »Prophezeiung«, oder sie investiert ihre gesamte Energie in den Beweis, dass die Zuschreibung nicht zutrifft. Beide Reaktionen kennzeichnen eine Identitätsschwäche: Die Selbstdefinition ist das Ergebnis eines unreflektiert übernommenen, fremden Gesetzes – also ein Zeichen von Heteronomie.

Um autonom handeln zu können, müssen Sie sich also möglichst genau selbst kennen. Sie brauchen dazu eine ehrliche Einschätzung anderer Personen, damit Sie Ihr Selbstbild mit Ihrem Fremdbild vergleichen und dann entsprechend relativieren können. Um ein solches Fremdbild können Sie Ihre Freunde oder Familie bitten, zum Beispiel, indem Sie ihnen die oben genannten dreizehn Fragen präsentieren und sie um eine Einschätzung bitten, wie stark diese Aspekte auf Ihre Persönlichkeit zutreffen. Vielleicht empfinden andere Personen Sie gar nicht als so problematisch wie Sie sich selbst, oder andere sehen kritische Aspekte Ihrer Persönlichkeit, die Sie selbst gar nicht bemerkt haben. Denken Sie daran, dass andere Menschen Ihnen auch nicht »die reine Wahrheit« über Ihre Person sagen, sondern lediglich ihre Sicht der Dinge beschreiben können. Dennoch: Tauchen Abweichungen zwischen dem Bild auf, das Sie sich von sich selbst gemacht haben und dem, das andere von Ihnen haben, dann fragen Sie näher nach: Gibt es Beispiele aus Ihrem Leben, auf die sich Ihre Feedback-Geber beziehen? Wichtig ist, dass Sie den befragten Personen in Ruhe zuhören. Versuchen Sie nicht, sie von ihrer Meinung abzubringen und geben Sie keinesfalls dem Impuls nach, beleidigt oder verärgert zu reagieren (»Das siehst du völlig falsch!«, »Ich fühle mich von dir total missverstanden!«). Damit schlagen Sie die Tür zu, die Sie gerade erst mutig geöffnet haben.

Sie können auch von Kollegen ein Feedback einfordern, wobei die oben genannten dreizehn Fragen hier keine empfehlenswerte Gesprächsgrundlage darstellen: Sie zielen zu sehr auf mögliche Defizite. Sprechen Sie mit Ihren Kollegen lieber über die Punkte, die für Ihre Position erfolgsentscheidend sind, beispielsweise über Ihre Überzeugungsfähigkeit gegenüber Mitarbeitern und Kunden, Ihre Vertrauensbasis innerhalb des Unternehmens, Ihre Konfliktfähigkeit, Ihre Zuverlässigkeit oder Ihr Qualitätsbewusstsein – um nur einige Punkte zu nennen. Bei einer Umfrage unter Kollegen müssen Sie damit rechnen, dass diese tendenziell ein weichgespültes Feedback präsentieren werden, um innerhalb des Unternehmens keine unnötigen

Gräben aufzureißen. In den meisten Unternehmen besteht ein Gentlemen's Agreement dahingehend, dass niemand einem Kollegen zumuten möchte, »sein Gesicht zu verlieren«. Und hier macht sich wieder eine positive Unternehmenskultur bezahlt: Mit einer tragfähigen Konfliktkultur können Sie das Feld dessen, was im Berufsalltag offen gesagt werden darf, immerhin stark ausweiten.

Wenn Sie ein schonungsloseres Feedback wollen und keine Angst vor unangenehmen Einsichten haben, wenden Sie sich am besten an einen professionellen Coach. Dass dieser über eine fundierte Ausbildung und eine aussagekräftige Referenzliste verfügen sollte, versteht sich von selbst.

Kapitel 5

Werkzeug Kommunikation

Als Führungskraft stehen Sie im Spannungsfeld zwischen Selbstbestimmung und Fremdbestimmung, zwischen der Tendenz zur Verfestigung der Unternehmensstrukturen und ihrer Veränderung sowie zwischen Ihrem eigenen Impuls, in alten Mustern zu verharren und Ihrem Wunsch, sich zu entfalten. Damit Sie sich innerhalb dieses Spannungsfeldes nicht auf die Seite der Verfestigung ziehen lassen, müssen Sie ein wichtiges Werkzeug beherrschen: Kommunikation.

Darüber wurde schon so viel gesagt und geschrieben, dass Sie jetzt vielleicht einfach weiterblättern möchten – nach dem Motto: Das kenne ich schon alles. Ich denke, Ihr persönlicher Erfolg und der Ihres Unternehmens hängt so sehr von Ihrer Kommunikationsfähigkeit ab, dass es sich auszahlt, dieses Thema noch einmal genauer unter die Lupe zu nehmen.

Im Folgenden werde ich also darstellen, wie Kommunikation auf den einzelnen Stufen der Führung funktioniert und wie sie dazu beitragen kann, die in Kapitel 2, *Führen heißt Prozesse steuern*, geschilderten Prozessdynamiken erfolgreich zu steuern. Dann möchte ich Sie in einem kurzen Abriss noch mit verschiedenen Kommunikationstheorien vertraut machen, und Ihnen abschließend einen Test anbieten, mit dem Sie Ihr eigenes Gesprächsverhalten in Führungssituationen überprüfen können.

Kommunikation auf den drei Stufen der Führung

Die immer stärkere Verbreitung IT-gestützter Medien – von der E-Mail über eigene Intranets in den Unternehmen bis hin zu Chat-Rooms – ändert nichts daran, dass der wichtigste Kommunikationskanal das persönliche Gespräch darstellt. Davor schrecken jedoch viele Führungskräfte aller Hierarchiestufen zurück. Da gibt beispielsweise ein Teamleiter seinen sehr erfolgreichen Mitarbeitern monatelang überhaupt kein Feedback, um plötzlich per E-Mail auf aktuelle Qualitätsprobleme hinzuweisen und sofortige Korrektur zu verlangen. Kein Wunder, dass die betroffenen Mitarbeiter beleidigt reagieren. Frust und Demotivation machen sich breit. Auch wenn es Zeit kostet: Viel besser ist es, regelmäßig und persönlich Feedback zu geben – sowohl wenn es gut läuft als auch bei Problemen.

Eine verheerende Wirkung kann auch die Kommunikation per Aushang oder Brief haben: Wie aus heiterem Himmel werden da Anordnungen oder gar Drohungen ausgehängt, wodurch die Belegschaft erheblich verunsichert wird. Besonders drastisch finde ich die Fälle, in denen Mitarbeiter morgens plötzlich und ohne jede Vorwarnung ihre Kündigung oder eine Abmahnung auf dem Schreibtisch finden – und das ist leider nicht selten.

Das Motto »sprechen statt schreiben« gilt auch auf der höchsten Führungsstufe: Ein Konzernchef ist gut beraten, sich regelmäßig mit den Leitern der verschiedenen Geschäftsbereiche zusammenzusetzen und über die aktuellen Entwicklungen zu sprechen. Nur so bekommt er wiederum die Informationen, die er braucht, um eine tragfähige Gesamtstrategie für den Konzern zu entwerfen. Stützt er sich ausschließlich auf schriftliche Quartalsberichte, so bewegt er sich auf dünnem Eis.

Der Weg von der Unternehmensstrategie zum Unternehmenserfolg ist ein Weg der Worte.

Wie wichtig Face-to-Face-Kommunikation auch im Zeitalter des technischen Informationsaustauschs sind, zeigt eine aktuelle Studie: Michael Reiß, Professor für Organisation an der Universität Stuttgart, und sein wissenschaftlicher Mitarbeiter Tobias Bernecker haben Führungskräfte und Projektleiter dazu befragt, wie sie moderne Kommunikationspolitik im Rahmen von Veränderungsprozessen einschätzen. Ihr Ergebnis: Einweg-Kommunikation kommt schlecht an. Klassische Aushänge am Schwarzen Brett werden zwar besonders häufig verwendet, wirken aber nur stark begrenzt. Noch schlechter schätzten die Befragten die Wirksamkeit von Mitarbeiterzeitungen als Kommunikationsmedium in Veränderungsprozessen ein. E-Mail-Newsletter wurden zwar als sehr häufig eingesetztes Mittel eingestuft – nicht zuletzt aufgrund der einfachen und schnellen Versendetechnik –, ihre Wirksamkeit wurde aber als ähnlich schlecht bewertet wie die der Aushänge am Schwarzen Brett. Skeptisch sahen die befragten

Manager auch projektspezifische Instrumente wie Videos oder Mitarbeiterbefragungen.

Face-to-Face-Kommunikation dagegen wird als eine sehr wirkungsvolle Kommunikationsform eingeschätzt. Dabei kommt dem Einzelgespräch nochmals eine besondere Rolle zu, denn diesem wird die höchste Wirksamkeit aller Instrumente zugeschrieben. Einen hohen Stellenwert nehmen aber auch das Abteilungs-Meeting und Kick-Off-Veranstaltungen ein. Elektronische oder gedruckte Informationsinstrumente können die Face-to-Face-Kommunikation immerhin sinnvoll ergänzen.[67] Nach einer Studie von TJ Larkin und Sandar Larkin spielen bei der Kommunikation die Mittel-Manager eine besonders wichtige Rolle – eine entscheidendere auch als das Top-Management. Sie empfehlen den Unternehmen, 80 Prozent ihrer Energie in die Vertreter des mittleren Managements zu investieren. Denn diese – und nicht die Führungsspitze – seien die Meinungsführer im Unternehmen.[68]

Jede Stufe kommuniziert anders

Wir haben bereits gesehen, dass die verschiedenen Stufen der Führung unterschiedliche Aufgaben verantworten und andere Ziele verfolgen. Dementsprechend gibt es auch bei der Kommunikation Differenzen auf den verschiedenen Führungsstufen. Die größten Unterschiede ergeben sich dabei im Bereich der *funktionalen,* auf die Aufgaben bezogene Kommunikation, während die Qualität der *personalen,* also auf die Beziehung bezogene Kommunikation unabhängig von hierarchischen Strukturen ist (siehe dazu auch den Abschnitt *Personale und funktionale Kommunikation* weiter unten in diesem Kapitel). Ganz gleich, auf welcher Stufe ein Mensch steht, ob er Aushilfsassistent ist oder Vorstandsvorsitzender – die zwischenmenschliche Kommunikation und die Interaktion auf der personalen Ebene sollten immer wertschätzend und konstruktiv ablaufen. Gleichwohl bevorzugen Vertreter des Top-Managements eines Kreditinstituts andere Spielarten der Selbstdarstellung als ein Vorarbeiter in der Automobilindustrie.

Auf der funktionalen Ebene sehen die Unterschiede bei der Kommunikation auf den drei Stufen der Führung folgendermaßen aus: *Manager der unteren Führungsstufe* sprechen mit ihren Mitarbeitern hauptsächlich über Projektabläufe, die Bewältigung bestimmter Aufgaben, die Einhaltung von

Terminen und Qualitätsstandards. Oberstes Ziel der Kommunikation in ihren Teams ist es, Lösungen für anstehende Probleme zu finden – aber auch für eine gesunde Beziehungsebene zu sorgen. Ihren Vorgesetzten auf der Stufe des Mittel-Managements informieren sie regelmäßig über den Stand der Dinge in ihrem Bereich und über die Fragestellungen, die auf höherer Ebene entschieden werden müssen.

Mittel-Manager sprechen mit den ihnen nachgeordneten Kräften über die aus der Unternehmensstrategie abgeleiteten Ziele der Abteilung. Sie lassen sich über abgeschlossene und laufende Projekte informieren und informieren selbst über neue Entwicklungen. Oberstes Ziel der Kommunikation auf ihrer Stufe ist es also, die an der Basis entwickelten Lösungsansätze nach oben, und die an der Führungsspitze entwickelten Ziele an die Basis zu vermitteln. Gleichzeitig ist die Pflege der Beziehungen nach oben und unten wichtig.

Top-Führungskräfte wiederum thematisieren in ihren Gesprächen mit dem mittleren Management strategische Entscheidungen, sie begeistern ihre Gesprächspartner für ihre Erfolgsideen und motivieren sie zur Um-

Abbildung 22: Ziele in der Kommunikation von Führungskräften

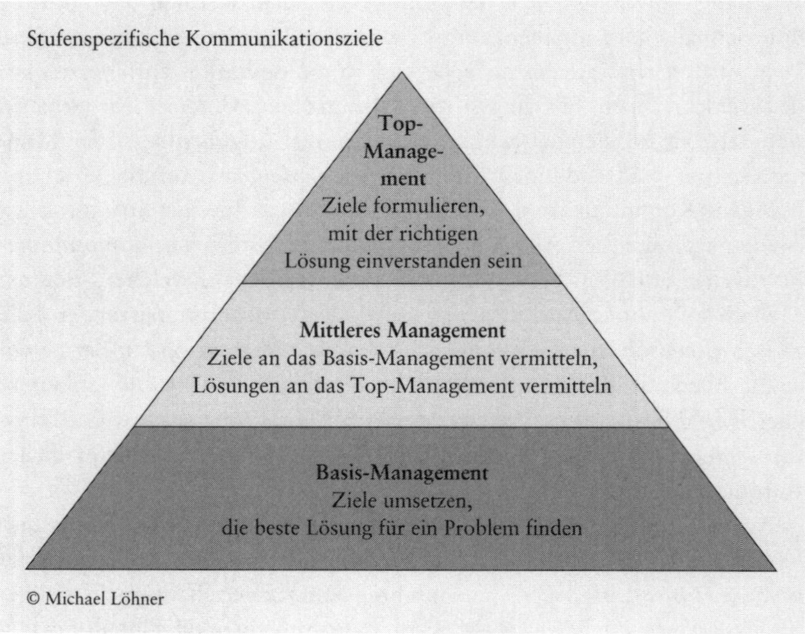

setzung – kurz: Sie geben Ziele aus. Umgekehrt lassen sie sich über die Fortschritte oder Probleme innerhalb der Geschäftsbereiche informieren und strategische Vorschläge unterbreiten. Das Kommunikationsziel lautet in diesem Fall: mit der richtigen Lösung einverstanden zu sein. Außerdem geht es darum, den »guten Draht« zum mittleren Management zu pflegen.

Klare Kommunikation durch klare Rollenverteilung

Das Rollenspiel zwischen Orientierungsgeber und Orientierungsnehmer erfolgt auf den drei Führungsebenen nach unterschiedlichen Regeln: Im Vorstand wird anders geredet als an der Werkbank. Mit dem Aufstieg von Hierarchiestufe zu Hierarchiestufe müssen also auch neue soziale Rollen gelernt werden.

So zeichnet sich der *Top-Manager* einer milliardenschweren Holding zum Beispiel durch ein elaboriertes Sprachniveau aus, auf dem er sich mühelos bewegt. Er ist in der Lage, einen sehr direkten Draht zu seinem Gesprächspartner aufzubauen – und dabei sehr überzeugend, glaubwürdig, ja sogar herzlich zu wirken, ohne jemals die für seine Rolle notwendige Distanz aufzugeben. Geht es um die Durchsetzung seiner Position oder fühlt er sich angegriffen, kann er innerhalb von Sekunden auch eiskalt werden. Eine allgemein gültige Regel nach dem Motto »So kommuniziert ein Top-Manager« lässt sich allerdings nicht aufstellen, dafür sind die Menschen in diesen Positionen und die Anforderungen, denen sie sich täglich stellen müssen, zu unterschiedlich. Wenn Sie sich für das Erfolgsrezept einzelner Spitzenführungskräfte interessieren, dann schauen Sie sich möglichst viele Interviews mit ihnen an, sei es in den Tageszeitungen oder im Fernsehen, aber auch ihre Biografien können hier weiterhelfen.

Beim Thema Kommunikation ist das *Mittel-Management* wiederum anderen, sehr speziellen Herausforderungen ausgesetzt – schon allein aus strukturellen Gründen. Einerseits muss es dafür sorgen, dass die von oben vorgegebenen Ziele an der Basis auch umgesetzt werden; andererseits erwarten die Manager und Mitarbeiter an der Basis – häufig vertreten durch einen Betriebsrat –, dass es sich für ihre menschlichen Belange einsetzt, wie beispielsweise gerechtere Aufgabenverteilung, mehr Gehalt, mehr Freizeit. Dazu kommen die Ansprüche der Kundenseite, die Kollegen aus anderen Konzernteilen mit ihren Kooperationsansprüchen und nicht selten sind auch die Mittel-Manager Hauptansprechpartner für Projekte mit externen Beratern.

Will ein Mittel-Manager es allen recht machen, läuft er schnell Gefahr zu scheitern und letztlich alle Beteiligten zu enttäuschen. Die Führungskraft wird »für die unvermeidbaren Versäumnisse – denn sie kann ja nicht allen widersprüchlichen Erwartungen gleichzeitig gerecht werden – zur Verantwortung gezogen und wird zum ›multiplen Prügelknaben‹«, formuliert Schulz von Thun.[69] Der einzige Ausweg besteht darin, sich aktiv mit der besonderen Führungsrolle des Mittel-Managers auseinander zu setzen und für sich selbst eine klare Linie zu finden.

Dass dazu eine gewisse Leidensfähigkeit gehört, verdeutlicht der Geschäftsführer einer GmbH, die Teil eines größeren Lebensmittelkonzerns ist: »Für diesen Job brauchen Sie eine dicke Haut.« Der Konzernchef hat das Unternehmen aufgebaut und dabei »selbst noch auf dem Acker gestanden«. Nach wie vor trifft er viele Entscheidungen aus der Perspektive eines Landwirts der 50er oder 60er Jahre – dabei hat sich der Konzern längst zu einem High-Tech-Produzenten gewandelt, der auf internationalen Märkten erfolgreich ist. Für den Geschäftsführer der GmbH besteht die Kunst nun darin, seinen Bereich erfolgreich zu führen, und zwar bei Umsetzungsdetails gegen die veralteten Vorstellungen des Konzernchefs, aber gleichzeitig mit seiner Rückendeckung. Dazu ist ein üppiges Maß an kommunikativem, ja sogar diplomatischem Geschick notwendig. Das gilt auch gegenüber den eigenen Mitarbeitern: Ihnen gegenüber muss er eine klare Linie aufzeigen, damit diese nicht in Loyalitätskonflikte zwischen dem »alten Patriarchen« und ihrem jüngeren Geschäftsführer geraten.

Auf der Stufe der *Team- oder Projektleiter* bestehen andere Anforderungen: Hier geht es darum, Klartext zu sprechen, damit Ziele verwirklicht werden können. Mit Sätzen wie »Hier könnte man noch nachbessern« oder »Da müsste mal jemand anrufen« kommen Führungskräfte auf der unteren Ebene deshalb nicht weiter: »So, müsste man? Könnte man?«, sagen sich die Mitarbeiter – und lassen die Sache liegen, denn ohne konkrete Anweisung und ohne Termin scheint die Aufgabe ja nicht wichtig zu sein.

Die besondere Aufgabe der Führungskräfte an der Basis besteht darin, für Vertrauen zu sorgen, ohne zu weich oder nachgiebig aufzutreten. Eine gute Beziehungsgrundlage ist notwendig, um Sachprobleme effektiv lösen zu können. Gleichzeitig muss es möglich sein, Disziplin zu fordern und Standards durchzusetzen.

Es bestehen also grundlegende Unterschiede auf den drei Führungsebenen. Deshalb gilt: Nur auf der Grundlage eines klaren Rollenverständnisses kann Kommunikation gelingen. »Wer das ›Was‹ nicht klar und deutlich vor Augen hat, kann im ›Wie‹ nichts wettmachen«, schreibt Schulz von Thun. »Das ›Was‹ fällt einem nicht mit der Rollenübernahme in den Schoß, sondern will in reflektierter Auseinandersetzung mit der Rolle entwickelt und mit dem eigenen Selbst verträglich sein.« Dabei gehe es aber nicht darum, sich selbst eine starre Rolle zurechtzuzimmern und daran stur festzuhalten. »Ein klares Rollenverständnis muss sich mit einer dialogischen Haltung verbinden, mit der Bereitschaft, sich infrage stellen und belehren zu lassen«, findet der Kommunikationsexperte, denn Führungsrollen werden in jeder Situation neu ausgehandelt.[70]

Das bedeutet Kommunikation auf den drei Stufen der Führung

Wenn Sie im Top-Management tätig sind In Ihren Gesprächen mit nachgeordneten Managern geben Sie einerseits die *strategische Marschrichtung* vor, andererseits lassen Sie sich *Lösungsvorschläge* für anstehende Probleme unterbreiten, auf deren Grundlage Sie Ihre Entscheidungen treffen können.

Sie sorgen für einen *direkten und intensiven »Draht«* zu ihren Gesprächspartnern, gleichzeitig wahren Sie die *notwendige Distanz.*

Wenn Sie im mittleren Management tätig sind Sie kommunizieren die an der Basis *entwickelten Lösungsansätze* nach oben und geben umgekehrt die *Zielvorstellungen* der Führungsspitze an die Basis weiter.

Sie nutzen *persönliche Gespräche*, um die Beziehungen nach oben und unten zu pflegen, und verfügen über ein hohes Maß an *kommunikativem* und *diplomatischem Geschick.*

Sie spielen Ihre Rolle *souverän* und *autonom* und lassen sich in persönlichen Gesprächen weder von der Konzernspitze noch von der Basis einschüchtern oder »vor deren Karren spannen«.

Wenn Sie als Manager an der Basis tätig sind Innerhalb Ihres Teams sprechen Sie vor allem über die *Umsetzung konkreter Aufgaben*, über *Termine* und *Qualitätsstandards*. Ihren Vorgesetzten informieren Sie über *aktuelle Entwicklungen* und bereiten *Entscheidungsvorlagen* für die übergeordneten Hierarchiestufen vor.

Sie sorgen für häufige und *konstruktive Gespräche* mit ihren Mitarbeitern, weil Sie wissen: Eine effektive Zusammenarbeit ist nur auf einer stabilen Beziehungsebene möglich.

In Ihren Gesprächen schaffen Sie eine *vertrauensvolle Atmosphäre*, gleichzeitig sprechen Sie *Klartext* und können Ihren Standpunkt durchsetzen.

Kommunikation in der Prozessdynamik

Erinnern wir uns noch einmal an die Dynamik, die Prozesse zum Scheitern bringt oder gelingen lässt (Kapitel 2, *Führen heißt Prozesse steuern*). Dabei hat es sich gezeigt, dass der wesentliche Faktor bei erfolgreichen Prozessabschlüssen eine starke Vertrauenskultur im Unternehmen ist (siehe in Kapitel 2 die Abschnitte *Unternehmenskultur als Gegenkraft* und *Gelungene Prozesssteuerung*). Die Vertrauenskultur wiederum entsteht über gelingende Kommunikation. Die Balance zwischen den Verfestigungs- und Entfaltungstendenzen eines Unternehmens wiederum (siehe in Kapitel 4 den Abschnitt *Autonomie und Heteronomie im Unternehmen*) lässt sich mithilfe einer starken Konfliktkultur aufrechterhalten. Auch diese basiert auf gelingender Kommunikation.

Rainer Trinczek, Professor für Soziologie an der Technischen Universität München, und Hans-Joachim Gergs, Dozent in der gleichen Fakultät, haben dazu einige sehr interessante Überlegungen angestellt. Sie verstehen Organisationen – und dazu zählen auch Unternehmen – als »geronnene Kommunikation«. Wenn Organisationen entstehen, so argumentieren die beiden Wissenschaftler, so verdichtet sich das fluide Medium der sprachlichen Kommunikation recht schnell zu Strukturen wie zum Beispiel Prozessabläufen, Verfahrensanweisungen, Stellenbeschreibungen und Regelsystemen. Dies geschieht, weil es praktisch nicht möglich ist, jede Frage und Unklarheit immer wieder von Grund auf gemeinsam auszudiskutieren.

»Organisationen können daher als eine Ansammlung von expliziten oder impliziten Regeln zur (begrenzten) Kommunikation zwischen den Mitgliedern einer Organisation verstanden werden«, schreiben Trinczek und Gergs. »Dabei werden sowohl die Anordnung der verschiedenen Stellen in einer Organisation bestimmt (Aufbauorganisation) als auch die Kommunikationswege definiert (Ablauforganisation).«

Steht nun eine Veränderung innerhalb der Organisation an – sei es eine kleine Änderung auf Teamebene oder ein Strategiewechsel in großem Stil –, müssen die verfestigten Strukturen wieder aufgebrochen werden – und zwar wieder durch das Mittel der Kommunikation. »Wenn Organisation letztlich geronnene Kommunikation darstellt, dann kann organisatorischer Wandel als genau der gegenläufige Prozess beschrieben werden«, argumentieren die beiden Soziologen. Wenn die bislang gültigen Regeln und Strukturen aufgeweicht oder sogar aufgehoben werden, gibt es so lange einen verstärkten Kommunikationsbedarf, bis der Veränderungsprozess so weit fortgeschritten ist, dass wieder neue Strukturen entstehen können.

Die wirksamste Kommunikation, gerade in Veränderungsprozessen, besteht nicht im Versenden oder Publizieren von Informationen, sondern im gegenseitigen Verstehen, in der Auseinandersetzung, im Dialog. Auch hier gilt also der Grundsatz »sprechen statt schreiben«. Die Wissenschaftler geben Managern dazu fünf Handlungsempfehlungen für die erfolgreiche Kommunikation in Veränderungsprozessen:

Das Ziel so oft wie möglich kommunizieren Auch wenn es dem einzelnen Manager eintönig erscheint – das zu erreichende Ziel innerhalb einer Prozessdynamik kann gar nicht oft genug formuliert werden. »Eine gelungene Change-Kommunikation stellt gezielt und systematisch Redundanz her«, haben Trinczek und Gergs beobachtet. Dabei ändern sich Form und Inhalt der Kommunikation im Laufe des Prozesses. Zu Beginn muss vor allem die Dringlichkeit des zu erreichenden Ziels dargestellt werden. Dann geht es darum, Akzeptanz und Überzeugung für die erarbeitete Lösung einzuwerben. Wurden Teilziele erreicht, sollte über diese Erfolge berichtet werden, um die dauerhafte Motivation zu sichern.

Je komplexer der Veränderungsprozess, desto bedeutender wird Face-to-Face-Kommunikation Ob Einzelgespräch, Sitzung oder Workshop – das persönliche Gespräch bietet allen Beteiligten die Möglichkeit, »eine gemeinsame Sprache und Deutung der neuen Situation zu entwickeln und einen tragfähigen neuen Arbeitskonsens zwischen allen Betroffenen herzustellen«, so Trinczek und Gergs. Auf diese Weise stimmen die beteiligten Akteure ihre Erwartungen ab und verketten ihre Handlungen.

Begriffe und Symbole klären In Veränderungsprozessen ist eine sorgsame Arbeit an und mit der Sprache notwendig. Geschieht dies nicht, füllen Manager und Mitarbeiter die neuen Symbole und Begriffe mit unterschiedlichen Inhalten und reden in der Folge aneinander vorbei statt miteinander. Gemeinsames Handeln ist so erschwert oder sogar unmöglich. Trinczek und Gergs: »Management ist ein Sprachspiel, mit dem Interpretationen dessen zu kreieren sind, was ist, was sein sollte und was zur Erreichung des zukünftigen Zustands getan werden muss.«

Zügig und häufig kommunizieren In den meisten Veränderungsprozessen überschlagen sich die Ereignisse so, dass es gar nicht möglich ist, exakt und vollständig zu kommunizieren. Wer in einer solchen Situation abwartet, bis umfassende Informationen vorliegen, heizt die interne Gerüchteküche nur unnötig an. Besser ist es laut Trinczek und Gergs, »zügig und häufiger zu kommunizieren« und gleichzeitig zu sagen, dass es sich um unvollständige Informationen handelt. Dies steigere das Vertrauen der Mitarbeiter in das Management, während eine schweigende Unternehmensleitung an Ansehen und Autorität verliere.

Keine Beschönigungen Veränderungsprozesse bringen auch harte und unangenehme Entscheidungen seitens des Managements mit sich. Es hilft nichts, diese zu verschleiern oder als »positive« Ereignisse umzudeuten – dies zerstört vielmehr die Glaubwürdigkeit der Kommunikation. Das nicht Gesagte oder nebulös Formulierte löst bei den Mitarbeitern eine Vielzahl von Fantasien und Interpretationen aus, die durch das Management nicht mehr kontrollierbar sind. Kommunikation dagegen mindert die Ängste der Betroffenen, selbst wenn sie schlechte Nachrichten verbreitet.

Gelingt Kommunikation in Veränderungsprozessen, entsteht also nicht nur Eindeutigkeit, sondern auch Vertrauen. Dazu noch einmal Trinczek und Gergs: »Kommunikation ist dann gelungen, wenn sich die an dem Prozess Beteiligten wirklich über die neue Ordnung verständigt haben. Sie müssen dabei keineswegs inhaltlich übereinstimmen. Aber sie müssen sich gegenseitig verstehen und begreifen, was jeder meint.«[71]

Offene Kommunikation schafft Vertrauen

Wenn sich die Interaktionen im Unternehmen, insbesondere auch die sprachlichen, durch eine vertrauensfördernde Qualität auszeichnen, besteht eine Kultur der »offenen Kommunikation«. In offener Kommunikation sind wir bereit, einander stets neu zu vertrauen, und bieten die Möglichkeit, Vorurteile durch Gespräche auszuräumen. Vertrauen zwischen Menschen bildet sich aber nur, wenn folgende Bedingungen erfüllt sind:

In wesentlichen Dingen müssen wir einander glauben können
»Glauben« gehört nicht ausschließlich in eine religiöse Sprachwelt. Glauben beschreibt auch die Qualität einer Beziehung, in der Menschen die Aussagen des anderen für »wahr« halten – nur weil sie gesagt, nicht unbedingt begründet werden. Mit den folgenden zwei Fragen können Sie einen Eindruck davon bekommen, wie es in Ihrem Unternehmen aussieht:

- Bei welchen Mitarbeitern halte ich Aussagen für wahr, nur aufgrund der Tatsache, dass sie gesagt werden?
- Welche Mitarbeiter halten Aussagen von mir für wahr, nur aufgrund der Tatsache, dass ich sie sage?

Unsere Offenheit muss selektiv, nicht egozentrisch sein Egozentrische Offenheit liegt vor, wenn Mitarbeiter rücksichtslos sagen, was sie denken. Ohne die Berücksichtigung menschlicher Betroffenheit halten sie diesen Diplomatieverzicht für vorbildliche Ehrlichkeit. Selbstgerecht verachten sie sogar einen durch »Offenheit« psychisch oder sozial verletzten oder zerstörten Mitarbeiter.

Selektive Offenheit wählt deswegen in hoher Verantwortung Wort- und Inhalt-bezogen auf den Betroffenen aus. Informationen, die nur schaden, aber nicht erhellen (zum Beispiel emotionale Entlastungen bei akuten Erregungszuständen) sind zwar »offen«, jedoch in keiner Weise »öffnend«. Jeder Mitarbeiter erhält in geeigneter Form die Informationen, die für seine fachliche und soziale Sicherheit und Orientierung nötig sind. Dabei ist der Empfänger im Gespräch mitbestimmend, denn Information beinhaltet immer Hol- und Bringpflichten.

Unsere Offenheit verbietet jede Art von Phantombildung Menschen haben einen enormen Einfluss auf Mitarbeiter, wenn sie sich in dessen Abwesenheit wertend über ihn unterhalten, denn das führt dazu, dass die Beteiligten danach kaum mehr mit diesem Menschen, sondern nur noch über ihn sprechen, während sie zu ihm reden. Und gleichzeitig hat das zur Folge, dass der Betroffene tatsächlich die Züge des ihm zugeschriebenen

Phantombilds annimmt: Jeder Mensch wird so, wie man ihn behandelt. Wer hingegen offen kommuniziert, trägt nicht zu diesen Phantombildungen bei.

Offenheit bedeutet, dass wir einander nehmen, wie wir sind Es fällt uns schwer zu akzeptieren, dass alles auf dieser Welt gleichzeitig gute und schlechte Seiten hat. So zeichnet sich grundsätzlich jeder Mensch durch attraktive, aber auch durch unattraktive Eigenschaften aus. Auch die Unternehmenswelt erfreut und enttäuscht, je nach unserer eigenen Situation. Um dem zu entgehen, neigen wir dazu, den ungewollten Teil zu verdrängen: Wir wollen Helden oder Bösewichte, Schlaraffenunternehmen oder marodierende Chaoskonzerne, denn das Schwarz und Weiß geben uns mehr Sicherheit als das Grau der Realität. Identifikation mit etwas bedeutet eine kritische Zuwendung. Diese Zuwendung wird bestimmt durch eine Bilanz zwischen Pro und Kontra und nicht durch die kritiklose, einseitige Bejahung oder Verneinung. Offenheit untereinander kann sich nicht kultivieren, wenn eine Beziehung entweder nur durch starke Ablehnung oder nur durch starke Akzeptanz dominiert wird.

Alle sozialen Systeme, also auch Unternehmen, versuchen Erhaltung und Entfaltung zu sichern, indem sie Rituale, Normen, Werte und andere Orientierungen für die in ihnen lebenden Menschen vorgeben. Sie bieten Sicherheit und fordern dafür Anpassung. Dadurch wird jedoch die Autonomie, die Selbstbestimmung des Einzelnen, gefährdet. Der einzelne Mitarbeiter wiederum erzeugt um so mehr Reibung, je individueller er sich entfaltet – wobei Reibung hier Kommunikation bedeutet. Wie viel Autonomie ein Unternehmen verträgt, ist deshalb eine Frage der internen kommunikativen Kultur. Offene Kommunikation ist also Voraussetzung für eine erfolgreiche Führungskultur, für die verantwortete Vermittlung zwischen Systeminteresse (funktionalem Gehorsam) und personalen Bedürfnissen (individuellem Freiraum). Diese tägliche Konfliktsituation ist ohne offene Kommunikation kaum zu bewältigen. Ein Unternehmen, in dem offen kommuniziert wird, leidet nicht unter Ressort-Rivalitäten, Informationsbunkern, Machtstrategien und Ausschreibungen statt Aussprachen, sondern schafft Vertrauen, kultiviert Interesse am Menschen und fördert kreativen Ungehorsam als produktives Denken gegen Routine.

So gelingt das Gespräch mit Ihren Mitarbeitern

Was bedeutet das jedoch für Sie als Führungskraft? Auf allen drei Stufen der Führung können Sie dazu beitragen, in Ihrem Umfeld, Ihrer Abteilung oder im Unternehmen eine solche kommunikative Vertrauenskultur zu schaffen. Dafür ist es wichtig, dass Sie in der Lage sind, mit Ihren Mitarbeitern konstruktive und informative Gespräche zu führen. Dazu müssen Sie nicht unbedingt über einen riesigen Wortschatz und eine Fülle rhetorischer Tricks verfügen. Auch mit geringer Eloquenz und einer stark durch regionalen Dialekt geprägten Sprache lässt sich eine Beziehung aufnehmen oder verstärken. Und darauf kommt es schließlich im ökonomischen Wettbewerb immer mehr an: Die Bedeutung der Kommunikationsfähigkeit steigt zunehmend, während Fachkenntnisse inzwischen zwingend vorausgesetzt werden.

Die soziale Kompetenz verdrängt die Fachkompetenz mit jedem höheren Karriereschritt. Entscheidend dabei ist Ihre Kommunikationsfähigkeit. Nur auf Basis dieser Fähigkeit können Sie Ihre Mitarbeiter überzeugen oder im Gespräch mit ihnen zu einem gemeinsamen Erkenntnisfortschritt gelangen. Im Folgenden zeige ich Ihnen anhand der vier Aspekte *Richtig überzeugen*, *Richtig fragen*, *Zum Sprechen animieren* und *Das Gespräch beobachten*, wie Sie Ihre Kommunikationsfähigkeit verbessern können.

Richtig überzeugen

Sie können andere Menschen nicht unbedingt deshalb leichter überzeugen, weil Sie selbst von Ihrer These überzeugt und durchdrungen sind. Im Gegenteil: Wenn Sie sehr enthusiastisch sind, laufen Sie Gefahr, nicht mehr zwischen Ausdrucksstil (»Ich weise nach, dass ich hinter meiner Absicht stehe«) und Wirkungsstil («Ich sorge dafür, dass der andere sich in Richtung meiner Absicht orientiert«) unterscheiden zu können. Sie agieren dann zwar mit viel Energie, aber ohne Strategie, und kommen deshalb nicht ans Ziel.

»Überzeugen« bedeutet, den anderen in seinen Vorstellungen, Meinungen oder Vorurteilen zu »ändern«. Sie sollten bei Ihrer Überzeugungsarbeit darauf achten, einige Grundregeln nicht zu verletzen, denn sonst machen Sie womöglich alle Anstrengungen direkt zunichte. Hier eine Auswahl, die sich Top-Manager vor allem dann zu Herzen nehmen sollten, wenn es um die kommunikative Vermittlung ihrer Erfolgsideen geht; Mittel-Manager, wenn es um die Weitervermittlung dieser Ideen an die Basis geht; Basis-Manager, wenn es um die Umsetzung der Erfolgsideen in den Teams geht; und alle Führungskräfte, die Prozesse erfolgreich steuern und eine tragfähige Kommunikationskultur schaffen wollen:

Grundregeln des richtigen Überzeugens

1. *Keine Manipulationsversuche:* Fragen Sie Ihren Gesprächspartner nicht nach seiner Meinung, nachdem Sie ihm gesagt haben, wie diese zu sein hat. (»Dieser Vorschlag ist aus verschiedenen Gründen richtig, was halten Sie denn davon?«) Dieses Verhalten hat entweder Unaufrichtigkeit oder Aggression auf der anderen Seite zur Folge.

2. *Fassen Sie sich kurz:* Jeder Mensch wird aggressiv, wenn sein Gegenüber ihn zum liebsten Zuhörer erklärt. Halten Sie sich im Dialog also kurz. Wenn Sie gut zuhören, erfahren Sie mehr, als wenn Sie permanent reden.

3. *Streben Sie nach gemeinsamen Erkenntnissen:* Wenn Sie von Ihren Überzeugungen, Erfahrungen und Vorlieben sprechen, während es eigentlich um einen gemeinsamen Erkenntnisfortschritt geht, stülpen Sie Ihrem Gesprächspartner Ihr Wertesystem über – was dieser jedoch von sich weisen wird. Beziehen Sie Ihr Gegenüber aktiv in das Gespräch mit ein, indem Sie ihn direkt ansprechen (»Wie schätzen Sie unsere Marktchancen ein?«).

4. *Zuerst begründen, dann bewerten*: Bringen Sie zuerst Ihre Begründung und dann Ihre Bewertung vor, sonst verschenken Sie Überzeugungschancen. Denn Formulierungen wie »Das ist nicht gut, weil ...« erzeugen bei Ihrem Gesprächspartner unnötige Schutzmuster. Die Argumentation »Weil diese Gründe vorliegen ..., ist es nicht gut« wirkt weniger kontraproduktiv, weil der Hörer erst die Gründe und dann die Wertung erfährt.

Richtig fragen

In Unternehmen geraten viele Prozesse ins Stocken, weil Missverständnisse und Probleme zu spät erkannt werden. Ihre Mitarbeiter verstehen möglicherweise Ihre Anweisungen nicht richtig, und umgekehrt nehmen Sie deren Warnsignale nicht ernst oder bemerken sie erst gar nicht – vor allem dann, wenn diese verdeckt gesendet werden. So verbirgt sich hinter der Aussage »Steht der Termin am Mittwoch noch?« möglicherweise ein Hinweis darauf, dass Ihr Mitarbeiter den Termin nicht halten kann. Oder mit dem Satz »Mein neuer Aufgabenbereich ist ja ziemlich groß« kann ein Mitarbeiter andeuten, dass er sich überfordert fühlt.

Versuchen Sie, Ihre Sensibilität für derartige »Zwischentöne« zu erhöhen, und gehen Sie Problemhinweisen mit gezielten Fragen und viel Geduld beim Zuhören nach. Auch wenn Sie sich eher als einen Manager sehen, der den ganzen Tag lang Entscheidungen trifft, Anweisungen gibt und »seinen Leuten Dampf macht«: Geben Sie Ihren Mitarbeitern Zeit und Raum, ihre Ansichten und Bedenken zu äußern, und nehmen Sie das ernst, was diese Ihnen zu sagen haben. Das mag zwar zunächst Zeit kosten, spart Ihnen aber später eine Menge Nerven und Budget, die sonst zum Ausbügeln der Fehler aufgebracht werden müssen.

Begeben Sie sich im Gespräch auf die Stufe Ihres Mitarbeiters, denn nur in einer Gesprächssituation von Mensch zu Mensch können Sie eine Atmosphäre schaffen, in der Sie offene und ehrliche Antworten bekommen. Dazu tragen schon die Rahmenbedingungen bei: Wenn Sie hinter Ihrem Schreibtisch auf Ihrem »Chefsessel« thronen und Ihrem Gesprächspartner einen meterweit entfernten, einfachen Stuhl anbieten, verdeutlichen Sie Ihre Dominanz schon in der Szenerie. Verlassen Sie also Ihre »Trutzburg« und setzen Sie sich mit Ihrem Gesprächspartner zusammen an einen Tisch. Das Gespräch sollte außerdem zu einer Uhrzeit stattfinden, in der Sie beide entspannt miteinander sprechen können. Das wird in den meisten Fällen nicht um 7 Uhr morgens, nicht kurz vor der Mittagspause und auch nicht kurz vor Feierabend sein, sondern eher am späten Vormittag oder frühen Nachmittag.

Wie Sie das Gespräch mit Ihrem Mitarbeiter führen, hängt von dem zu klärenden Problem und vom Naturell Ihres Mitarbeiters ab. Grundsätzlich stehen Ihnen verschiedene Fragetypen zur Verfügung, von denen ich Ihnen hier die *offenen*, die *geschlossenen*, die *Alternativ-* und die *hypothetischen Fragen* vorstellen möchte:

Verschiedene Fragetypen

1. Offene Fragen: Das sind zumeist die so genannten »W-Fragen« (»was«, »wie«, »warum«, »welche«), die dem Gesprächspartner Gelegenheit geben, seine Sicht der Dinge darzulegen.
Vorteile: Offene Fragen veranlassen den Gefragten zur »freien Information«. Sie haben also die Chance, wirklich Neues zu erfahren. Außerdem ist Ihr Gesprächspartner gezwungen, sich eigene Gedanken zu machen.
Nachteile: Gehemmte Menschen tun sich schwer, frei zu formulieren, und retten sich in Ausweichmanöver nach dem Motto »Weiß ich nicht«. Haben Sie es mit einem redseligen Mitarbeiter zu tun, kann Ihnen das Gespräch auf Nebenschauplätze entgleiten oder sich in Details verlieren.

2. Geschlossene Fragen: Sie lassen sich kurz und bündig mit »ja«, »nein« oder einer Auskunft (wie »12 Uhr«, »2 500 Tonnen«) beantworten.
Vorteile: Sie bekommen exakte Informationen in kurzer Zeit. Sprechmüde, sprechfaule oder gehemmte Menschen können Sie mit dieser Frageform gut aus der Reserve locken. In einem Konfliktgespräch können geschlossene Fragen, die positiv beantwortet werden, eine Atmosphäre des Vertrauens begründen (»Möchten Sie jetzt ›reinen Tisch machen‹?« – »Ja.«).
Nachteile: Weiterführende Informationen bekommen Sie nicht. Außerdem kann es sein, dass sich Ihr Gesprächspartner wie im Verhör fühlt. Und noch etwas: Weil Sie unbewusst so fragen, dass Sie die Antwort erhalten, die Sie bekommen möchten, ist Ihr Gesprächspartner zur Bestätigung Ihrer Vorannahmen verführt.

3. Alternativfragen: Diese Frageform stellt zwei oder mehr Möglichkeiten einer Antwort zur Auswahl.
Vorteile: Alternativfragen lassen Ihrem Gesprächspartner einen größeren Spielraum als geschlossene Fragen. Insbesondere in Konfliktgesprächen empfiehlt es sich, positive Alternativen vorzuschlagen (»Sind Sie mit Ihrer Aufgabe zufrieden, oder möchten Sie

einen anderes Projekt übernehmen?« statt: »Sind Sie mit Ihrer Aufgabe unzufrieden oder bloß schlecht gelaunt?«).
Nachteile: Möglicherweise ist die passende Antwort bei der von Ihnen vorgegebenen Auswahl nicht dabei, und Sie bleiben auf dem Holzweg. Präsentieren Sie sehr viele verschiedene Antwortmöglichkeiten, verwirren Sie Ihr Gegenüber.

4. Hypothetische Fragen: Sie zielen auf ein »Was-wäre-wenn«-Gespräch.
Vorteile: Sie verlassen den Boden der Realität und begeben sich in eine fiktive Situation, in der Ihr Mitarbeiter zum Beispiel an Ihrer Stelle, an der eines anderen Kollegen oder Kunden, in einer anderen Zeit oder an einem anderen Ort agiert. Aus dieser Perspektive wird er Ihnen seine grundlegenden Überzeugungen und Werte darstellen. Und so können Sie auch gemeinsam »in die Zukunft schauen«, also die Folgen bestimmter Entscheidungen abzuschätzen versuchen.
Nachteile: Wenn Sie sich beim gemeinsamen Fabulieren zu weit vom vorliegenden Problem weg bewegen, führen Sie zwar eine nette Unterhaltung, kommen inhaltlich aber nicht weiter.

Grundsätzlich können Sie diese Fragetechniken bei allen Themen einsetzen, und zwar ganz gleich ob Sie über ein Sachthema, eine zwischenmenschliche Beziehung oder sogar über Ihre Kommunikation selbst sprechen wollen.

Zum Sprechen animieren

Gerät das Gespräch ins Stocken, können Sie – natürlich nur mit dem notwendigen Feingefühl – so genannte *Verbalisierungstechniken* anwenden. Unter Verbalisieren verstehe ich dabei Sprachformen, die den Gesprächspartner psychisch entspannen und ihn veranlassen, seine Befürchtungen, Erwartungen, Erlebnisse, Ängste oder Erkenntnisse darzustellen. Mit fünf dieser Techniken – dem *Statement*, der *»Klingt«-Frage*, der *Reaktionsfrage*, der *Folgerung* und dem *Spiegel* – möchte ich Sie hier kurz bekannt machen:

Verschiedene Verbalisierungstechniken

1. Das Statement: Sie geben eine Ich-Botschaft Ihres Gesprächspartners mit wenigen Worten zurück (»Sie haben Sorgen«; »Sie sind zuversichtlich«; »Sie fühlen sich übergangen«; »Das belastet Sie schon länger«; »Sie wirken aufgeregt«). Ihr Gegenüber erlebt dabei als positiv, dass Sie dessen emotionale Situation verstehen und sich damit beziehungsorientiert auseinander setzen wollen. In der Folge wird er Ihnen gerne mehr über seine Lage berichten und kann sich währenddessen von seiner Nervosität befreien. Das Gespräch wird dadurch ent-emotionalisiert und das Beziehungsklima verbessert.

2. Die »Klingt«-Frage: Ähnlich wie beim Einsatz von Statements sprechen Sie mit »Klingt«-Fragen die Gefühle, Erwartungen, Interessen, Hoffnungen oder Befürchtungen des Gesprächspartners direkt an (»Das klingt, als ob Sie Angst haben?«; »Das klingt verärgert?«).

3. Die Reaktionsfrage: Sie beobachten Ihren Gesprächspartner genau und geben mit Ihren Worten wieder, was Sie sehen (»Sie zucken mit den Schultern«; »Sie lächeln, während Sie das sagen«). Beim Einsatz von Reaktionsfragen ist großes Fingerspitzengefühl gefragt: Werten Sie mit Ihrer Aussage nicht, sondern stellen Sie einfach fest. Achten Sie besonders darauf, keine Fehlinterpretationen von sich zu geben, denn das würde Ihren Gesprächspartner irritieren oder eventuell sogar in Wut versetzen.

4. Die Folgerung: Dabei hängen Sie an das Ende des gehörten Satzes eine mögliche Fortsetzung, die Ihrem eigenen Gedankengang entstammt (»Es geht mir gar nicht um eine Gehaltserhöhung!« – »... obwohl Sie eine Menge geleistet haben«; »Ich habe den Kollegen nichts von den Problemen berichtet« – »...wobei ich Sie auch nicht darum gebeten hatte«). Der so Angesprochene setzt sich intuitiv mit der Gesamtaussage noch einmal auseinander und sendet weitere Erklärungen – vorausgesetzt, Sie liefern keine groben Fehlinterpretationen oder Provokationen.

5. Der Spiegel: Sie geben die Aussage Ihres Gesprächspartners in Ihren eigenen Worten wieder, wiederum ohne Interpretation oder Wertung. Ihr Gegenüber bemerkt dadurch, dass ihm präzise zugehört wird. Dies neutralisiert seine Emotionen und begründet ein vertrauensvolles Beziehungs- und Gesprächsfeld. Spiegel können

- die Aussage wiederholen (»Sie sagen, dass ...«; »Sie gehen also davon aus, dass ...«),
- das Gegenteil verneinen (»Ich bearbeite das Projekt zusammen mit Kollege X.« – »Sie gehen also nicht allein vor.«),
- die Folge des Gesagten zurückspiegeln (»Ich möchte meine Kollegen damit nicht belasten.« – »Sie verzichten bewusst auf Unterstützung.«),
- den konstruktiven Teil der Aussage unterstreichen (»Damit gehen wir ein großes Risiko ein.« – »Es gibt also auch eine Chance.«),
- die Wertewelt des Gegenübers wiedergeben (»Ich unterschreibe dieses Gutachten nicht.« – »Es ist Ihnen wichtig, nach Ihren eigenen Prinzipien vorzugehen.«).

Achten Sie beim Spiegeln besonders darauf, dass Sie die Aussagen Ihres Gesprächspartners nicht einfach »nachplappern«. Ihr Gegenüber wird Ihre Strategie durchschauen und misstrauisch reagieren. Versuchen Sie auch, das Gehörte zwar in Ihren eigenen Worten, aber dennoch so präzise wie möglich wiederzugeben. Weichen Sie durch Fehlinterpretationen zu stark von dem ab, was er Ihnen gesagt hat, wird sich Ihr Gesprächspartner frustriert zurückziehen.

Das Gespräch beobachten

Aus der Erfahrung meiner eigenen Coaching-Gespräche weiß ich, wie wichtig es ist, das Gespräch selbst genau im Auge zu behalten. Das betrifft besonders die *Beziehungsebene*, den *Gesprächsverlauf* und die *eigenen Vorannahmen*. Diese Punkte können Sie durch folgende Orientierungsfragen kontrollieren:

Möglichkeiten der Gesprächsbeobachtung

1. *Beobachten Sie die Beziehungsebene:*
   - Gelingt es Ihnen, Ihren Gesprächspartner »aufzutauen« und aus der Reserve zu locken?
   - Vertraut er Ihnen so, dass er Ihnen wirklich seine eigene Meinung präsentiert? Oder redet er Ihnen nach dem Mund?
2. *Beobachten Sie den Gesprächsverlauf:*
   - Bleiben Sie beim Thema? Oder neigt Ihr Gesprächspartner – oder Sie selbst – zu Ablenkungsmanövern?
3. *Reflektieren Sie Ihre eigenen Vorannahmen:*
   - Fragen Sie so, dass die gemeinsam zu erreichende Erkenntnis auch völlig anders als Ihre Hypothese aussehen kann? Oder lenken Sie das Gespräch in die Richtung Ihrer vorgefassten Meinung?
   - Sind Sie in der Lage, einem Gedankengang Ihres Gesprächspartners zu folgen, der Ihnen völlig fremd ist?

Darauf kommt es bei der Kommunikation in der Prozessdynamik an

In einem Veränderungsprozess herrscht so lange *verstärkter Kommunikationsbedarf*, bis sich die neuen Strukturen verfestigt haben. Eine wesentliche Rolle dabei spielt die *Face-to-Face-Kommunikation*, also der Grundsatz »sprechen statt schreiben«.

Offene Kommunikation schafft eine vertrauensvolle Atmosphäre. Dabei geht es nicht darum, »alles« zu sagen, sondern jedem genau das, was für seine Orientierung notwendig ist. Es wird nicht übereinander gesprochen, sondern miteinander. Jeder sollte in seinem Wesen akzeptiert werden.

Sie können andere Menschen *überzeugen*, indem Sie im Gespräch zu einem gemeinsamen Erkenntnisfortschritt gelangen. Treiben Sie Ihren Gesprächspartner nicht mit Manipulationsversuchen, langen Reden oder vorschnellen Bewertungen in eine Abwehrhaltung.

Decken Sie Missverständnisse oder Probleme frühzeitig auf, indem Sie aktiv *Fragen stellen*. Je nach Situation und Naturell des Mitarbeiters können Sie auf verschiedene Fragetechniken zurückgreifen.

Nutzen Sie *Verbalisierungstechniken* wie zum Beispiel das »Spiegeln«, um stockende Gespräche wieder in Schwung zu bringen.

Behalten Sie während des Gesprächs die *Beziehungsebene* im Blick, beobachten Sie den *Gesprächsverlauf* und nehmen Sie Ihre *eigenen Voran-nahmen* immer wieder kritisch unter die Lupe.

Warum Kommunikation erfolgsentscheidend ist

Wenn wir einem anderen Menschen begegnen, kommunizieren wir zwangsläufig, denn ein Nicht-Kommunizieren ist für uns nicht möglich. Selbst wenn wir schweigen oder auf den Gegenüberstehenden nicht reagieren, senden wir Botschaften aus. Kommunikation ist also allgegenwärtig und gibt dem Menschen Bedeutung. Im Unternehmen erfährt ein Mensch seine Rolle und damit seinen Wert in wesentlicher Form durch sprachliche Interaktionen. Deren Qualität kennzeichnet seinen sozialen Platz, seine funktionale Bedeutung und seinen Wert als Mensch.

In vielen Konzernen hören die Mitarbeiter, dass Eigeninitiative und Autonomie gewollt sind und erwartet werden, dass also, nehmen wir die Unternehmen beim Wort, der sich gegen die Routine entfaltende Mensch tatsächlich im Mittelpunkt steht. Dieser Weg des »Mensch-Seins« wird jedoch nicht immer sinnvoll gestützt, denn das Streben nach Eigenständigkeit ist mit der Reibung gegen Routine und Bisherigkeit verbunden – und Reibung erfahren Manager und Mitarbeiter in den meisten Fällen als belastenden Konflikt. Das ist bedauerlich: Denn diese Differenzen, die mithilfe der Kommunikation aufgedeckt werden, stellen grundsätzlich immer eine Chance, niemals aber eine Bedrohung dar. Sie dienen der gegenseitigen Entfaltung durch einen gemeinsamen Erkenntnisfortschritt. Das heißt also: unsere Konfliktfähigkeit, der richtige Umgang mit Widerständen bestimmt unseren Erfolg.

Gelingende Kommunikation im Unternehmen ist die Basis für eine tragfähige Konfliktkultur, die wiederum Voraussetzung ist für eine gelingende Balance zwischen den Heteronomie-fördernden Beharrungstendenzen und dem Autonomie-herausfordernden Entfaltungsdrang auf allen Stufen des

Unternehmens (siehe dazu auch in Kapitel 4 die Abschnitte *Autonomie und Heteronomie im Unternehmen* sowie *Autonomie und Heteronomie in der Führung*).

Ist die Kommunikationskultur gestört, schränkt das nicht nur die Lebensqualität der Manager und Mitarbeiter ein, sondern führt auch zu massiven wirtschaftlichen Schäden: Da dümpeln Manager jahrelang erfolglos mit Projekten herum, weil niemand offen diskutieren will, dass man sich längst auf einem Holzweg befindet. Da wird an Jour-Fixe-Terminen festgehalten, nur weil keiner der Manager sich wagt, der Führungsspitze klar zu sagen, dass er diese Meetings für Zeitverschwendung hält. Und da nicken große Runden von Führungs- und Fachkräften die unsinnigsten Zielvorgaben des Top-Managements ab, weil sie ihre eigene Karriere nicht gefährden wollen.

Die Kommunikationswissenschaftlerin Elisabeth Noelle-Neumann hat für diese Dynamik bereits in den 70er Jahren den Begriff der »Schweigespirale«[72] geprägt. Sie besagt, dass Menschen dazu neigen, sich der Mehrheitsmeinung anzuschließen, um sich im sozialen Umfeld nicht zu isolieren. Eine abweichende Meinung wird also verschwiegen, während der Meinung der Mehrheit gerne das Wort gegeben wird. Die Folge ist eine dynamische Entwicklung, in der die herrschende Meinungsfraktion immer stärker erscheint, während die Fraktion mit der Gegenmeinung immer mehr verstummt – es entsteht die Schweigespirale. Noelle-Neumann hatte dabei vor allem die Rolle der Medien als Meinungsmacher im Blick, die Dynamik findet sich in sehr ähnlicher Form aber auch in Unternehmen wieder.

Leslie Perlow und Stephanie Williams, Professorin beziehungsweise wissenschaftliche Mitarbeiterin an der Harvard Business School in Boston, haben dieses Phänomen in Amerika untersucht und als »Silencing Conflict« bezeichnet. Sie bringen folgendes Beispiel:

Eine Mitarbeiterin bekommt von ihrem Chef Anweisungen, auf Grundlage welcher Daten sie eine Kundenpräsentation vorbereiten soll. Sie hält die Vorschläge ihres Vorgesetzten für abwegig und die von ihm erwähnten Daten für irrelevant, und geht deshalb nach ihrer eigenen Methode vor – allerdings ohne dies offen zu besprechen. Die Abweichung von seinen Anweisungen bleibt dem Manager natürlich nicht verborgen und er ruft seine Mitarbeiterin zur Räson. Sie fügt sich zähneknirschend. Wie sie vermutet hatte, kommt die Präsentation beim Kunden nicht gut an. Für die anschließende Besprechung mit ihrem Chef nimmt sich die Mitarbeiterin deshalb vor, das Problem offen zu klären. Als ihr Vorgesetzter das Gespräch jedoch mit einer harschen Kritik eröffnet, verlässt sie der Mut. Sie unterdrückt Ihren Widerstand und verspricht wieder, sich den Vorgaben zu fügen. Mit jedem Gespräch aber wächst ihr Unbehagen. Es gelingt ihr nicht, aus ihrer Schweigespirale auszusteigen. Schließlich kann und will sie nicht mehr mit ihrem Chef zusammenarbeiten.[73]

Um ihre gute Zusammenarbeit mit ihren Vorgesetzten nicht zu gefährden, entschloss sich die Mitarbeiterin also zu schweigen. Genau damit hat sie allerdings ihre Arbeitsbeziehung untergraben und außerdem die Geschäftsbeziehung zu ihrem Kunden gefährdet, weil sie ihm wider besseres Wissen Daten präsentiert hat, mit denen dieser nichts anfangen konnte. Perlow und Williams schließen daraus:

Schweigen löst keine Probleme, sondern unterdrückt sie lediglich – und das kann für die Firma teuer werden.

Eine gelingende Kommunikationskultur stellt also ein wichtiges Fundament für ein wirtschaftlich erfolgreiches Unternehmen dar. Um besser verstehen zu können, was Kommunikation eigentlich ausmacht, möchte ich auf den nächsten Seiten auf die theoretischen Hintergründe eingehen.

Funktionale und personale Kommunikation

Kommunikation im beruflichen Kontext ist stets von einer funktionalen und einer personalen Seite geprägt. Erstere sorgt für richtig verteiltes Sachwissen, Letztere vermittelt Geborgenheit im Unternehmen und trägt so auch die kollektive Motivation:

Die *funktionale Kommunikation* unterstützt die Aufgabenlösung: Sachdatenaustausch (Informationen) und Korrekturverhalten (Appelle) bestimmen das Miteinander. Berechenbarkeit steht dabei vor Dynamik. Besteht die Unternehmenskommunikation ausschließlich daraus, bedeutet das: Mitarbeiter sind Werkzeuge zur Erreichung der Unternehmensziele, das Verhalten der Mitarbeiter ist eine Reaktion auf Regeln.

Die *personale Kommunikation* unterstützt die Beziehung: Mitteilungsbedürfnisse (Selbstdarstellungen) und Wellenlängeninteresse (Kontaktver-

Abbildung 23: **Die Kommunikationsfunktionen der Sprache**

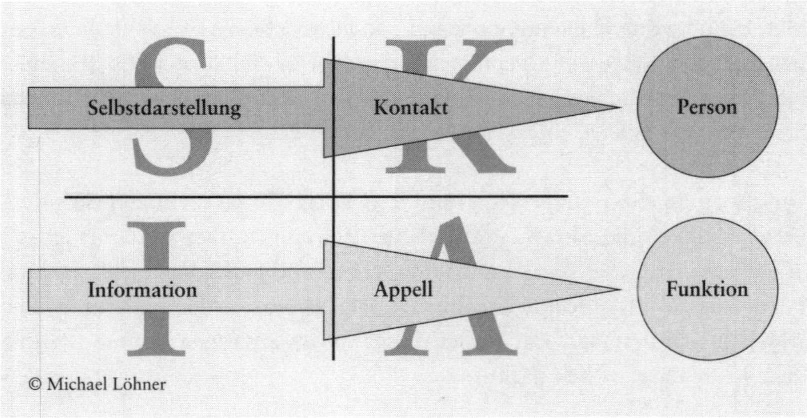

gewisserung) bestimmen das Miteinander. Störgefühle und Beziehungsprobleme sind wichtiger als Sachprobleme. Besteht die Kommunikation ausschließlich daraus, bedeutet das: Die Zufriedenheit der Mitarbeiter steht grundsätzlich im Vordergrund, das Verhalten der Mitarbeiter ist eine Reaktion auf Menschen.

Erst beide Teile zusammen ergeben eine sinnvolle Kommunikation und damit soziale Geborgenheit als Voraussetzung zur sozialen Gesundheit. Das klingt alles sehr klar, mögen Sie nun denken. Das sei alles schöne Theorie, in der Praxis aber beherrscht das Management in Ihrem Unternehmen selbst die einfachsten Kommunikationsregeln nicht? Und Sie selbst fragen sich auch oft, warum Ihre Mitarbeiter nicht einfach das tun, was Sie ihnen gesagt haben?

Leider hat die funktionale Kommunikation in Unternehmen oft einen zu großen Anteil. Dadurch werden die konstruktiven Anteile personaler Kommunikation wie Verständnis, Anerkennung, Lösungsorientierung, Konfliktfähigkeit und Vertrauensbildung vernachlässigt, und es kann sogar sein, dass sie sich zu ihrem Gegenteil wandeln: Unverständnis, Entwertung, Problemfixiertheit und Harmoniesucht – und dann entsteht Misstrauen.

Wenn man die Indikatoren schlechter Beziehungen zwischen Menschen in der Sprache sucht, dann kann man überall den Anstieg der Informations- und Appellanteile in der Kommunikation entdecken, egal ob im Beruf oder im Privatleben. Die personale Seite der Kommunikation wird dann unterdrückt. Sorgen Sie also dafür, dass beide Anteile enthalten sind: Information und Appell sind die funktionalen Anteile in der Kommunikation, Selbstdarstellung und Kontaktvergewisserung werden den personalen Forderungen der Menschen gerecht. Dann gelingt Kommunikation, und die Gesprächspartner können sich entfalten. Misslingt sie hingegen, werden sie eingeschränkt. Um eine Ahnung davon zu bekommen, wie es mit Ihrer Kommunikation aussieht, können Sie sich folgende Orientierungsfragen stellen:

Testen Sie Ihr Kommunikationsverhalten

1. *Soziales Leben:*
   - Können Menschen im Umgang mit mir ihre partnerschaftlichen Fähigkeiten entfalten?
   - Oder müssen sie sich in ihrem Verhalten angepasst reduzieren, um überleben zu können?
2. *Emotionales Leben:*
   - Dürfen Gefühle mir gegenüber erlebt, oder müssen sie unterdrückt werden?
   - Freue ich mich über die emotionale Bandbreite anderer oder schränke ich sie ein?
3. *Intellektuelles Leben:*
   - Unterstützte ich die Entwicklung geistiger Fähigkeiten bei meinen Gesprächspartnern?
   - Oder unterdrücke ich das freie Denken anderer, weil ich politische, wirtschaftliche oder ideologische Interessen für vorrangig halte?

Die vier Seiten einer Botschaft

Obwohl wir alle um die Wirkung von Worten anderer auf uns selbst wissen, zeigen wir selten die Konsequenz einer bewussten und verantwortbaren Beziehungsgestaltung durch unsere Sprache anderen gegenüber. Immer wieder hoffen wir, dass der andere doch verstehen müsste, was wir ihm sagen wollen. Oft sind wir enttäuscht und traurig, wenn der andere sich an das gehalten hat, was wir sagten, und nicht an das, was wir eigentlich meinten, also an unsere Absicht. Gibt es Gesetze, die diese Vorgänge bewusst machen? Ist es lernbar, was Worte ausrichten und Sätze anrichten? Kann man der wahren Absicht durch geeignetes Sprechen mehr Wirkung verleihen? Ist unsere Interaktion dann noch aufrichtig? Wie können wir bewusst gestalten, was für unser persönliches Glück von entscheidender Bedeutung ist: die Entfaltung sozialen Lebens?

Ein erster Schritt kann es sein, sich klarzumachen, aus welchen Gründen wir überhaupt sprechen. Hier hilft ein Modell, welches von Sokrates und Plato abgeleitet und in jüngerer Zeit von Friedemann Schulz von Thun unter dem Begriff des »Kommunikationsquadrates« publik gemacht wurde.[74] Differenziert nach *funktionalen* und *personalen* Anteilen, hat Kommunikation zwischen Menschen prinzipiell vier Funktionen: *Appell, Sachebene, Selbstdarstellung* und *Beziehungsebene*.

Funktionale Kommunikation

Information Die Sachebene drückt aus, worüber ich informiere.

Wer glaubt, dass Kommunikation zum Zwecke der gegenseitigen oder einseitigen Information gemacht wird, hat nicht immer Unrecht. Der klare Austausch von gefühlsfreien Daten findet nicht nur unter Computern statt.

Sachliche Informationen spielen im Beruf eine Hauptrolle. Unabhängig davon, ob sich die Gesprächspartner mögen oder nicht, geht es auf der Sachebene darum, ob eine Information *zutreffend* oder nicht zutreffend ist, ob sie *relevant* ist oder nicht, und ob die vorliegenden Fakten zur Beurteilung einer Situation *hinlänglich* sind oder nicht. Nach Schulz von Thun müssen Führungskräfte egal welcher Stufe auf Sachauseinandersetzungen inhaltlich (»was?«) sowie dialogisch (»wie?«) vorbereitet sein – und außerdem eine Gesprächskultur fördern, die sachorientierte Dialoge überhaupt erst ermöglicht.

Als Berater habe ich es in vielen Konzernen erlebt, dass der Beziehungskonflikt zwischen der ersten und zweiten Führungsstufe über das Stellvertreterfeld Information ausgekämpft wird. Die nachgeordnete Stufe sagt »Wir erfahren hier nie etwas«, während die übergeordnete Stufe dagegenhält: »Wir informieren über alles – die wissen nie was.« Normalerweise handelt es sich hier um Beziehungsprobleme, die einfach auf die Sachebene projiziert werden. Ich bin überzeugt davon, dass ein Optimum an Informationsfunktionalität nur den Beziehungsklatsch erhöht. Es ist ein weit verbreiteter Irrglaube, dass die Beziehung der Gesprächspartner über die Quantität der Information gepflegt werden könnte.

Schwelt ein Beziehungskonflikt zwischen Ihnen und Ihrem Mitarbeiter, dann hilft es nichts, wenn Sie darüber hinweggehen und sich auf die Sachebene retten. Ein Beispiel: Vor Ihrer Beförderung haben Sie sich gerne nach Feierabend mit einem Ihrer Kollegen getroffen. Nun sind Sie sein Vorgesetzter und befürchten Eifersüchteleien im Team, wenn Sie weiter einen so engen Draht zu diesem einen Mitarbeiter pflegen. Ihm gegenüber sagen Sie das aber nicht. Wenn er fragt: »Wann treffen wir uns mal wieder?«, schieben Sie Zeitprobleme vor. Die Folge: Ihr Mitarbeiter ist verletzt, reagiert mit Rückzug und beginnt womöglich, im Team Stimmung gegen Sie zu machen.

Appell Der Appell macht deutlich, was ich bei meinem Gegenüber erreichen möchte.

Durch Mahnungen, Aufforderungen oder Bitten werden offen oder verdeckt Ansprüche geltend gemacht. Es wird geführt und erzogen, die Dominanz verbirgt sich dabei oft hinter Wortappellen, die von der Begründung her keinem zugänglich sind.

Als Führungskraft müssen Sie klare Anweisungen geben können. Mit unklaren Forderungen wie »Könnten Sie das vielleicht bitte erledigen, wenn Sie ein bisschen Zeit dazu finden?« erreichen Sie nur, dass Ihre Mitarbeiter Ihnen auf der Nase herumtanzen. Formulieren Sie Ihre Appelle eindeutig mit einem klaren Ziel und einer klaren Zeitvorgabe, und fragen Sie nach, ob Ihre Botschaft bei Ihrem Gesprächspartner auch wirklich angekommen ist. Der Grund für diese Vorsichtsmaßnahme: Denksignal und Sprachsignal stimmen nicht überein. Vielleicht nimmt Ihr Mitarbeiter über Schallwellen wahr, was Sie ihm sagen – was sein Kortex jedoch generiert, wenn er Sie hört, das ist kaum garantierbar.

Es gibt noch einen zweiten Punkt, der für Sie als Manager wichtig ist: Sie sollten ein offenes Ohr haben für die Appelle, die Ihre Mitarbeiter in verdeckter Form an Sie richten. »Könnte ich, *damit ich auch einmal eine interessante Aufgabe habe*, das Projektmeeting in der kommenden Woche moderieren?«, fragt beispielsweise Ihr Mitarbeiter. Offen appelliert er an Sie, ihm eine Aufgabe zu übertragen. Verdeckt sagt er Ihnen jedoch zugleich, dass er mit seinem Arbeitsgebiet nicht zufrieden ist. Sein Appell?

Das müssen Sie im Gespräch mit ihm genau klären. Was bedeutet für ihn »interessant«? Möchte er andere Aufgaben übernehmen? Möchte er mehr Verantwortung?

Vermeiden Sie auch Appelle, die nichts weiter bewirken sollen als eine Verdeutlichung Ihrer Dominanz. Dazu gehören spontan und mit großem Nachdruck vorgetragene, weitgehend sinnfreie Ansprachen an Ihre Mitarbeiter, aber auch Allgemeinplätze wie »Wir müssen den Gürtel enger schnallen!« oder »Strengen Sie sich an, draußen stehen Hundert andere, die Ihren Job gerne übernehmen.«

Die Versuchung, einen Appell mit einer abwertenden Beziehungsbotschaft zu verknüpfen, ist Schulz von Thun zufolge weit verbreitet: »Herr Müller, *damit Sie auch mal was tun*, können Sie das Protokoll übernehmen.«[75] Mit Appellen wie diesem motivieren Sie Ihre Mitarbeiter keinesfalls zu mehr Leistung, sondern demoralisieren sie nur.

Personale Kommunikation

Selbstdarstellung Die Selbstdarstellung ist das, was ich von mir zu erkennen gebe.

Das Bedürfnis, von sich selbst zu sprechen, ist für jeden von essenzieller Bedeutung. Wir spüren das, wenn wir den Ich-Botschaften der anderen zuhören müssen: Es gelingt uns meistens nur so lange, bis uns etwas Besseres eingefallen ist, und das ist in der Regel nach dem zweiten Satz der Fall.

Auch wenn Sie eine sehr sachliche Information von sich geben, schwingt etwas von Ihnen selbst mit. Das kann sich in der Art äußern, *wie* Sie die Information formulieren, in Ihrer Körpersprache, aber auch durch Verlegenheits-Füllwörter wie »äh«. Umgekehrt gibt natürlich auch jeder Ihrer Gesprächspartner, sei es Ihr Mitarbeiter oder Ihr Vorgesetzter, etwas von seinem Innersten preis. In Führungssituationen ist es sehr hilfreich, wenn Sie Ihre Antennen für beide Aspekte auf Empfang gestellt haben: Welche Ihrer Emotionen, Ambivalenzen und Unsicherheiten schwingt gerade mit? Welche Signale erhalten Sie von Ihrem Gegenüber?

Wenn Sie Ihre eigenen Emotionen kontrolliert sichtbar machen können, wirken Sie auf andere authentischer. Wenn Sie sie offen zugeben (»Ich bin mir bei diesem Aspekt der Frage immer noch sehr unsicher«), dann ermutigen Sie möglicherweise andere, Ihre Einwände vorzubringen. Schulz von Thun bezeichnet diese Dynamik als »Eisbrecher«. Und wenn Sie im Gespräch signalisieren, dass Sie nicht nur die Sachargumente Ihres Gegenübers verstehen, sondern auch seine Gefühle, dann sorgen Sie dafür, dass sich dieser richtig verstanden fühlt. Das heißt hingegen nicht, dass Sie sich von dessen Emotionen manipulieren lassen und aus lauter Mitgefühl zu allem Ja und Amen sagen. Es geht hier vielmehr um Ihre Fähigkeit, einen anderen Menschen so gut wie möglich zu verstehen. So weit zum konstruktiven Aspekt dieser Funktion der Kommunikation.

Im Manager-Alltag hat sich die Selbstdarstellung aber auch zu einer eigenen Darstellungskunst entwickelt, die sehr viel Zeit und Energie frisst – also auch destruktive Anteile hat. Denken Sie nur an die zahllosen Meetings, in denen jeder sich selbst gern und ausführlich sprechen hört, aber kaum inhaltlich Relevantes beizutragen hat. Oder denken Sie an die unzähligen gesellschaftlichen Anlässe, bei denen Sie und Ihre Kollegen sich gegenseitig mit Berichten über Ihre jüngsten Errungenschaften beeindrucken.

Selbstdarstellung löst Selbstdarstellung aus, oder umgekehrt ausgedrückt: Wo der Selbstdarstellung kein Raum gewährt wird, findet auch keine statt. Das ist in vollständig durchrationalisierten Abteilungen der Fall, in denen es nur noch auf die schnelle und präzise Abwicklung ankommt (»Wo ist der Vorgang?« – »Das muss heute noch raus!«). Eitle Selbstdarstellungen werden dadurch ausgeschlossen, andererseits kommt aber die menschliche Seite der Kommunikation zu kurz: Die Mitarbeiter handeln und behandeln sich gegenseitig wie Maschinen, und die Überprüfung von Wellenlängen interessiert in diesem Stadium schon längst nicht mehr.

Kontaktvergewisserung Dieser Aspekt der personalen Kommunikation drückt aus, was ich von meinem Gegenüber halte und wie ich zu ihm stehe.

Wir nutzen die Sprache, um zu prüfen, ob unsere eigene Wellenlänge beim Gegenüber ankommt und mitgetragen wird, denn wir empfinden die Solidarisierung unter gleichen Werten als beruhigend. Ganz gleich, *was* Sie als Manager von sich geben: Der angesprochene Mitarbeiter oder Vorgesetzte wird in der Art, *wie* es gesagt wird, immer auch Hinweise finden, wie Sie zu ihm stehen. Klingt es anerkennend oder abwertend? Haben Sie die Stirn gerunzelt oder nicht? Zeigte Ihre Körperhaltung, dass Sie sich dem besprochenen Thema gegenüber abwehrend verhalten?

Ist die Beziehung zwischen Ihnen und Ihrem Gesprächspartner ohnehin schon angespannt, ist diese Ebene der Kommunikation besonders anfällig für Störfaktoren. Es hilft dann nichts, wenn Sie die Störung auf der Sachebene zu beseitigen versuchen, denn auf diese Weise können Sie weder Ihre Beziehung glätten noch das sachliche Problem lösen (siehe dazu auch den

Abschnitt *Funktionale Kommunikation* weiter oben). In diesem Fall hilft nur Mut: Nutzen Sie eine passende Gelegenheit, Ihre Beziehungsebene offen und klar anzusprechen (»Ich habe den Eindruck, Sie ziehen sich immer mehr in Ihr Büro zurück und gehen allen aus dem Weg – inklusive mir. Woran liegt das?«). Es kann natürlich auch passieren, dass Sie sich damit selbst eine Blöße geben: Vielleicht haben Sie die Situation falsch eingeschätzt? Möglicherweise geht nicht dieser eine Mitarbeiter allen anderen aus dem Weg, sondern die gesamte Abteilung meidet Sie persönlich?

Wollen Sie jedoch schwelende Beziehungskonflikte klären, dann müssen Sie auch unangenehme Erkenntnisse in Kauf nehmen. Schulz von Thun ist davon überzeugt, dass sich der Einsatz lohnt: »Entgegen einer weit verbreiteten Fehlannahme führen offen ausgetragene Konflikte aber häufiger zu einem besseren Kontakt, als dass sie den Kontaktfaden endgültig reißen lassen«, schreibt er. »Die Beziehungs-Botschaft an sich ist ja schon ein Signal, dass mir die Beziehung zu dem anderen so wichtig ist, dass ich darüber sprechen möchte, anstatt ihm einfach aus dem Wege zu gehen oder nur unterschwellige Beziehungskämpfe auszutragen.«[76] Besteht eine gute Beziehung zwischen Ihnen und Ihrem Gegenüber, dann werden Störgeräusche auf dieser Ebene der Kommunikation großzügig überhört.

Grundsätzlich sind wir sogar bereit, eine größtmögliche Übereinstimmung zwischen uns und unserem Gesprächspartner anzunehmen: Wir alle sind aufgrund unserer sozialen Komponente ständig auf der Suche nach Menschen, die unsere (Vor-)Urteile teilen. Das beruhigt uns, da wir häufig glauben, Meinungen würden schon zur Wahrheit werden, wenn sie von vielen Menschen geteilt werden. Deswegen haben wir einen großen Anteil unserer Interaktionsmuster auf Wellenlängenforschung und Bestätigung gerichtet. Es ist ein typisch menschlicher Zug, dass wir bei ähnlicher emotionaler Einschätzung gemeinsam erlebter Reize Geborgenheit empfinden.

Dialog statt technischer Kommunikation

Ich halte es für sehr wichtig, dass wir bei all dem technischen Interesse, das unser Denken immer mehr funktionalisiert und entpersonalisiert, wieder stärker zurück zum Gespräch finden. Es gibt eine signifikante Verbindung zwischen der Konfliktunfähigkeit des Managements in beliebigen Konzernen und einem gleichzeitigen Anstieg der Durchführungsverordnungen, Aushänge am Schwarzen Brett, Organisationshandbücher, Arbeitsanweisungen und Memos. Dies macht sich in einem Unternehmen zunächst an kleinen Stellen oder an materiellen Dingen bemerkbar: »Wieso hat der Kollege eigentlich drei Fenster im Büro, ich selber habe nur zwei, obwohl ich viel länger hier bin?« Hinzu kommen Autotelefon, Parkplätze, und so weiter. Und dann ist es natürlich schön, wenn der Formalist sagen kann: »Ganz einfach, wer hier mehr als drei Jahre ist, hat auch Anspruch auf drei Fenster. Wo ist das nächste Problem?«

In dieser Konsequenz des Denkens entsteht aber nach und nach ein System, das mit inneren Zwängen zuwuchert, das Kommunikation nur noch über Information und Appell zulässt und in dem die Menschen sprachlich immer mehr funktionalisiert werden. Zu dieser Entwicklung trägt die Technisierung unserer Kommunikation über elektronische Geräte aller Art einen großen Teil bei. Verantwortung im Umgang mit ihren Mitarbeitern zeigen Manager dann, wenn sie berücksichtigen, dass Datenverarbeitungsanlagen im eigentlichen Sinne nicht kommunizieren können, sondern nur Information und Appell als Interaktionen anbieten. Die personalen Anteile der Kommunikation gehen auf diesem technischen Weg unter. Dem sollten Sie als Führungskraft entgegenarbeiten, denn wir dürfen uns nicht an ein Idealbild der Kommunikation gewöhnen, dem kein Mensch mehr entsprechen kann. Wir sollten verhindern, dass das Wort Kommunikation weiter in eine technische Welt hineingezogen wird, in die es ursprünglich eigentlich nicht gehörte – ganz einfach dadurch, dass wir wieder mehr auf den Dialog setzen. Denn wir leben in einer Welt von Sprache, und wir geben durch Worte Geborgenheit und nehmen und erwarten sie auch auf die gleiche Weise. Mein großer Wunsch ist es, dass Sie mitkämpfen um die Worte, die uns unser Leben als solches noch garantieren. Denn schon Konfuzius hat gesagt:

»Erst stirbt die Sprache, dann der Mensch.«

Kommunikation ist auf jeder Stufe der Führung erfolgsentscheidend

Kommunikation ist die *Basis für eine tragfähige Konfliktkultur*, die wiederum Voraussetzung ist für die richtige Balance zwischen autonomen und heteronomen Tendenzen im Unternehmen. Eine tragfähige Kommunikationskultur wirkt dem Abgleiten in die *Schweigespirale* entgegen – und kann damit wirtschaftliche Schäden verhindern.

Kommunikation im Unternehmen hat *personale* und *funktionale Anteile*. Eine starke *personale* Kommunikation fördert das gegenseitige Verständnis, eine Kultur der Anerkennung, Lösungsorientierung, Konfliktfähigkeit und die Bildung von *Vertrauen*. Eine ausgeprägte *funktionale* Kommunikation unterstützt die *Aufgabenlösung* durch den Austausch von Sachdaten und Informationen und durch Appelle und Aufforderungen.

Konflikte zwischen der ersten und zweiten Führungsstufe werden häufig über das Stellvertreterfeld *Information* ausgekämpft. Die Beziehung zwischen Gesprächspartnern kann aber nicht über eine höhere Quantität an Informationen verbessert werden, sondern nur über die direkte Klärung der *Beziehungskonflikte*. Formulieren Sie Ihre *Appelle* klar und eindeutig. Achten Sie in Gesprächen aber immer auch auf verdeckte Appelle Ihres Gegenübers.

Scheuen Sie sich nicht, über Ihre *Gefühle* zu sprechen. Das kann auf Ihr Gegenüber wie ein »Eisbrecher« wirken, der ein Gespräch über tiefer liegende Probleme oder Konflikte ermöglicht. *Technische Kommunikationsmedien* können nicht kommunizieren – das können nur Sie als Führungskraft.

Orientierungsfragen für Manager

Doch wie ist es nun um Ihr eigenes Gesprächsverhalten bestellt? Sind Sie in der Lage, auf Ihr Gegenüber einzugehen? Wenn Sie mehr darüber wissen und sich selbst besser einschätzen können möchten, haben Sie nun die Möglichkeit, einen kurzen Selbsttest durchzuführen. Dazu stelle ich Ihnen fünf Gesprächssituationen vor, auf die jeweils ein Mitarbeiter mit einer typischen Aussage reagiert. Anschließend finden Sie jeweils sechs mögliche Antworten des Vorgesetzten. In den fünf Situationen geht es um zwischenmenschliche Konflikte und um Ihre Fähigkeit, so darauf zu reagieren, dass eine Atmosphäre des Vertrauens entsteht. Dieser Test zielt also nicht auf Ihre Durchsetzungsfähigkeit oder Ihre Überzeugungskraft.

Den ehrlichsten Einblick in Ihr persönliches Gesprächsverhalten bekommen Sie, wenn Sie möglichst spontan entscheiden, welche Formulierung Ihrer Antwort am nächsten kommt. Wenn Sie sich dagegen bei jeder Antwort lange überlegen, welches wohl die *geeignete* Antwort wäre, erhalten Sie höchstens eine Einschätzung dessen, wie Sie sich geeignete Kommunikation in der Führung vorstellen – nicht aber, wie Sie im Gespräch mit Ihren Mitarbeitern tatsächlich auftreten.

Kreuzen Sie die entsprechende Ziffer neben der Antwort an. Trifft Ihre Aussage auf zwei Vorschläge zu, machen Sie bitte zwei Kreuze.

Fragebogen

Fall 1

Gesprächssituation:

Ein erfahrener, qualifizierter Mitarbeiter, seit zwölf Jahren in der Firma beschäftigt, soll für einen jüngeren Kollegen die Urlaubsvertretung übernehmen.

Aussage des Mitarbeiters:

»Ich habe langsam das Gefühl, dass immer die Besten bestraft werden. Die weniger Guten dürfen in Urlaub und die Tüchtigen müssen dableiben und Vertretung machen.«

Ihre Antwort:

1. »Sie glauben, dass Ihre Arbeit nicht gewürdigt wird, weil Sie trotz guter Leistung Nachteile haben?«
2. »Welche Vorschläge für eine gerechtere Regelung der Urlaubsvertretung haben Sie?«
3. »Ich kann verstehen, dass Sie das ärgert, aber es ist leider nicht zu ändern.«
4. »Meinen Sie, dass die Regelung der Urlaubsvertretung ungerecht ist?«
5. »Wir werden uns etwas einfallen lassen, damit Sie im nächsten Jahr keine Vertretung machen müssen.«
6. »Wir brauchen gerade in der Urlaubszeit tüchtige Leute. Sie können sich Ihrer Verantwortung nicht entziehen.«

Fall 2

Gesprächssituation:

Ein junger Mitarbeiter, fleißig und tüchtig, hat seinen Vorgesetzten um ein Gespräch gebeten.

Aussage des Mitarbeiters:
»Ich weiß nicht, was ich tun soll. Eine Bekannte von mir hat mir eine Stelle angeboten, in der ich sofort 200 Euro mehr verdienen würde. Andererseits gefällt es mir hier sehr gut.«
Ihre Antwort:
1. »Wir können Ihnen auch 200 Euro mehr bezahlen. Dann brauchen Sie nicht zu wechseln.«
2. »Sie stehen im Konflikt zwischen einem höheren Gehalt und dem Wunsch, bei uns zu bleiben.«
3. »Mehr Geld ist nicht alles. Sie sagen selbst, dass es Ihnen bei uns gefällt. Auch hier gibt es Gehaltserhöhungen.«
4. »Verstehe ich Sie richtig, dass Sie eine Gehaltserhöhung wollen?«
5. »Was ist das für eine Position, die Ihnen Ihre Bekannte angeboten hat?«
6. »Sie sind da in einer sehr unangenehmen Lage, und ich verstehe, dass Ihnen die Entscheidung schwer fällt.«

Fall 3
Gesprächssituation:
Ein Sachbearbeiter spricht Sie zwischen Tür und Angel an. Er ist seit fünf Jahren im Unternehmen beschäftigt, sehr erfolgreich und tüchtig.
Aussage des Sachbearbeiters:
»Ich habe gehört, dass in unserem Unternehmen künftig einschneidende Rationalisierungsmaßnahmen getroffen werden sollen. Falls ich in irgendeiner Art davon betroffen werde, möchte ich das heute wissen, damit ich entsprechende Maßnahmen für mich treffen kann.«
Ihre Antwort:
1. »Sie wollen möglichst frühzeitig Informationen aus erster Hand, um nicht plötzlich überrascht zu werden.«
2. »Nachdem Sie wissen, dass Sie von der Rationalisierung betroffen sind, wollen Sie lieber gehen als die Maßnahmen zu akzeptieren.«
3. »Wenn mehr bekannt ist, können wir ein weiteres Gespräch führen. Ich nenne Ihnen dann weitere Fakten.«

4. »An welche Maßnahmen denken Sie?«
5. »In harten Zeiten müssen wir alle mit Nachteilen rechnen. Es ist unfair von Ihnen, mit Konsequenzen zu drohen.«
6. »Es wird schon nicht so schlimm werden, wir haben doch schon härtere Zeiten durchgestanden, nicht wahr?«

Fall 4

Gesprächssituation:

Eine junge Mitarbeiterin wendet sich tränenüberströmt an Sie als ihren Vorgesetzten.

Aussage der Mitarbeiterin:

»Eigentlich hat das, was ich Ihnen sagen will, nichts mit meiner Arbeit hier zu tun, aber meine Arbeit leidet unter meinen privaten Problemen mit meinem Partner. Ich weiß nicht, was ich noch tun soll.«

Ihre Antwort:

1. »Ich helfe Ihnen gerne, wenn ich kann. Dann brauche ich aber weitere Informationen. Was bedrückt Sie?«
2. »Es gibt keine Partnerschaft ohne Probleme. Dass die Arbeit darunter leidet, ist allerdings bedenklich.«
3. »Machen Sie sich keine Sorgen. In einer Partnerschaft ist es mal so, mal so. Es kommt alles in Ordnung.«
4. »Sie möchten mit mir über Ihr Problem sprechen und meinen Rat hören.«
5. »Sagen Sie Ihrem Verlobten, welches Problem Sie haben. Er soll auf Ihren Beruf Rücksicht nehmen.«
6. »Sie möchten, dass ich im Augenblick für Ihre schwächere Leistung Verständnis habe.«

Fall 5

Gesprächssituation:

Eine 40-jährige Mitarbeiterin kommt zu Ihnen und spricht Sie auf die Bemerkung an, sie sei in der Leistungsbeurteilung unangenehm aufgefallen.

Aussage der Mitarbeiterin:

»Ich weiß, dass einige Streber bessere Ergebnisse haben. Ob die Qualität der Arbeit aber auch so gut ist, das ist noch eine ganz andere Frage. Ich bin eben keine Ja-Sagerin, und das genau passt manchem nicht. Hinten herum hört man über die so genannten »Besten« eine ganze Menge, aber das sagt Ihnen natürlich keiner.«

Ihre Antwort:

1. »Welche Informationen können Sie mir zur gerechten Beurteilung der Situation noch geben?«
2. »Es tut mir leid, dass Sie die Situation so aufregt. Wer sich ungerecht beurteilt sieht, wehrt sich natürlich.«
3. »Wer bessere Ergebnisse bringt, ist kein Streber. Sie schwärzen andere ohne Beweise an, das ist unkollegial.«
4. »Sie möchten mir zusätzliche Informationen zur Beurteilung der Situation geben.«
5. »Aufgrund dieser Informationen werde ich nochmals genauere Nachforschungen anstellen.«
6. »Sie glauben, dass zur Karriere Opportunismus nötig sei und dass im Kollegenkreis keine Offenheit besteht.«

Auswertung:

Ordnen Sie nun die Ziffern Ihrer Antworten in die folgende Übersicht ein – für jeden der fünf Fälle gibt es eine senkrechte Spalte. Bilden Sie dann die Summe für jede Zeile.

Fall	1	2	3	4	5	Summe	Tendenz
A	6	3	5	2	3		Wertung
B	4	4	2	6	4		Interpretation
C	3	6	6	3	2		Trost
D	5	1	3	5	5		Lösung
E	2	5	4	1	1		Hinterfragen
F	1	2	1	4	6		Verstehen

Welche Tendenz überwiegt bei Ihren Antworten?

Tendenz A: Sie bewerten

Ihre Antworten sind bewertend. Sie enthalten einen moralischen Standpunkt und beinhalten damit ein ablehnendes oder zustimmendes Urteil über den anderen.

In der Tat ist es verlockend, die Aussage eines anderen schnell und treffend zu bewerten, da es doch Ihre Kompetenz zeigt, Sachverhalte schnell verstehen und einschätzen zu können. Aber Vorsicht: Vielleicht sind Sie zu schnell mit Ihrem Urteil und lassen sich von Ihren eigenen Vorurteilen verführen. Ein wirkliches Verständnis Ihres Gegenübers, geschweige denn ein gemeinsamer Erkenntnisfortschritt, sind so nicht möglich. Hören Sie also zunächst genau zu, bevor Sie beginnen, das Gehörte in Ihre »inneren Schubladen« zu sortieren. Bemühen Sie sich darum, wertfrei zu antworten.

Tendenz B: Sie interpretieren

Ihre Antworten sind Interpretationen. Sie hören und verstehen überwiegend, was Sie möchten. Sie suchen schnell nach einer vernünftigen Erklärung. Sie können damit praktisch die Aussage des Partners verzerren und seinen Gedankengang verfremden.

Was immer erkannt wird, wird auf die Weise des Erkennenden erkannt, das heißt, Sie und Ihr Gesprächspartner haben niemals den gleichen Blick auf die Realität. Und weder Sie, noch Ihr Gesprächspartner sind in der Lage, die Realität »richtig« zu erkennen. Ihr subjektives Erleben ist geprägt durch Ihre Sinne, Ihre Stimmung, Ihre Identität und Ihre Erfahrung. Deshalb treffen Ihre Interpretationen auch nie die Realität »an sich«, sondern immer nur die Realität aus »Ihrer Sicht«. Machen Sie sich klar, dass Ihre Interpretationen für Ihr Gegenüber möglicherweise überhaupt keine Hilfe darstellen, dass sie an seinem Anliegen vielleicht sogar gänzlich vorbeigehen können. Halten Sie Ihre Interpretationen also in Zaum, und hören Sie zunächst zu, ohne zu interpretieren.

Tendenz C: Sie trösten

Ihre Antworten haben einen tröstenden Charakter. Sie wollen damit Ermutigung und/oder Beruhigung erreichen. Sie empfinden Mitleid und glauben, dass man die Sache nicht noch stärker dramatisieren sollte.

Es ist für die meisten Menschen unangenehm, ihr Gegenüber traurig oder bedrückt zu erleben. Viele neigen deshalb dazu, die Gefühle des anderen mit schnellen Trostformeln oder Ratschlägen vom Tisch zu wischen

(»Das geht vorbei«, »Herrn X ist noch etwas viel Schlimmeres passiert«, »Davon geht die Welt nicht unter«). Mit solchen Reaktionen lassen Sie Ihren Gesprächspartner jedoch allein. Sie geben ihm keine Gelegenheit, sich aus seiner Situation selbst zu befreien, sondern zementieren ihn vielmehr in seiner misslichen Lage. Ihr Gegenüber erwartet nicht, dass Sie sein Problem lösen, aber er erwartet, dass Sie seine Emotionen verstehen und auf diese reagieren. Zeigen Sie also Mitgefühl (»Ich habe den Eindruck, Sie sind sehr enttäuscht«), allerdings ohne selbst in tränenfeuchtes Mitleiden zu verfallen. Seien Sie geduldig und lassen Sie den anderen ausreden. Setzen Sie keine Rationalität gegen Gefühle.

Tendenz D: Sie drängen zur Lösung

Ihre Antworten sind lösungsorientiert. Sie reagieren durch Handeln und drängen zur Tat. Sie finden sofort die Lösung, die Sie anstreben würden, und warten nicht ab, bis Sie mehr erfahren haben.

»Der Fall ist ganz klar«, rutscht es vielen Managern über die Lippen, nachdem sie nur einen Halbsatz lang zugehört haben. Und sofort legen sie ihre Lösung auf den Tisch. Sie selbst mögen Ihren schnellen Vorschlag zwar für ein Erfolgserlebnis halten, wenn Sie aber keine Geduld beim Zuhören zeigen, können Sie den vorliegenden Fall gar nicht richtig einschätzen und deshalb auch nicht lösen. Ihr Gesprächspartner wird sich überrumpelt und missverstanden fühlen. Gleichzeitig vermitteln Sie ihm, dass Sie ihm selbst die Entwicklung einer Lösung gar nicht zutrauen. Machen Sie die Probleme anderer nicht zu Ihren eigenen und lassen Sie sich nicht zu schnellen Lösungsangeboten verleiten. In den meisten Fällen weiß Ihr Mitarbeiter die Lösung bereits selbst. Helfen Sie ihm, diese zu formulieren.

Tendenz E: Sie verhören

Ihre Antworten sind erfragend und erforschend. Sie bemühen sich, mehr zu erfahren, und lenken das Gespräch in die Richtung, die Ihnen wichtig erscheint.

Ihr Bemühen, das Anliegen Ihres Gegenübers zu verstehen, ist zwar löblich. Aber Sie fragen ihm gleichzeitig so penetrant »Löcher in den Bauch«, dass er sich bedrängt fühlt und sich aus dieser für ihn unangenehmen Lage tendenziell zurückzieht. So kommen Sie nicht weiter. Sie können Ihren Gesprächspartner zwar mit offenen Fragen zu weiteren Ausführungen animieren, aber bedrängen Sie ihn nicht. Zeigen Sie durch Wiederholung seiner Aussagen (»Spiegeln«), dass Sie ihn verstanden haben, und erzeugen Sie dadurch weiteren »Sprechmut«.

Tendenz F: Sie verstehen

Ihre Antworten zeigen Verständnis und spiegeln Ihre Bemühungen wider, sich wirklich in die Problemlage des Gesprächspartners zu versetzen. Sie wollen vor allem sichergehen, das Gesagte richtig verstanden zu haben. Diese Haltung kann den Gesprächspartner ermutigen und ihn zu weiteren Aussagen anregen. Er erwirbt Vertrauen, da Sie ihm vorurteilsfrei zuhören.

Wenn Sie aufrichtig versuchen, die Werte, Interessen, Erwartungen und Bedürfnisse Ihres Gegenübers zu verstehen, haben Sie die Grundlage für eine ethische Führung bereits gelegt. Die wertfreie Wahrnehmung ist das persönliche Entwicklungsziel aller Manager, die ethisch führen wollen. Wenn Sie Ihren Mitarbeitern ermöglichen, angstfrei über ihre Ängste und Bedenken zu sprechen, setzen Sie wertvolle Erkenntnisprozesse im Unternehmen frei. Wenn Sie verstehen können, dann können Sie auch Vertrauensfelder aufbauen. Wenn Sie Vertrauensfelder aufbauen können, dann können Sie erfolgreich führen.

Egal, zu welcher Tendenz Sie neigen – die Auswertung soll Ihnen lediglich einen Denkanstoß geben und dient nicht zu Ihrer Beurteilung.

In diesem Kapitel habe ich Ihnen gezeigt, wie sich Kommunikation auf den drei Stufen der Führung unterscheidet und warum es für die Vertreter der verschiedenen Führungsstufen so wichtig ist, sich dabei über ihre eigene Rolle genau im Klaren zu sein. Wir sind auf das Thema der Prozessdynamik (siehe Kapitel 2, *Führen heißt Prozesse steuern*) zurückgekommen und konnten erkennen, dass Kommunikation das entscheidende Werkzeug ist, Prozesse erfolgreich voranzutreiben. Der kurze theoretische Abriss hat gezeigt, warum Kommunikation erfolgsentscheidend ist, was die Ebenen der personalen und funktionalen Kommunikation ausmacht und wie die vier Seiten einer Botschaft aussehen.

Rhetorische Kniffe gehören zur Kunst der Kommunikation, entscheidend aber ist eine wertschätzende Grundhaltung zwischen den Gesprächspartnern – und damit kommen wir zum Thema Ethik. Meiner Überzeugung nach lässt sich ein Unternehmen nicht allein mit Worten führen, sondern nur mit *Worten und Werten*.

Im abschließenden Kapitel werde ich Ihnen erläutern, warum Werte in der Unternehmensführung so wichtig sind und wie sich wertorientierte Führung auszahlt. Im Zuge des Drei-Stufen-Konzepts liegt der Schwerpunkt der Fragestellung wiederum darauf, was eine Ethik des Führens auf den verschiedenen Stufen des Managements bedeutet.

Kapitel 6

Führen mit Worten und Werten

Wenn Sie über eine reife, integre Persönlichkeit verfügen, haben Sie Ihre sozialen, emotionalen, individuellen und rationalen Anteile in einem ausgewogenen Verhältnis organisiert. Dies ermöglicht Ihnen nicht nur ein weitgehend autonomes, sondern auch ein integres Handeln (siehe dazu auch in Kapitel 4 den Abschnitt *Schattenseiten der Führungspersönlichkeit*). Das heißt: Was Sie denken, was Sie sagen und wie Sie handeln, ergibt insgesamt ein stimmiges Bild. Das bedeutet für Sie als Führungskraft, dass Sie tatsächlich für die Erfolgsideen, Strategien und Projekte eintreten, die Sie für richtig und erfolgversprechend halten, und dass Sie auch Ihren Teil zur Umsetzung beitragen. Das klingt zwar sehr einfach, gelingt aber den meisten Menschen nicht. Wie schwer es manchmal ist, ein gegebenes Versprechen einzuhalten, kennen Sie sicher aus eigener Erfahrung. Und mehr noch: Oft ist es unter den Bedingungen des weltweiten Wirtschaftens gar nicht möglich, sich strikt an die eigenen Prinzipien zu halten. Wie entscheiden Sie, wenn Ihnen persönlich der Umweltschutz sehr am Herzen liegt, das erste Ziel Ihres Unternehmens aber darin besteht, mit allen Mitteln Energiekosten zu sparen? Ihnen bleibt nichts anderes übrig, als günstigere, aber umweltschädlichere Varianten der Stromerzeugung zu wählen – oder aber Ihren Job zu wechseln. Oder was tun Sie, wenn Sie Korruption strikt ablehnen, Ihr Unternehmen aber Geschäftsbeziehungen zu Ländern unterhält, wo Bestechung ein »normaler« Bestandteil des Wirtschaftslebens ist?

Warum Werte wichtig sind

Fragen wie diese sind kaum von einzelnen Managern zu lösen – oft fehlt in der Hektik des Unternehmensalltags auch die Zeit, heikle Fragen wie diese bis in alle Details zu diskutieren. Dennoch müssen Entscheidungen getroffen werden, wobei in flachen, dezentral organisierten Hierarchien der Grad an Entscheidungs-Unsicherheit bis in die untersten Stufen hinein relativ hoch ist. Ethische Kompetenz ist heute also an vielen verschiedenen Stellen und auf nahezu allen Ebenen innerhalb eines Unternehmens gefragt und muss deshalb zentral implementiert werden – was in sehr vielen europäischen, asiatischen und amerikanischen Unternehmen bereits geschehen ist.

Der Kongress der Vereinigten Staaten verabschiedete 2002 sogar eigens den Sarbanes-Oxley-Act (SOA), der Konzerne dazu verpflichtet, bestimmten Standesregeln zu folgen, die strenger und schärfer sind als je zuvor. Manager müssen demnach einem Verhaltenskodex (»Code of Conduct«) folgen, der festschreibt, dass Gesetze, Börsenregeln oder branchenübliche Verfahren eingehalten werden müssen. Ob dies tatsächlich geschieht, wird durch so genannte »Compliance-Manager« überprüft.

Wenn Unternehmen Ethikstandards einführen, heißt das aber noch lange nicht, dass die dort tätigen Manager sich nun ruhig zurücklehnen könnten und sich über ihre eigenen Werte keine Gedanken mehr machen müssten. Eine exzellente Führungskraft verfügt vielmehr über eine genaue Definition der Werte, die ihr wichtig sind, gleicht diese mit den Unternehmenswerten ab und stellt sie in regelmäßigen Abständen auf den Prüfstand.

Im Folgenden möchte ich Ihnen zeigen, warum Werte wichtig sind – zum einen auf der Ebene der Unternehmen, zum anderen auf den einzelnen Stufen der Führung – und wie man als Führungskraft mit Werten führt.

Werteorientierte Unternehmensführung zahlt sich aus

Das Thema Werte erlebt regelmäßig Renaissancen: Wirtschaftsskandale wie die um die amerikanischen Unternehmen Worldcom, Enron oder der Wirtschaftsprüfungsgesellschaft Andersen haben uns das Thema kurz nach der Jahrtausendwende drastisch ins Gedächtnis zurückgerufen. Diesen Unternehmen war es nicht gelungen, Verhaltensstandards so zu etablieren und bis zum letzten Mitarbeiter durchzusetzen, dass sie in der Lage gewesen wären, ethisches Verhalten zu sichern und vor allem auch ihre materiellen Geschäftsrisiken zu minimieren.

»Wir verzeichnen eine Identitätskrise an den Märkten«, kommentiert Alexander Brink, Juniorprofessor für Angewandte Ethik an der Universität Bayreuth, die Wirtschaftsskandale des Jahres 2002.[77] Das Vertrauen in

Umsatz- und Gewinnzahlen sei verschwunden: »Die harten Faktoren sind viel weicher als man dachte«, schätzt Brink. Die »weichen Faktoren« hingegen entpuppten sich als die ausschlaggebenden. Und so suchten immer mehr Unternehmen nach ethischen Verhaltensregeln und Produktionsstandards, um Managern und Mitarbeitern im Arbeitsalltag Orientierung zu geben. Daraus lässt sich folgende Definition für Unternehmenswerte ableiten:

Unternehmenswerte sind der Bedingungsrahmen, in dem das Unternehmen seine Mitarbeiter handeln lässt.

Dass sich eine an Werten (im Sinne von Ethik, nicht im Sinne von Börsen-Werten!) orientierte Unternehmensführung auszahlt, konnten die Strategie- und Technologieberatung Booz Allen Hamilton (BAH) und das Aspen Institut in einer gemeinsamen Studie nachweisen: Bei ihrer Befragung von 365 Unternehmen aus 30 Ländern fanden sie einen Zusammenhang zwischen gelebten Unternehmenswerten und im Branchenvergleich überdurchschnittlichem finanziellen Erfolg. »Für Financial Leader sind Unternehmenswerte kein Modewort, sondern Wirklichkeit. So sind für 98 Prozent dieser Outperformer ethisches Handeln beziehungsweise Integrität der wichtigste Wert; bei weniger erfolgreichen Unternehmen sind es dagegen nur 88 Prozent«, teilt BAH mit. Auch die Verbindung von Werten und operativem Geschäft funktioniert laut BAH bei finanzstarken Unternehmen besser: 94 Prozent stimmen ihre Werte mit Zulieferern, Händlern und Partnern ab und nutzen dazu sogar systematische Verfahren. Bei den weniger erfolgreichen Unternehmen tun dies nur zwei von dreien. 75 Prozent der »Financial Leader« halten ihr Werte-Management bei der Förderung von Teamgeist und Vertrauen für sehr effektiv, und 60 Prozent glauben, dass ihre Verfahren dazu beitragen, Eigeninitiative, Anpassungsfähigkeit, Innovationskraft und Unternehmergeist zu unterstützen. Unter den »durchschnittlichen« Börsen-Performern sieht das nur jedes dritte Unternehmen so. Generell ist die Selbsteinschätzung der Befragten sehr positiv: 81 Prozent sagten, ihr Unternehmen sei sehr effektiv bei der praktischen Umsetzung der Werte.

Laut Christian Burger, Partner bei Booz Allen Hamilton und einer der Autoren der Studie, ist es einfach zu erklären, warum werteorientiert geführte Unternehmen so erfolgreich sind: »Je wertorientierter sich ein Konzern aufstellt, umso weniger benötigt er einen bürokratischen Unterbau, weil Werte dem Einzelnen als praktische Orientierungshilfe in komplexen Situationen dienen«, erklärte Burger gegenüber der Financial Times Deutschland.[78]

Interessant sind die regionalen Besonderheiten, die durch die Studie ans Licht kamen: Unternehmen in Europa und Asien betonen Umweltschutz und soziale Verantwortung wesentlich häufiger als Unternehmen in Nordamerika (Europa 55 Prozent, Asien 56 Prozent, Nordamerika 34 Prozent). US-Unternehmen indes forcieren mit ihrem Wertekanon überdurchschnittlich stark ethisches Verhalten und Integrität (Nordamerika 95 Prozent, Europa 84 Prozent, Asien 85 Prozent). Im Klartext heißt das: In Europa kann ein Manager eher wegen eines Umweltskandals seinen Job verlieren, in den USA dagegen kann es schnell passieren, dass er seinen Hut nehmen muss, wenn die Affäre mit seiner Sekretärin publik wird. Liebesaffären von Vorständen in Deutschland sind nach Ansicht der Schutzvereinigung für Wertpapierbesitz (DSW) reine Privatsache. »Im alten Europa sieht man so etwas ganz anders als im puritanischen Amerika«, so DSW-Sprecher Jürgen Kurz.[79]

Frappierend ist auch die unterschiedliche Bedeutung, die europäische, asiatische und US-amerikanische Manager ihren eigenen Werten in Relation zur Unternehmensstrategie beimessen: In den USA geben 73 Prozent der Manager an, ihr persönliches Wertesystem als Triebfeder für Entscheidungen zu nutzen, während sich nur 60 Prozent auf das berufen, was in der Unternehmensstrategie festgeschrieben wurde. In Europa und Asien sieht das Verhältnis umgekehrt aus: Europäische Manager richten sich eher nach der Unternehmensstrategie (63 Prozent) als nach ihren eigenen Werten (47 Prozent), asiatische Führungskräfte stützen sich sogar zu 78 Prozent auf die vorgegebenen Leitlinien und nur zu 35 Prozent auf ihre eigenen Überzeugungen. Man sieht also: Auch wenn das Maß der geforderten Autonomie tendenziell steigt, je weiter es in der Hierarchie nach oben geht, im interkulturellen Vergleich zeichnen sich dennoch Unterschiede ab.

Der Vorstandsvorsitzende spielt laut BAH-Studie bei der unternehmensinternen Durchsetzung der Werte die maßgebliche Rolle – vor allem in den USA (83 Prozent) und in Asien (78 Prozent), zu einem beachtlichen Grad aber auch in Europa (73 Prozent). »Zusammen mit seinen Führungskräften muss er diese definieren, vorleben und gegebenenfalls neuen Bedingungen anpassen«, finden die Befragten.

Tut er dies nicht, bricht die gesamte Glaubwürdigkeit des Wertesystems in sich zusammen. Es reicht eben nicht aus, Werte auf große Marmortafeln schlagen und im Foyer aufhängen zu lassen. Kein Mitarbeiter lässt sich vorgaukeln, dass in seinem Unternehmen »der Mensch im Mittelpunkt« steht, wenn er täglich schikaniert wird. Werte müssen von der Führungsspitze vorgelebt und von den nachgeordneten Managementstufen übernommen werden. Und damit wären wir beim Wertesystem des einzelnen Managers.

Bevor wir uns dieses in dem Abschnitt *Ethisches Management auf den drei Stufen der Führung* näher anschauen, noch etwas Grundsätzliches: Ähnlich wie beim Thema Kommunikation, lassen sich auch Werte nach eher personalen oder eher funktionalen Aspekten unterscheiden. Zur Kategorie der *personalen Werte* in einem Unternehmen gehören:

- *Die Person des Gründers oder Top-Managers:* Hierzu zählen hervorragende Persönlichkeiten mit akzeptierter Autorität, die Erfolgsvertrauen und Beziehungsvertrauen zu begründen wissen, oder Vaterfiguren, die vorauseilenden Gehorsam erzeugen und überdurchschnittlich gehasst, geliebt oder gefürchtet werden.
- *Die Unternehmenskultur:* Es wird ein Heimatgefühl durch ein gelingendes Miteinander vermittelt. Gewohnheiten, die Zufriedenheit und Harmonie sichern, führen zum Wohlbefinden und geben den Mitarbeitern Energie. Dieses Wir-Gefühl und eine Art Familiensinn halten nicht wenige Unternehmen zusammen. Ob eine konstruktive Unternehmenskultur stark ausgeprägt ist oder nicht, hängt jedoch unmittelbar von den Persönlichkeiten auf der mittleren und oberen Stufe ab.

Daneben stehen eher *funktionale Werte*, die im Laufe der Zeit durchaus ein Eigenleben entwickeln können. Komplett von den personalen Werten trennen lassen sich diese Aspekte gleichwohl nicht, denn für die Produktqualität und die Marke eines Unternehmens können auch einzelne Personen stehen. Die funktionalen Werte eines Unternehmens sind:

- *Die Qualität der Produkte und Leistungen:* Das Bewusstsein, die Besten zu sein und das Beste zu produzieren, steigert das Selbstvertrauen im Unternehmen. Den Mitarbeitern fällt es leichter, sich mit dem Unternehmen und den Produkten zu identifizieren.
- *Branding:* Der hohe Marktwert einer Marke schafft elitäres Bewusstsein. Dazu zu gehören und eine Symbolik zu besitzen, ist ein verbinden-

des Geheimnis. Das weltweit bekannte Zeichen, die Uniform, die Anstecknadel als Zeichen des Stolzes schafft Identität und Solidarität.

Die meisten Unternehmen bemühen sich um eine Corporate Identity (CI). Gemeint ist damit die Einmaligkeit und Unverwechselbarkeit innerhalb der Wettbewerbsvorteile. Entscheidend sind die aktiven Quellen für die CI: Wodurch erfolgt die Identität? Womit und in welcher Stärke identifizieren sich die Mitarbeiter? Bei diesen Fragen fixieren sich viele Firmen auf die funktionalen Werte. Die Manager versuchen, mit Hurra-Veranstaltungen neue Ufer attraktiv zu machen, und wundern sich über kritische oder ängstliche Reaktionen. Oder sie veranstalten Metaplan-Schlachten und Pinnwand-Orgien, die bei den Mitarbeitern bestenfalls kurzfristig Energien freisetzen. Geschriebene Beiträge werden dann mit hoher Motivation sortiert und noch einmal umsortiert – tatsächlich aber geschieht nichts, weil keine Handlungskonsequenzen festgelegt wurden. Das Ergebnis dieser Art von Visions- und Leitbildprozessen: Verordnet, gedruckt, verteilt – gelesen, gelacht, gelocht.

Auch muntere Motivationsveranstaltungen oder der Rückgriff auf autoritäre Strukturen bewirken das Gegenteil dessen, was sich die Veranstalter erhoffen. Gerade bei jungen, autonomen Mitarbeitern aktiviert Letzteres als Kraftquelle für die Führung im Unternehmen bestenfalls Humor statt Respekt. Wahrscheinlicher noch sind Rückzugstendenz oder Blockadehaltung – und damit wären wir wieder bei den scheiternden Prozessen (siehe Kapitel 2 den Abschnitt *Die Dynamik scheiternder Prozesse*).

Wirksame Führung funktioniert nur auf der Basis eines reflektierten und konsequent gelebten Wertesystems. Um welche Werte es dabei geht, zeigt der folgende Abschnitt.

Eigene Werte reflektieren und danach leben

Ende der 80er Jahre hat Rob Lebow, zu dieser Zeit Marketingchef bei Microsoft, seinen Job gekündigt, um nach der Antwort auf folgende Frage zu suchen: »Wann sind Menschen bereit, für ein Unternehmen über einen längeren Zeitraum ihr Bestes zu geben?« Er wertete wissenschaftliche Arbeiten der University of Chicago aus – 17 Millionen Datensätze aus 40 Ländern – und leitete daraus acht Grundwerte ab, die die Zusammenarbeit in Unternehmen erleichtern sollten. Daraus formulierte er acht Regeln, die heute die Grundlage seiner Methode »The Shared Value Process« darstellen:

1. Seien Sie ehrlich zu anderen – ohne Kompromisse.
2. Vertrauen Sie Ihren Kollegen und Partnern.
3. Seien Sie ein uneigennütziger Förderer und Mentor.
4. Seien Sie offen für neue Ideen – ohne Vorurteile.
5. Vertreten Sie unpopuläre Entscheidungen, wenn es der Organisation hilft.
6. Geben Sie angemessene und echte Anerkennung.
7. Lassen Sie die Hände von schmutzigem Geld.
8. Stellen Sie die Interessen anderer vor Ihre eigenen.

Solche Werte aufzustellen ist eine Sache, diese zu befolgen ist eine ganz andere. Das weiß auch Rob Lebow: »Man muss es leben, sonst bleiben die Regeln tatsächlich Makulatur.« Und genau das ist das Problem. Um diese Regeln leben zu können, braucht ein Unternehmen Führungskräfte mit einem starken Rückgrat, die diese Prinzipien auch gegen Widerstände befolgen. Die Manager müssen eine so starke Persönlichkeit haben, dass sie Widerspruch und Unbeliebtheit ertragen können, und sie müssen auf eigene Vorteile verzichten können, wenn es dem Projekt oder dem Unternehmen dient. Wenn in einem Unternehmen nicht die gesamte Führungsmannschaft hinter seinem Ansatz der »geteilten Werte« steht, fängt Lebow erst gar kein Beratungsprojekt an.[80]

Grundwerte sind die hierarchisch höchste Maxime für die Gewohnheiten von Menschen.

Die gute Nachricht: Grundwerte kommen in jüngster Zeit offenbar wieder in Mode, denn an etlichen Universitäten sind Lehrstühle für Unternehmensethik entstanden, und immer mehr Unternehmensberater bieten auch Philosophie-Seminare für Manager an.[81] Manager scheinen wieder verstärkt zu erkennen, dass die Auseinandersetzung mit Wertvorstellungen sie dazu befähigt, ihre Gedanken präzise zu fassen und zu formulieren – und zwar unabhängig von einfachen, vorgestanzten Lösungsformeln nach dem Motto »Management by XY«. Das ist in der komplexen Umgebung, in der Manager heute schnelle Entscheidungen treffen müssen, wichtiger denn je. Persönliche Werte sind Orientierungsgrößen und -hilfen bei Handlungsalternativen und bei der Wahl von Zielen. Das lässt sich auch mit folgender Logikkette ausdrücken: Werte können unsere Bewertungen bestimmen, Bewertungen bestimmen unsere Entscheidungen, Entscheidungen bestimmen unser Schicksal.

Sie können durchaus auch Ihr Leben führen, ohne sich jemals über Ihre Werte Gedanken zu machen. Das bedeutet aber nicht, dass Sie ohne Werte leben, sondern lediglich, dass Sie die Wertvorstellungen anderer übernehmen – die Ihrer Eltern, Ihrer Lehrer oder Ihres Freundeskreises. Wenn Sie eine Entscheidung zu treffen haben, lassen Sie sich von Gewohnheiten leiten, womöglich auch von Ihrer momentanen Befindlichkeit. Einen »eigenen Kopf« beweisen Sie dadurch aber nicht. Und es ist sehr wahrscheinlich, dass Sie alten Vorurteilen und Bauernweisheiten aufsitzen.

Es hilft Ihnen auch nicht weiter, wenn Sie sich Werte nur scheinbar zu Eigen machen – etwa, weil man unter Kollegen und Freunden so wunderbar intellektuell darüber disputieren kann. Wenn Sie sich letztlich nicht an das halten, was Sie selbst sagen, untergraben Sie Ihre eigene Glaubwürdigkeit. Und das ist mindestens genauso schädlich wie die Variante, überhaupt nicht über seine Werte nachzudenken.

Wer sich also nicht an seine erklärten Werte hält, hat in Wahrheit andere. Es lohnt sich deshalb, sich von unbewussten Werten zu befreien und sich bewusst einen eigenen Wertekanon zu erarbeiten. Dabei helfen Ihnen die folgenden Fragen:

- Was bedeutet für Sie Erfolg? Wie wichtig ist Erfolg für Sie?
- Welchen Stellenwert nimmt Ihre Arbeit in Ihrem Leben ein?
- Wie bewegen Sie sich auf den Vertrauensfeldern, die Sie aufgebaut haben?
- Wie möchten Sie Ihre Mitarbeiter führen?
- Wie verhalten Sie sich zu Ihren eigenen Versprechen?
- Wie gehen Sie mit wichtigen Informationen um?
- Wie stehen Sie zu Mobbing, übler Nachrede oder Intrigen?
- Wie stehen Sie zu »kreativer Buchführung« – sprich: Unterschlagung und Betrug?
- Welche Rolle spielt für Sie die Einhaltung von Qualitätsstandards, Sicherheitsvorschriften oder Umweltgesetzen?

Sie können diese Liste beliebig erweitern. Wichtig ist nur, dass Sie sich mit Fragen wie diesen intensiv auseinander setzen – am besten im Gespräch mit anderen. Denn für eine gelingende Führung ist eine realistische Selbsteinschätzung nötig, und dazu gehört unbedingt die Kenntnis der eigenen Werte und ihrer praktischen Auswirkungen.

Wie wichtig das für eine Top-Führungskraft ist, hat Andreas de Maizière, Personalvorstand der Commerzbank, formuliert: »Ein Vorstand ist unabhängig in einer Weise, die auch sehr beschwerlich sein kann«, sagte er gegenüber dem *Manager Magazin*. Durchsetzungskraft und Entscheidungsstärke allein reichten nicht aus, denn »diese Eigenschaften stünden auch dem Chef einer Schlägertruppe gut zu Gesicht«. Ein Vorstand indes müsse einen eigenen »inneren Kompass« entwickeln, um schwierige Entscheidungen treffen zu können – was im Personalbereich beispielsweise heißt: Abschaffung der Betriebsrente. De Maizière ist engagiert im Arbeitskreis Evangelischer Unternehmer und definiert seinen eigenen Kompass so: »Ich stelle mir vor, was meine Entscheidungen für andere bedeuten.«[82]

Wer verantwortete Werte verinnerlicht und sich von ihnen führen lässt, steigert seine Souveränität als Führungskraft. Souveränität ist in meinen Augen notwendiger Gehorsam, nicht zuletzt gegenüber dem eigenen Wertekanon, und das ohne Minderwertigkeitsgefühle. Daraus kann man folgenden Merksatz ableiten:

Wer nicht gehorchen kann, kann auch nicht führen.

Das Befolgen Ihrer eigenen Regeln können Sie trainieren. Am besten beginnen Sie mit kleinen Schritten: Fassen Sie einen Vorsatz und setzen Sie ihn dann auch umgehend in die Tat um, zum Beispiel »In der kommenden Woche gehe ich auf Mitarbeiter X zu und sage ihm, wie gut ich seine jüngste Idee finde.« Oder: »Im kommenden Bericht an meinen Vorgesetzten beschönige ich nichts mehr, sondern weise ganz klar auf die Schwachstellen des Projektes hin.« Wichtig ist, dass Sie sich auch daran halten. Das erfordert zwar Mut, aber Sie werden sehen, dass Sie Ihr Selbstbewusstsein mit einem enormen Wachstumsschub belohnen wird, wenn Sie es wirklich geschafft haben.

Im nächsten Schritt geben Sie sich dann ein größeres Versprechen – und lösen auch dieses ein. So fordern Sie sich immer wieder selbst heraus, bis Sie sicher sind, dass nicht Ihre Stimmungen Sie lenken, sondern dass Sie selbst in der Lage sind, Ihr Handeln zu bestimmen.[83]

Exkurs in die Philosophie: Ethik, Moral, Sittlichkeit

Viele Manager reagieren mit Ablehnung, sobald sie mit dem Wort »Ethik« konfrontiert werden. Klaus Jürgen Grün, Privatdozent für Philosophie an der Universität Frankfurt am Main und Vizepräsident des Ethikverbands der Deutschen Wirtschaft, erklärt den Grund dafür: »Dass in der Wirtschaft vielfach die Vorstellung überwiegt, moralische und ethische Grundsätze behinderten die eigentliche Arbeit, hängt damit zusammen, dass die Vertreter einer Ethik – sei es katholische Soziallehre, protestantische Ethik, kategorischer Imperativ oder der Flirt mit platonisch-preußischen Tugenden – die Unternehmer immer schon gern am Gängelband geführt haben. Die Ethik des Abendlandes gebärdet sich in fast allen Fällen als ein System von Ordnungsregeln, die Theologen, Priester oder Gelehrte rational oder irrational unter sich begründet haben, um sie mit erhobenem Zeigefinger der dem zügellosen Egoismus verfallenen Gewinnsucht von Unternehmern als Beruhigungs- oder sogar Schlafmittel zu verabreichen.« Die Führungskräfte rechneten also mittlerweile damit, »dass ihnen das System von Normen und Ordnung aus einer anderen Küche serviert wird als aus derjenigen, in der sie selbst kochen«.[84]

Dabei steckt die entscheidende Prämisse für ethisches Handeln bereits im Selbstverständnis jedes Unternehmers: »Es ist die Prämisse der Freiheit«, unterstreicht Grün. Wer sich als Unternehmer versteht, sieht sich selbst als autonomen, aktiven und bewussten Gestalter seiner Welt. Andernfalls überließe er alles »der blinden Notwendigkeit, den strukturellen Sachzwängen, dem zufälligen Recht des Stärkeren, der Willkür und dem Chaos«.

Die Auseinandersetzung mit den Fragen »Was will ich tun?«, »Was muss ich tun?«, »Was kann ich verantworten?« und »Wie will ich sein?« muss letztlich jeder mit sich selbst führen. Sie kann nicht stellvertretend von anderen Menschen oder von Systemen geführt werden. Ethik ist eine Lehre, die jeder Manager für sich selbst entwickeln muss – anderenfalls führt er ein fremdes Leben.

Zugegeben, die Begriffe Ethik, Moral und Sittlichkeit klingen behäbig, alt und sperrig: Vielleicht fühlen Sie sich dadurch an Ihren längst vergangenen Schulunterricht erinnert oder an ein verstaubtes Oberseminar. Dennoch: Ich bin überzeugt davon, dass wir mit diesen Begriffen noch einmal genauer klären können, was erfolgreiche Führung ausmacht. Deshalb möchte ich Sie jetzt einladen zu einem gemeinsamen Exkurs in die Philosophie des Führens.

Was ist Ethik?

Was ist das gute Leben? Was zeichnet gerechtes Handeln aus? Wie sind vernünftige und freie Entscheidungen möglich? Die Ethik beantwortet die ganz großen Fragen des menschlichen Lebens und Handelns. Sie ist das »höchste Gut«, von dem auch Moral und Sittlichkeit abhängen. Mit Moral sind dabei alle Normen eines sozialen Systems gemeint, Sittlichkeit schließlich bezeichnet die individuellen Werte jedes einzelnen Menschen.

Abbildung 24: Zum Verhältnis von Ethik – Moral – Sittlichkeit

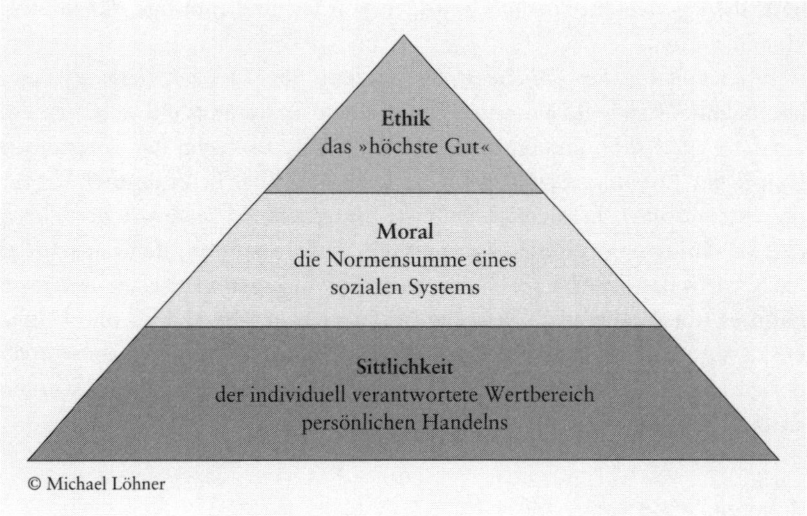

Spannungsfeld Moral

Moral sichert einerseits den sozialverträglichen Umgang der Menschen in einem System, andererseits neigt sie dazu, die darin eingeschlossenen Menschen einzuengen oder gar zu tyrannisieren. Sie sehen: Wir befinden uns wieder im Spannungsfeld zwischen Autonomie und Heteronomie.

Auf der Seite der Heteronomie befindet sich die *geschlossene Moral*: Sie versucht, den Menschen möglichst bruchlos in das vorgegebene Regelwerk einzupassen. Je rigider das Gewissen (das Über-Ich) der Menschen ausgeprägt ist, und je unkritischer sich diese der Befolgung der moralischen Standards hingeben, desto stabiler steht die Institution – und dies kann ein Unternehmen sein, aber genauso eine Familie, eine Partei, eine Kirche oder ein Staat. In einem solchen System degeneriert Handeln zum Verhalten. Sittlichkeit – im Sinne eines Handelns nach individuell reflektierten Werten – kann unter diesen Rahmenbedingungen nur schwer ausgebildet werden.

Auf der Seite der Autonomie dagegen steht die *offene Moral.* Sie kultiviert die Fähigkeit und Bereitschaft der Menschen, selbstverantwortet das eigene Leben zu gestalten, sich mit anderen auseinander zu setzen und andere zu fördern. Kurz: Die offene Moral fördert die Entwicklung des moralischen Gewissens zu einem sittlichen, das nur die Werte für ethisch gut hält, die eigenverantwortlich bewogen wurden und nun das individuelle Handeln leiten.

Wie Kapitel 4, *Persönlichkeitsentwicklung für Manager*, bereits gezeigt hat, befindet sich jedes Unternehmen in einem Spannungsfeld zwischen der Tendenz zur Autonomie und zur Heteronomie, zwischen der autonomen Kultur der *Kommunikationsgemeinschaften* und der heteronomen Kultur der *Institutionen.* Erfolgreich geführte Unternehmen zeichnen sich durch eine vernünftige Positionierung innerhalb dieses Spannungsfelds aus, die je nach wirtschaftlicher Lage variieren kann: In einer kritischen Situation kann es notwendig sein, dass alle Manager und Mitarbeiter ohne lange Diskussion das tun, was ihnen gesagt wird, während dem Einzelnen in einer günstigen Wettbewerbsposition mehr Autonomie zugestanden werden kann – ja, sogar muss.

Spannungsfeld Sittlichkeit

Sittlichkeit beschreibt den individuell verantworteten Wertebereich des persönlichen Handelns. Voraussetzung sind Eigenverantwortung, selbstbestimmtes Denken und Handeln sowie bewusstes Einstehen für Konsequenzen.

Sittlichkeit ist die Heimat der Tugend, wobei ich unter dieser die individuelle Disposition verstehe, nach Werten zu handeln. Auch hier begegnen wir wieder einem Spannungsfeld, denn einerseits kann ich nach Werten handeln, die vom System vorgegeben wurden, und andererseits nach persönlich verantworteten Werten.

Die wichtigsten *Systemtugenden* sind sehr alte Tugenden und waren schon in der Antike bekannt, nämlich Gehorsam, Treue, Ordnungsliebe,

Fleiß, Sauberkeit, Ehrlichkeit, Pünktlichkeit, Verlässlichkeit und Teamgeist. Kurzum: Es sind alle jene Tugenden, zu deren Befolgung auch heute noch viele Eltern und Lehrer, Offiziere und Meister und vor allem auch Manager die ihnen »ausgelieferten« Menschen anhalten. Allen diesen Tugenden ist gemeinsam, dass sie *keine* kritische Situationsanalyse einfordern. Geschützt werden sie durch die Furcht vor *Systemstrafen*, denen kaum ein höherer Wert gegenübergestellt wird.

Menschen, die sich durch ein hohes Maß an Systemtugenden (sie werden auch *sekundäre Tugenden* genannt) auszeichnen, werden in *Institutionen* bevorzugt und mit Anerkennung sowie Sicherheit belohnt. Hier gibt es im Extremfall keine Reibungsverluste mehr, aber dafür auch kein entfaltetes Leben.

Kommunikationsgemeinschaften hingegen setzen auf die Autonomie des Menschen, auf den kreativen Ungehorsam und das produktive Denken gegen jede Art von Routine – also auf *personale Tugenden* (auch *primäre Tugenden* genannt). Sie machen das aus, was wir im positiven Sinne unter Sittlichkeit verstehen. Zu den primären Tugenden zählen Zivilcourage, Mut zum Ungehorsam und Toleranz. Menschen mit Zivilcourage stellen sich gegen allgemeine Vorurteile und halten ein Handeln nicht allein deshalb für gut, weil es von den meisten Menschen für gut gehalten wird. Sie zeigen Mut zum Ungehorsam, indem sie sich aktiv gegen Gebote und Verbote stellen, weil sie ihrem individuellen Gewissensurteil nicht entsprechen. Für ihren aufrichtigen Protest nehmen sie auch persönliche Nachteile in Kauf. Toleranz ist der Mut, andere Menschen zu akzeptieren auch und gerade mit von der Allgemeinheit abweichenden Verhaltensmustern und Werteinstellungen (insofern diese nicht offensichtlich sozialschädlich sind), und für deren Recht, anders zu sein, mit allen zur Verfügung stehenden Mitteln einzutreten.

Ethisches Management auf den drei Stufen der Führung

Die Studie der Unternehmensberatung Booz Allen Hamilton hat gezeigt, welche entscheidende Rolle die *Führungsspitze* als Vorbild ethischen Verhaltens spielt (siehe in diesem Kapitel den Abschnitt *Werteorientierte Unternehmensführung zahlt sich aus*). Handelt sie konsequent nach einem klar erkennbaren Wertekanon, dann können diesem auch die nachgeordneten Stufen folgen. Nach Einschätzung der Forscher Josef Wieland und Michael Fürst vom Konstanz Institut für WerteManagement (KIeM) sind Werteprogramme heute sogar häufig integraler Bestandteil der Arbeitsverträge von Top-Managern. Das heißt: Die Führungsspitze kann ihr werteorientiertes Handeln auf zwei Grundpfeiler stützen, nämlich auf den offiziellen Wertekanon des Unternehmens einerseits und auf ihre persönlichen Wertvorstellungen andererseits.

Die Grundlagen der offiziellen und ihrer persönlichen moralischen Gebote dürfen Spitzenführungskräfte allerdings niemals aus den Augen verlieren – sonst ist das System auf dem besten Wege, in Heteronomie und Erstarrung zu verfallen. Für Top-Manager kommt es nicht darauf an, die Menschen in einem Unternehmen, sondern vielmehr die Institutionen zu domestizieren. Wenn die Führungsspitze die Menschlichkeit im Unternehmen mit der Hilfe von Normen und Leitlinien (»Moral«) sichern oder mehren will, muss es deshalb auf Appelle und die Arroganz »domestizierender Ansprüche« verzichten.

Grundsätzlich besteht die Aufgabe des *Mittel-Managements* darin, die von der Führungsspitze definierten Werte nach unten zu kommunizieren und sie auch selbst vorzuleben. Laut der bereits erwähnten empirischen Längsstudie von Josef Wieland und Michael Fürst über die Einführung eines Ethik-Management-Systems (»EMB«) bei Unternehmen des Bayerischen Bauindustrieverbands ist das Mittel-Management – nach der Führungsspitze – der zweitwichtigste Kommunikator von Werteprogrammen.[85]

Als ein solches Kommunikationsmedium können Mittel-Manager natürlich nur dann auftreten, wenn ein Unternehmen beziehungsweise der Vorstand sich Werte auf die Fahnen schreiben und sich auch tatsächlich daran orientieren. Es ist für eine nachgeordnete Fach- oder Führungskraft kaum möglich, ethisch zu handeln, wenn diese Vorstellungen nicht von der Führungsspitze geteilt werden. Besteht im Top-Management also Konsens darüber, dass Umweltvorschriften aus Kostengründen missachtet oder die Rechte der Mitarbeiter oder Zulieferer großzügig übergangen werden, dann können sich nachgeordnete Manager im Grunde nur fragen, ob sie weiterhin in einem solchen Unternehmen arbeiten wollen. Sie können sich auch noch überlegen, ob sie die Missstände publik machen, und wenn ja, ob sie die persönlichen Konsequenzen zu tragen bereit sind. Die ethischen Grundpfosten des Unternehmens können sie in den meisten Fällen aber nicht versetzen.

An der *Basis* geht es vorrangig darum, die Normen und Werte tatsächlich umzusetzen. Nach Ansicht der Gallup-Forscher Marcus Buckingham und Curt Coffman (siehe in Kapitel 3 den Abschnitt *Kompetenz lässt sich lernen*) sind gerade die Manager dieser Stufe ausschlaggebend für die gelebte Führungs- und Arbeitskultur in einem Unternehmen. Laut der Studie der Konstanzer Werte-Experten Wieland und Fürst bestehen aber gerade an der Basis große Probleme – zumindest stellten sie diese in den untersuchten Unternehmen der Bauwirtschaft fest. Werteprogramme, so Wieland und Fürst, seien zwar in den Arbeitsverträgen und Arbeitsanweisungen der Führungskräfte verankert, nicht jedoch in denen der Fachkräfte und Arbeiter. Sie gehen davon aus, »dass auf der Führungsebene die Verletzung moralischer Standards beispielsweise in Vertragsverhandlungen mit den Auftraggebern nicht mehr thematisiert wird oder werden muss, wohingegen in der täglichen Arbeit beispielsweise auf den Baustellen, sich die Mitarbeiter möglicherweise durchaus zu moralisch problematischem Handeln genötigt sehen.«[86]

Abbildung 25: Normen und Werte in der Führung

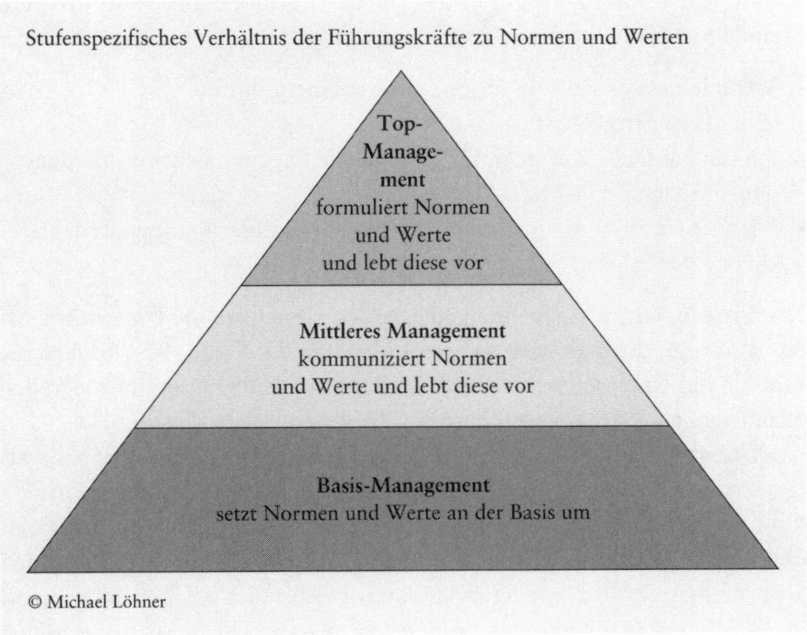

Im Idealfall liefert ein verbindliches Wertesystem im Unternehmen den Managern und Mitarbeitern auf jeder Stufe der Führung eine klare Orientierung darüber, wie sie sich in moralisch problematischen Situationen zu verhalten und wie sie zu entscheiden haben. Wenn dieses Wertesystem für alle gleichermaßen gilt, herrscht eine größtmögliche Transparenz darüber, wie Entscheidungen zustande kommen. Das Maß an Spekulation über die ausschlaggebenden Gründe sinkt, und dadurch steigt das Maß an Vertrauen zwischen den Führungsstufen des Unternehmens, das Vertrauen innerhalb der Abteilungen und nicht zuletzt auch das Vertrauensverhältnis in Bezug zu Lieferanten, Kunden und der Öffentlichkeit.

Unternehmensethik und Unternehmerethik

An dieser Stelle möchte ich noch einmal auf den Unterschied zwischen *Unternehmens*ethik und *Unternehmer*ethik zurückkommen: Erstere meint die für das Unternehmen festgeschriebenen Werte und Normen – also die offizielle »Moral«, Letztere zielt darauf ab, wie der einzelne Unternehmer diese Werte lebt – meint also seine »Sittlichkeit« (wie schon in dem Abschnitt *Was ist Ethik?* beschrieben). Die Unternehmerethik kann sich zum Beispiel so äußern:

- Wenn ich etwas Zugesagtes tue, gebe ich mein Bestes. (Ebene der Sittlichkeit)
- Ich bin käuflich. Wer mich für persönliche Leistung bezahlt, hat mich ganz. (Ebene der Moral)
- Nicht jeder kann mich kaufen. Ich kann Fremdbestimmung abwählen. (Ebene der Ethik)

Doch lassen Sie uns vielmehr einen genaueren Blick auf die Unternehmensethik werfen, denn es stellt sich ja schließlich die Frage: Wie kommt die Ethik in das Unternehmen hinein? Wie lassen sich Werte tatsächlich in den Strukturen einer Firma verankern?

»Werteprogramme können nur dann zum Erfolg führen, wenn sie als langfristiger Prozess im Unternehmen angelegt werden, der dauerhaft verfolgt und in die Betriebsabläufe integriert wird«, sind Wieland und Fürst überzeugt.[87] Konkret heißt das: Ethische Grundsätze müssen sich in den Steuerungsstrukturen wiederfinden, zum Beispiel im Risikomanagement, im Qualitätsmanagement bis hinunter zu den einzelnen Arbeitsverträgen und Arbeitsanweisungen. Dies hat zur Folge, dass jeder Manager und jeder Mitarbeiter, der sich nicht an die vorgegebenen Wertmaßstäbe hält, im Fall der Nichtbefolgung mit Konsequenzen rechnen muss.

Die Verankerung ethischer Grundsätze bis hinein in die kleinsten Abläufe und Strukturen hat aber auch einen erheblichen Nachteil: Sie führt zu mehr Bürokratie, zu mehr Reibungsverlusten und letztlich zu höheren Kosten. Die erfolgreiche Implementierung ethischer Grundsätze bedeutet also auch immer eine erfolgreiche Gratwanderung zwischen, so formulieren es Wieland und Fürst, »einer überdimensionierten Institutionalisierung von moralischen Aspirationen und der notwendigen Instrumentierung von Werteprogrammen«.[88]

Mit dem Festschreiben von Regeln, sei es in goldenen Lettern im Foyer, in den Anweisungen des Qualitätsmanagements oder im Arbeitsvertrag eines Managers, ist es aber nicht getan. Da auch hier der Grundsatz »sprechen statt schreiben« gilt, sind Workshops, Seminare oder Trainings mit den einzelnen Mitarbeitern notwendig, um ganz grundsätzliche Fragen zur Unternehmensethik zu klären. Auf diese Weise können Vorbehalte der Mitarbeiter gegen das gesamte Thema ausgeräumt werden, denn auf »Ethikunterricht« reagieren die meisten immer noch mit Abwehr, wenn nicht sogar mit allergischen Reaktionen. Es kann aber auch passieren, dass sich lange zurückgehaltene, zuweilen negative Emotionen entladen, da sich in vielen Fällen die Mitarbeiter bereits von sich aus mit ethischen Fragen beschäftigt haben – alleine oder im Gespräch mit Kollegen – und in ihrer täglichen Arbeit in moralische Konflikte geraten sind. Dazu ein Beispiel:

Eine besondere Methode zur Implementierung eines Wertekanons hat der Weltkonzern IBM entwickelt: Sam Palmisano, CEO bei IBM, stieß im Jahr 2002 die so genannte Values-Jam-Initiative an. Er rief Mitarbeiter aller Hierarchiestufen, aller Funktionen und aller Länderniederlassungen dazu auf, in verschiedenen Intranet-Foren über die IBM-Werte zu diskutieren – insgesamt waren dies 330000 Menschen. Sein Ziel: Er wollte Werte schaffen, die trotz ständiger Marktveränderungen dauerhaft gültig sind und den Managern und Mitarbeitern überall auf der Welt eine Entscheidungsgrundlage bieten, die mit der Identität des Konzerns übereinstimmt. Bereits im Jahr 1914 hatte der damalige Unternehmensgründer Tom Watson »Basic Beliefs« formuliert und diese nach dem Motto ausgegeben: »Hier sind unsere Glaubenssätze. Lernt sie. Lebt sie.«[89] Das geht in einer Zeit, in der IBM rund 200000 Mitarbeiter mit College-Abschluss beschäftigt, nicht mehr so einfach. »Dafür sind unsere Leute einfach zu klug«, ist Palmisano überzeugt.[90] Deshalb sammelte IBM den Input von 300 Top-Managern und organisierte Arbeitsgruppen mit über 1 000 Mitarbeitern, die einen repräsentativen Querschnitt des Unternehmens darstellten. Diese entwickelten drei Werte: »Respektiere den Einzelnen, biete den besten Kundenservice und strebe immer nach dem Besten.«[91] Über diese Formulierungen wurde anschließend im Intranet debattiert. Laut Palmisano war die Führungsspitze »nicht auf die Emotionen vorbereitet, die dieses Thema auslöste«.[92] Ein Team analysierte die Kommentare und legte auf dieser Grundlage die Formulierung für die neuen Unternehmenswerte fest. Im November 2003 wurden sie dann in ihrer endgültigen Fassung veröffentlicht und in den kommenden Tagen von rund 200 000 Mitarbeitern heruntergeladen. Eine neue Flut von Kommentaren brach los, zum Teil wieder mit heftigen Emotionen. IBM begann, nun mit konkreten Initiativen gegenzusteuern und organisierte einige der Abläufe im Unternehmen, über die der stärkste Unmut geäußert wurde, um. »Es liegt (...) noch eine Menge Arbeit vor uns«, schätzt CEO Palmisano. »Wir müssen jeden dazu bringen, sich drei markante Aussagen einzuprägen. Und wir müssen verdammt viel tun, um die Lücken zwischen unseren Werten und der Realität von IBM heute zu schließen.«[93]

Je nach Unternehmen kommen bei einer Wertediskussion völlig unterschiedliche Fragen auf: In der Baubranche geht es dabei zum Beispiel um Bestechung in ausländischen, aber auch im deutschen Wirtschaftsraum. Es geht um Geschenke von Lieferanten und Geschenke an Auftraggeber, um kartellrechtliche Fragen, aber auch um Fragen der Produktqualität, um Umweltschutz und Arbeitssicherheit. Ein fleischverarbeitender Betrieb wird sich mit Fragen der artgerechten Tierhaltung und Futterqualität auseinander setzen, mit der Einhaltung von Hygienestandards, aber auch mit den Arbeitsbedingungen in der Produktion und dem Thema illegaler Beschäftigung. Eine Bank wiederum wird diskutieren, inwiefern der Verkauf risikoreicher Anlagen an Privatkunden ethisch vertretbar ist, oder ob Geschäfte mit Unternehmen oder Staaten abgewickelt werden sollen, die als korrupt gelten. Ein Krankenhaus wird sich mit dem Wohl der Patienten befassen, ein Textilkonzern mit dem Problem der Kinderarbeit, ein Automobilkonzern mit Umweltfragen.

Unter den harten Bedingungen des internationalen Wettbewerbs ist es für die Unternehmen oft nicht leicht, sich nach ethischen Standards zu richten, denn das bedeutet meistens höhere Kosten: Wer für vernünftige Arbeitsbedingungen sorgt, die Umwelt schont und bei moralischen Bedenken lieber auf ein Geschäft verzichtet, zahlt drauf. Je schlechter die Geschäfte laufen, desto eher ist ein Unternehmer bereit, in Sachen Ethik ein Auge zuzudrücken. Wie heißt es so griffig: »Erst kommt das Fressen, dann die Moral.«

Die oben zitierte Studie von Josef Wieland und Michael Fürst bestätigt diese Einschätzung: Als Hauptursache für die Verletzung moralischer Standards identifizierten sie Erfolgsdruck, an zweiter Stelle folgte der marktinduzierte Druck der Auftraggeber und an dritter Stelle das Überleben der Firma.[94]

Besonders schwierig wird die Lage für Manager der mittleren und unteren Stufen, wenn einerseits moralische Grundsätze im Unternehmen festgeschrieben wurden, die Führungsspitze aber andererseits den ökonomischen Erfolg als oberste Priorität setzt. Wenn diese Manager vor die Wahl zwischen Integrität oder Höchstleistung gestellt werden, geraten sie in ein Dilemma.[95] Umso wichtiger ist es, dass das Top-Management ethische Richtlinien implementiert, sein eigenes Handeln danach ausrichtet und mit den nachgeordneten Managern regelmäßig über ethische Konflikte im Unternehmensalltag diskutiert. Als sehr hilfreich erweist sich auch eine externe Auditierung: Sie stärkt die glaubwürdige Kommunikation nach innen und außen und unterstützt damit die Umsetzung der Verhaltensstandards vom Top-Management bis hin zur Basis. Und dabei gilt ständig der Grundsatz: Nur in der *gemeinsamen Diskussion* können alle Beteiligten für diese wichtigen Fragen sensibilisiert werden, und nur durch den *Dialog* kann ein gemeinsamer Wertekanon verankert werden.

Führungsethik ist eine Ethik der Kommunikation

Führung, die sich nach ethischen Grundsätzen richtet, spiegelt sich auch in ihrer Art der Kommunikation wider: Sie zielt darauf ab, die *Autonomie* des Einzelnen zu fördern, das heißt, seinen kreativen Ungehorsam zu aktivieren. Die daraus resultierenden Konflikte werden im Gespräch gelöst und nicht durch Verordnungen bürokratisiert. Im Idealfall entstehen daraus die lebendigen Anstöße und Veränderungen, die ein Unternehmen in der heutigen Marktdynamik dringend braucht, um erfolgreich wirtschaften zu können.

Wenn es Ihnen als Führungskraft gelingt, in Ihren Gesprächen gemeinsam mit Ihren Mitarbeitern konstruktiv Probleme zu lösen, Ihre Einsichten gemeinsam zu mehren und alle beteiligten Gesprächspartner, inklusive Sie selbst, zur persönlichen Entfaltung zu bringen, dann handeln Sie im ethischen Sinne »gut«. Genau dies habe ich zu Beginn in dem »Biophilie-Postulat« formuliert (siehe in Kapitel 1 den Abschnitt *Gemeinsam wachsen – im Rahmen der Möglichkeiten*): »Wir wollen, dass Menschen im Umgang miteinander größer werden.« Dieses Postulat stellt einen übergeordneten Standard dar, an dem sich das Verständnis von Unternehmensführung orientieren kann. Nach dem Biophilie-Postulat führende Manager nehmen Abstand von jeglichem Dominanzgehabe. Sie fordern von ihren Mitarbeitern keine Unterwerfung, sondern fördern deren freiwillige Gefolgschaft. Wer einer Person freiwillige Gefolgschaft leistet, identifiziert sich mit ihr und engagiert sich damit verbindlicher. Das erreicht eine Führungskraft von ihren Mitarbeitern dann, wenn sie diese so behandelt, als sei sie ihnen nicht vor die Nase gesetzt, sondern von ihnen gewählt worden. Die in den meisten Unternehmen bestehende »Unabwählbarkeit« der Führenden verführt zu Machtspielen, und der Führende muss meiner Einschätzung nach deshalb dafür sorgen, dass er immer wieder als solcher gewählt würde.

Für Sie als Führungskraft ist es deshalb wichtig, die eigene Dominanz zu erkennen und sie in der Kommunikation zurückzuziehen. Das können Sie folgendermaßen erreichen:

Konzentration auf den Gesprächspartner (Alterozentrierung) Die Konzentration der Wahrnehmungsenergie auf den anderen ist die Voraussetzung zu aktivem Zuhören und damit die Basis für gelingende Kommunikation. Sie ist das Gegenteil von kommunikativer Egozentrik.

Gleichberechtigte Gesprächspartner (Reversibilität) Als Führungskraft sollten Sie mit Mitarbeitern grundsätzlich so sprechen, wie diese auch mit Ihnen sprechen können. Im Konfliktfall sollten Sie die Führungsrolle sogar ablegen und Partnerschaftlichkeit – im Sinne eines Gesprächs von Mensch zu Mensch – wirksam werden lassen.

Argumentieren in Gründen und Bedingungen Meinungen sind nur so gut, wie Gründe tragfähig sind. Es ist unsittlich, gegen Gründe seine Meinung nicht zu ändern. Wenn Sie andere ohne Gründe überzeugen wollen, werden Sie es schwer haben und zeigen gleichzeitig, dass Sie nicht viel von Ihrem Gesprächspartner halten.

Genauigkeit in der Sprache Das gemeinsame Definieren von Begriffen ist hilfreich, damit beide Gesprächspartner tatsächlich über das gleiche Thema sprechen. Außerdem kann nur das gedacht werden, das in Sprache gefasst wurde.

Das bedeutet ethisches Management auf den drei Stufen der Führung

Wenn Sie im Top-Management tätig sind Als Spitzenführungskraft stehen Sie im Rampenlicht, was die *Einhaltung ethischer Standards* betrifft. Das gesamte Unternehmen beobachtet sehr genau, nach welchen *Prinzipien* Sie handeln.

Sie setzen sich intensiv mit den *ethischen Grundsätzen* Ihres Unternehmens auseinander, und reflektieren regelmäßig auch Ihren *persönlichen Wertekanon*. Sie verfügen über einen »inneren Kompass«, der Ihnen zuverlässig die Richtung weist.

Wenn Sie im mittleren Management tätig sind Sie unterstützen die Führungsspitze bei der *Implementierung ethischer Standards* in die Steuerungsstrukturen und Unternehmensprozesse.

Darüber hinaus *leben Sie werteorientiertes Management* selbst vor, denn Sie sind nach der Führungsspitze der zweitwichtigste Kommunikator von Unternehmensethik.

Wenn Sie als Manager an der Basis tätig sind Sie *setzen die ethischen Standards in die Praxis um*, die innerhalb der Unternehmensprozesse festgelegt wurden.

Wenn Ihre Mitarbeiter sich unklar darüber sind, wie sie in moralischen Konfliktsituationen entscheiden sollen, *diskutieren* Sie gemeinsam über die entsprechenden ethischen Fragen. Sie *kommunizieren* diese Punkte *nach oben* mit dem Ziel, eventuell bestehende »Grauzonen« durch konkrete Arbeitsanweisungen oder Vertragsgestaltungen auszuräumen.

Für alle Stufen der Führung gilt Sie sprechen so miteinander, dass Sie die *Autonomie Ihres Gegenübers* unterstützen. Das heißt: Sie *hören zu*, ohne zu werten, regen zu *Feedback* an, ermutigen zu *kreativem Ungehor-*

sam und reagieren auf die Leistung des anderen mit *anerkennenden Worten* oder *konstruktiver Kritik*.

Sie *kommunizieren auf Augenhöhe*: So wie Sie mit anderen sprechen, können diese auch mit Ihnen sprechen. Für Ihre Meinungen und Argumente habe Sie *gute Gründe*, die Sie, so weit möglich, auch präzise erklären können. Sie stülpen anderen nicht einfach deshalb Ihre Auffassung über, weil Sie Recht haben und sich durchsetzen wollen.

Kommt es zu Konflikten auf *zwischenmenschlicher Ebene*, so sprechen Sie *direkt* darüber – und nicht über Stellvertreter-Themen auf der Sachebene wie beispielsweise »mangelnde Information«.

Kapitel 7

Führung neu denken: Darauf kommt es an

»Menschen sind voll guten Willens, ohne jedoch über zureichende fachliche oder ethische Kompetenz zu verfügen«, schreibt Rupert Lay in seinem Buch *Ethik für Manager*.[96] Der gute Wille an sich oder allein ein implementiertes Werteprogramm im Unternehmen reichen als Grundlage für ethisches Führen jedenfalls nicht aus. Wie Sie in diesem Buch gesehen haben, setzt ethische Führung noch weitere Grundlagen voraus: nämlich eine kontinuierliche Arbeit an der *eigenen Persönlichkeit*, an der *eigenen Kommunikationsfähigkeit* und an der *Kommunikationskultur im Unternehmen* als Basis für eine *vertrauensvolle Zusammenarbeit*. Darauf aufbauend gelingt Ihnen dann auch die Steuerung von Prozessen und letztlich auch die Führung nach dem Drei-Stufen-Konzept. Da diese drei großen Stränge Persönlichkeit, Kommunikation und Vertrauen so elementar für ethisches, erfolgreiches Führen nach dem Drei-Stufen-Konzept sind, möchte ich abschließend in einer Kurzzusammenfassung die wichtigsten Aspekte dazu noch einmal auf den Punkt bringen.

Persönlichkeitsentwicklung als Grundlage der Führungsethik

In Bezug auf Ihre Persönlichkeit haben Sie gelernt, dass Ihr großes Ziel darin bestehen muss, eine Balance zwischen Ihren autonomen und heteronomen Anteilen zu finden – wobei Ihre Autonomie umso mehr gefordert ist, je höher Ihre Management-Position im Unternehmen angesiedelt ist. Doch selbst als Spitzenführungskraft agieren Sie nicht völlig selbstbestimmt, sondern sind an die wirtschaftlichen und politischen Rahmenbedingungen gebunden, innerhalb derer sich Ihr Unternehmen befindet. Umgekehrt sind Sie auch als Leiter eines kleinen Teams gefordert, autonom und kreativ Ansätze für die Probleme zu finden, die Sie im Rahmen Ihrer Aufgaben zu lösen haben (siehe dazu in Kapitel 4 der Abschnitt *Autonomie und Heteronomie in der Führung*).

Ganz gleich, auf welcher Stufe der Führung Sie stehen: Sorgen Sie dafür, dass sich das Ausmaß von Fremdbestimmung und Bürokratie in Grenzen hält. Ein erfolgreiches Unternehmen braucht Wachstum und Veränderung, und es braucht kreativen Ungehorsam, Zivilcourage und Toleranz. Es muss sich auf seine Erfolge konzentrieren und nicht in erster Linie auf die starre Einhaltung bestimmter Abläufe. Das gilt auch für Sie:

Sie als Führungskraft müssen beide Seiten beherrschen: Wandel und Stabilität, Führen und Dienen, Autonomie und Heteronomie.

Das sieht für die drei Stufen der Führung im Konkreten so aus: Als *Top-Manager* achten Sie auf eine gesunde Balance Ihrer autonomen Anteile, die Sie einerseits zu Erfolgen motivieren, Ihnen Selbstbewusstsein geben und vor keinem Konflikt zurückschrecken lassen, aber andererseits auch zu Selbstüberschätzung, Isolation oder tyrannischer Dominanz antreiben. Außerdem arbeiten Sie an einem gesundem Verhältnis Ihrer Ratio zu Ihren Emotionen, weil Sie wissen: Wenn Sie Ihre Emotionen verleugnen, werden Sie von ihnen in anderer Gestalt überrascht oder überrumpelt.

Auf der Stufe des *Mittel-Managements* besteht die Herausforderung darin, einen Ausgleich zwischen der (selbstbestimmten) Profilierung mit eigenen Zielen und der (fremdbestimmten) Identifikation mit vorgegebenen Zielen zu erreichen. Sie sorgen dafür, weder zu bürokratisch-sachorientiert, noch zu emotional-harmonieorientiert aufzutreten. Besonders pflegen Sie ihre sozialen Fähigkeiten, denn Sie wissen: Sie sind als Bindeglied zwischen Führungsspitze und Basis erfolgsentscheidend.

Als *Manager an der Basis* müssen Sie ein hohes Maß an Fremdbestimmung hinnehmen, was oft gar nicht leicht ist, da etliche Entscheidungen »von oben« an Ihrer Stelle nicht so recht nachvollziehbar zu sein scheinen. Ihre autonomen Bestrebungen nutzen Sie, um die anstehenden Probleme in Ihrem Bereich effizient und kreativ zu lösen. Sie kümmern sich außerdem um eine tragfähige Beziehungsebene innerhalb Ihrer Mannschaft, weil Ihnen klar ist, dass nur auf dieser Grundlage effektives Arbeiten möglich ist.

Ethisches Führen mit dem Werkzeug Kommunikation

Moderne Ethik ist eine Ethik der Kommunikation. Ist die Kommunikation in einem Unternehmen von gegenseitiger Wertschätzung geprägt, von hohen personalen statt ausschließlich funktionalen Anteilen (»sprechen statt schreiben«), von Alterozentrierung, Gleichberechtigung und einer starken Argumentationskompetenz – dann ist die Basis für eine tragfähige Konfliktkultur gelegt. Auf dieser Grundlage lässt sich, wie ich Ihnen in Kapitel 4, *Persönlichkeitsentwicklung für Manager,* gezeigt habe, eine gesunde Balance zwischen autonomen und heteronomen Tendenzen im Unternehmen erreichen, was letztlich heißt: Eine Balance zwischen kreativem Ungehorsam und notwendiger Regelbefolgung, zwischen Wachstum und Stabilität. Eine Kultur der offenen und persönlichen Kommunikation fördert das gegenseitige Verständnis, gegenseitige Anerkennung und damit Vertrauen – und das ist entscheidend:

Eine gesunde Kommunikationskultur schafft Vertrauen.

Neben einer wertschätzenden Grundhaltung ist die Kenntnis einiger Grundregeln der Kommunikation ausschlaggebend: Dazu gehört das Wissen darüber, wie man sein Gegenüber überzeugt, wie man die passenden Fragen stellt und nicht zuletzt, wie man zuhört und auf den Gesprächspartner eingeht. Diese Grundregeln habe ich Ihnen in Kapitel 5 in den beiden Abschnitten *Kommunikation auf den drei Stufen der Führung* und *Kommunikation in der Prozessdynamik* erläutert. Hier noch einmal die wichtigsten Punkte, bezogen auf die drei Ebenen der Führung:

Als *Top-Manager* trainieren Sie vor allem die Fähigkeit, zugleich einen sehr intensiven Draht zu Ihrem Gesprächspartner aufzubauen und die in Ihrer Position notwendige Distanz zu wahren. Ihre Kommunikation hat zwei Ziele: Zum einen leisten Sie Überzeugungsarbeit für Ihre Strategie, zum anderen sammeln Sie möglichst viele Informationen und Lösungsvorschläge Ihrer nachgeordneten Manager, um eine stabile Grundlage für Ihre Entscheidungen zu treffen.

Im *mittleren Management* haben Sie die Aufgabe, die Zielvorgaben der Führungsspitze überzeugend an die Basis zu vermitteln und dem Top-Management umgekehrt die an der Basis entwickelten Lösungsvorschläge vorzustellen. Sie wahren die nötige Distanz nach unten und nach oben, um Ihrer Rolle gerecht (und nicht zum »multiplen Prügelknaben«) zu werden. Gleichzeitig sorgen Sie über den Weg der persönlichen Kommunikation für stabile und von Vertrauen geprägte Beziehungen zur Führungsspitze und zur Basis.

An der *Basis* geht es darum, dass Sie als Führungskraft eine vertrauensvolle Atmosphäre in Ihrem Team schaffen und Ihre Mitarbeiter gleichzeitig so im Griff haben, dass Probleme gelöst, Termine eingehalten und Qualitätsstandards erfüllt werden. Zu Ihrem Vorgesetzen haben Sie einen guten Draht: Regelmäßig informieren Sie ihn über den Stand der Dinge in Ihrem Bereich und bereiten Entscheidungsvorlagen für die übergeordneten Hierarchiestufen vor.

Vertrauen als Basis für erfolgreiches Führen mit dem Drei-Stufen-Konzept

Wenn es um Veränderungsprozesse geht – und angesichts des Wandels und des Wachstums der weltweiten, globalisierten Wirtschaft stehen in den Unternehmen permanent Veränderungen an –, ist besonders intensive Kommunikation auf einer besonders stabilen Vertrauensgrundlage gefragt.

Geschieht dies nicht, reagieren Manager und Mitarbeiter mit Unsicherheit. Die möglicherweise zu Anfang der Veränderungsprozesse spürbare Begeisterung schlägt in Frustration um, es regen sich Aggression und Widerstand. Im schlechten Fall, und das kommt nicht selten vor, reagiert die Führungsspitze mit einem »Machtwort« oder anderen Methoden, um die Veränderung mit Gewalt durchzusetzen. Daraufhin wenden sich die betroffenen Mitarbeiter Fantasien darüber zu, wie viel besser die Situation doch in früheren Zeiten war, und vergessen darüber das aktuell anstehende Projekt. Die Folge: Der Prozess versandet, Misserfolg stellt sich ein (siehe dazu in Kapitel 1 den Abschnitt *Die Dynamik scheiternder Prozesse*). Diese Entwicklung kann man durch eine vertrauensvolle Unternehmenskultur vermeiden:

Eine starke Vertrauenskultur wirkt der typischen Abwärtsspirale scheiternder Prozesse entgegen.

Auf dieser Grundlage ist es möglich, Unsicherheiten offen zu besprechen und Fehler – und solche passieren meistens, wenn ein neuer Weg eingeschlagen wird – ohne Schuldzuweisungen zu analysieren. Auf der Basis einer von Vertrauen geprägten Unternehmenskultur »glauben« Mitarbeiter und Führungskräfte an die vom Top-Management vorgegebenen Strategien – nicht zuletzt deshalb, weil sowohl die Führungsspitze als auch das mittlere Management über eine starke Kommunikations- und Konfliktfähigkeit verfügen: Sie verstehen es, zu überzeugen. Auf ein gewaltsames Durchsetzen von Anordnungen kann deshalb verzichtet werden. Eine ausgeprägte Persönlichkeit und ein mit »modernsten« rhetorischen Tools bestückter Werkzeugkasten reichen aber noch nicht aus, damit Sie als Führungskraft so überzeugend wirken, dass Ihnen Ihre Kollegen und Mitarbeiter vertrauen. In Kapitel 3, *Erfolgreich führen mit dem Drei-Stufen-Konzept*, habe ich Ihnen gezeigt, dass sich eine von Vertrauen geprägte, erfolgreiche Führung vor allem in den vier Faktoren *Kompetenz, Verantwortung, Entscheidungsfindung* und *Vertrauen* niederschlägt. Dazu jetzt noch einmal im Einzelnen:

Die branchenspezifische Fach- und Methodenkompetenz ist für Sie als Manager natürlich unabdingbar. Das sieht für die einzelnen Führungsstufen so aus: Als *Top-Manager* ist vor allem Ihre Unternehmerkompetenz gefragt, als *Mittel-Manager* müssen Sie über eine überzeugende Beziehungskompetenz verfügen, und an der *Basis* vor allem mit Ihrer Fachkompetenz brillieren. Ihre Kompetenz legt die Basis dafür, dass man Ihnen traut und dass man an Sie »glaubt«, und zwar auch dann, wenn man die Grundlage der strategischen Entscheidung von Ihnen als Spitzenmanager oder das Design einer IT-Lösung von Ihnen als Manager an der Basis nicht bis ins letzte Detail nachvollziehen kann (siehe dazu in Kapitel 3 den Abschnitt *Führen heißt Kompetenz zeigen*).

Dementsprechend übernehmen Sie als *Spitzenführungskraft* die Verantwortung für den Erfolg des Unternehmens, als *Vertreter des Mittel-Managements* die Verantwortung für ein tragfähiges Beziehungsgeflecht und als *Manager im operativen Bereich* die Verantwortung für die Umsetzung bestimmter Aufgaben. Das klingt so logisch, dass man sich immer wieder wundert, wie viele Führungskräfte versuchen, ihre ureigenste Verantwortung abzuwälzen: Auf Ihre Mitarbeiter, auf Ihre Vorgesetzten, manchmal auch auf Lieferanten oder Kunden. Ein solches Verhalten führt zu einem Vertrauensverlust (siehe dazu in Kapitel 3 den Abschnitt *Führen heißt Verantwortung tragen*).

Meiner Einschätzung nach hängt dieses Zurückweichen vor der Verantwortung mit der Art der Entscheidungen zusammen, die auf den verschiedenen Ebenen der Führung getroffen werden müssen: *Top-Manager* entscheiden unter Risiko. Sie wissen in den meisten Fällen nicht, ob das von

Ihnen anvisierte Ziel auch tatsächlich ein Erfolg sein wird. Um die Verantwortung für derartige Entscheidungen tragen zu können, ist neben der notwendigen Kompetenz ein gehöriges Maß an Mut und Selbstvertrauen notwendig. Im besten Fall vermitteln Sie als Spitzenführungskraft *Erfolgsvertrauen*, sodass Manager und Mitarbeiter Ihnen »glauben«.

Mittel-Manager hingegen entscheiden unter Unsicherheit: Sie haben immerhin die strategische Zielvorgabe als Orientierungspunkt, wissen aber ebenfalls nicht, was sie dort erwartet. Sie müssen dem Top-Management »glauben«, dass das angestrebte Ziel ein gutes Ziel sein wird – und dieses mit der notwendigen Führungskompetenz an die Basis vermitteln. Grundlage dafür ist ihre Fähigkeit, *Beziehungsvertrauen* herzustellen – und zwar sowohl zu den oberen als auch zu den nachgeordneten Führungsstufen.

Manager an der Basis wiederum entscheiden unter Sicherheit: Sie agieren überwiegend innerhalb vorgegebener Regeln – und vertrauen in deren Gültigkeit. Weichen sie ihrer Verantwortung aus, dann »glauben« sie entweder den übergeordneten Führungsebenen nicht, oder es mangelt ihnen an Fach- oder Methodenkompetenz. Nur wenn sie über diese Kompetenzen verfügen, »glaubt« wiederum das mittlere und obere Management an sie und an ihre Lösungsvorschläge. Für Sie als Manager der unteren Stufe ist es deshalb wichtig, dass Sie *Kompetenzvertrauen* vermitteln (siehe dazu in Kapitel 3 die beiden Abschnitte *Führen heißt entscheiden* sowie *Führen heißt vertrauen und Vertrauen vermitteln*).

Mit »Glauben« meine ich in den genannten Fällen kein unkritisches und blindes Nachfolgen. Ich denke, dass ich Ihnen in diesem Buch zeigen konnte, dass ich darunter vielmehr das Ergebnis einer erfolgreichen Entwicklung hin zu einer integren Persönlichkeit verstehe, einer Persönlichkeit mit exzellenten Kompetenzen, Kommunikations- und damit Führungsfähigkeiten sowie einem unverstellten Blick auf die Prozesse, die im Unternehmen ablaufen. Das dazu notwendige Vertrauen müssen Sie jeden Tag aufs Neue erwerben – ganz gleich, auf welcher Stufe der Führung Sie stehen. Und das ist eine lebenslange, lohnende Aufgabe.

Lebendig bleiben

Diejenigen unter uns, zu deren Aufgabe die Gestaltung und Führung sozialer Systeme gehören, tragen eine besondere Verantwortung, die lebensmindernde Wirkung von Regeln und Richtlinien zu berücksichtigen. Sie können viel bewirken, denn mit Zivilcourage tote Regeln abzuschaffen, öffnet neue Räume und setzt Lebendigkeit frei. Organisationen sind lebensfähig und erfolgreich, wenn einzelne Menschen innerhalb der Organisation die handlungsleitenden Regeln zukunftsgerichtet und schneller ändern, als sich die Umweltbedingungen ändern. Der Weg, die vergessene Lebendigkeit wiederzuentdecken, besteht also wesentlich darin,

- immer wieder tote systemische Regeln abzuschaffen,
- immer wieder eigene Vorurteile zu dynamisieren und
- immer wieder ein paar Gewohnheiten zu ändern.

Die Gefahr, dabei plötzlich ohne Regeln, Vorurteile und Gewohnheiten dazustehen, ist gering, denn es kommen mit Sicherheit genügend neue hinzu, um die äußere Stabilität zu erhalten. Die Chancen, auf diesem Weg ein Stück mehr von sich zum Leben zu erwecken, sind hingegen gewaltig.

Deshalb ist meine Arbeit in der strategischen Orientierung von Unternehmen, in der Gestaltung von Führungssystemen, die Strategien umsetzbar und erfolgreich machen, und im Training der persönlichen Kompetenzentfaltung darauf ausgerichtet,

- die Beschränkungen in der Lebendigkeit von Personen und Organisationen beweglich zu machen,
- den Mut zur eigenen Lebendigkeit zu unterstützen und
- die Fähigkeit zu fördern, mit den dabei auftretenden intra- und interpersonellen Konflikten möglichst produktiv umzugehen.

Ich hoffe, dass ich Ihnen diese Grundidee in meinem Buch vermitteln konnte. Egal auf welcher Führungsstufe Sie stehen: Sie können dazu beitragen, dass in Ihrem Unternehmen eine Vertrauenskultur geschaffen wird, die allen Mitarbeitern ein Leben unter dem Biophilie-Postulat möglich macht – und dieses Leben ist nur möglich, wenn die Bereitschaft zum Hinterfragen jeder Selbstverständlichkeit nie einschläft:

Wir wollen, dass Menschen im Umgang miteinander größer werden.

Anmerkungen

1 Stifterverband für die Deutsche Wirtschaft, Pressemeldung *Nachlassende Innovationsdynamik* vom 20.02.2004, www.stifterverband.de. Der Stifterverband misst die Innovationsdynamik anhand des Anteils der Ausgaben für Forschung und Entwicklung am Bruttoinlandsprodukt.

2 Siehe den regelmäßig erhobenen *Engagement Index. Studie zur Messung der emotionalen Bindung von MitarbeiterInnen* der Gallup GmbH, Potsdam, www.gallup.de.

3 Probst, Gilbert; Raisch, Sebastian: »Die Logik des Niedergangs«, in: *Harvard Business Manager.* März 2004, S. 37–45, hier S. 39.

4 Oppel, Kai: »Verheimlichen gehört zur gängigen Praxis«, in: *Financial Times Deutschland.* 18. März 2005, Seite A 3.

5 Probst, Raisch, »Die Logik des Niedergangs«, S. 39–41.

6 Covey, Stephen R.: *Die effektive Führungspersönlichkeit. Management by principles.* Frankfurt/New York 1999, S. 124.

7 Covey, *Die effektive Führungspersönlichkeit.* S. 124–125.

8 Sprenger, Reinhard K.: *Mythos Motivation. Wege aus einer Sackgasse.* Frankfurt/New York 2002, S. 247

9 Siehe die Pressemitteilung *Globale Hewitt-Kienbaum-Studie: Mehr Engagement = mehr Wachstum* vom 17. Juni 2004. Weitere Informationen unter www.kienbaum.de.

10 Gallup GmbH, *Engagement Index 2004. Studie zur Messung der emotionalen Bindung von MitarbeiterInnen* vom 21. Oktober 2004. Siehe auch unter www.gallup.de. In Deutschland wurden 1 822 Arbeitnehmerinnen und Arbeitnehmer ab 18 Jahren befragt, in den USA 1 003 und in Großbritannien 1 004.

11 Zaleznik, Abraham: *Führen ist besser als managen.* Freiburg im Breisgau 1990. Zum Stand der Forschung siehe auch Werner Sarges, »Diagnose von Managementpotential für eine sich immer schneller und unvorhersehbarer ändernde Wirtschaftswelt«, in: Rosenstiel, Lutz von; Wins, Thomas Lang-von (Hg.): *Perspektiven der Potentialbeurteilung.* Göttingen/Bern/ Toronto/Seattle 2000, S. 107–128, hier S. 121–122.

12 Kotter, John P.: *Erfolgsfaktor Führung.* Frankfurt/New York 1989. Siehe auch John P. Kotter: *A force for change – How leadership differs from managment.* New York 1990.

13 Probst, Raisch, »Die Logik des Niedergangs«, S. 42.

14 Buchhorn, Eva; Werle, Klaus: »Haben Sie das Vorstands-Gen?«, in: *Manager Magazin*. 11/2004, 34. Jahrgang, S. 208–220, hier S. 219.

15 Gröger, Manfred: *Projektmanagement: Abenteuer Wertvernichtung. Eine Wirtschaftlichkeitsstudie zum Projektmanagement in deutschen Organisationen.* München 2004. Siehe auch www.mba-beratung.de.

16 »Was war Ihre schwierigste Entscheidung?«, in: *Harvard Business Manager*. Mai 2004, S. 100–105, hier S. 104.

17 Henry Petroski: »Vom Nutzen des Untergangs«, in: *Harvard Business Manager*. Januar 2005, S. 6–7.

18 Eichen, Stephan Friedrich von den; Stahl, Heinz K.: »Brauchen Unternehmen noch Visionen?«, in: *Frankfurter Allgemeine Zeitung*. 14. Februar 2005, S.20

19 Probst, Raisch, »Die Logik des Niedergangs«, S. 39.

20 Bea, Franz Xaver; Haas, Jürgen: *Strategisches Management*. Stuttgart 2001, S. 67ff.

21 Eichhorn, Christoph: »Der Weg der Veränderung«, in: *Manager Seminare*. März 2004, S. 42–47, hier S. 47.

22 Bea, Haas, *Strategisches Management*, S. 72f.

23 Stahl, Heinz K.: »Stützen des Unternehmens«, in: *Manager: Was gute Führungskräfte ausmacht*. Reihe Harvard Business Manager, Frankfurt am Main 2004, S. 29–47, hier S. 40–41.

24 Hugo-Becker, Annegret; Becker, Henning: *Psychologisches Konfliktmanagement. Menschenkenntnis, Konfliktfähigkeit, Kooperation*. München 2000, S. 74.

25 Rede zum Jahreskongress 2003 der Deutschen Gesellschaft für Personalführung (DGFP) in Wiesbaden.

26 Stahl, »Stützen des Unternehmens«, S. 44.

27 Covey, *Die effektive Führungspersönlichkeit*, S. 58.

28 Stahl, »Stützen des Unternehmens«, S. 34.

29 Vergleiche dazu auch Stefan Kühl, Thomas Schnelle, Wolfgang Schnelle, »Führen ohne Führung«, in: *Harvard Business Manager*. Januar 2004, S. 71–79, hier S. 75.

30 Buckingham, Marcus; Coffman, Curt: *Erfolgreiche Führung gegen alle Regeln. Wie Sie wertvolle Mitarbeiter gewinnen, halten und fördern. Konsequenzen aus der weltweit größten Langzeitstudie des Gallup-Institutes*. Frankfurt/New York 2001, S. 80.

31 Buckingham, Coffman, *Erfolgreiche Führung gegen alle Regeln*, S. 82.

32 Hugo-Becker, Becker, *Psychologisches Konfliktmanagement*, S. 80.

33 Ebd., S. 64.

34 Ebd., S. 66.

35 Hugo-Becker, Becker, *Psychologisches Konfliktmanagement*, S. 72.

36 Buckingham, Coffman, *Erfolgreiche Führung gegen alle Regeln*, S. 21–22.

37 Ebd., S. 31.

38 Goldfuß, Jürgen W.: *Erfolg durch professionelles Delegieren. So entlasten Sie sich selbst und fördern Ihre Mitarbeiter*. Frankfurt/New York 2003, S. 105.

39 McGregor, Douglas: *Der Mensch im Unternehmen.* Düsseldorf 1970.
40 Siehe zum Beispiel Dieter Brandes: *Alles unter Kontrolle? Die Wiederentdeckung einer Führungsmethode.* Frankfurt/New York 2004.
41 Umfrage »Was war Ihre schwierigste Entscheidung?«, in: *Harvard Business Manager.* Mai 2004, S. 100–105, hier S. 102.
42 Stahl, »Stützen des Unternehmens«, S. 38.
43 Zitiert nach Axel Gloger, »Die Renaissance der Kontrolle«, in: *Manager Seminare.* Heft 84, März 2005, S. 37–42, hier S. 39.
44 Eidenschink, Klaus: »Mit Widersprüchen leben. Oder: Führen ist immer Stress«, in: *Wirtschaft & Weiterbildung.* Januar 2004, S. 24–27, hier S. 25 f.
45 Vergleiche Buchhorn, Werle: »Haben Sie das Vorstands-Gen?«, hier S. 216.
46 Umfrage »Was war Ihre schwierigste Entscheidung?«, in: *Harvard Business Manager*, Mai 2004, S. 100-105, hier S. 104.
47 Covey, *Die effektive Führungspersönlichkeit*, S. 48.
48 Ebd., S. 59.
49 Vergleiche Joerg E. Staufenbiel, Thomas Friedenberger: *Karriere Inside Consulting: Die 50 wichtigsten Unternehmen für Bewerber.* Köln 2004, S. 325.
50 Vergleiche Judith Mair, *Schluss mit lustig: Warum Leistung und Disziplin mehr bringen als emotionale Intelligenz, Teamgeist und Soft Skills.* Frankfurt am Main 2002.
51 Joni, Saj-Nicole A.: »Eine Frage des Vertrauens«, in: *Harvard Business Manager*, Juni 2004, S. 41–51, hier S. 45.
52 Ebd., S. 49.
53 Ebd., S. 51.
54 Covey, *Die effektive Führungspersönlichkeit*, S. 161–162.
55 Adorno, Theodor W.: *Negative Dialektik.* Frankfurt am Main 1966, S. 279.
56 Eidenschink, Klaus: »Über Narren, Alleskönner, Mütter und Reviertiere. Einige Besonderheiten bei Trainings und im Coaching von Top-Managern«, Aufsatz abrufbar unter www.eidenschink.de.
57 Coutu, Diane L.: »Chefs auf die Coach. Gespräch mit Manfred F. R. Kets de Vries«, in: *Manager: Was gute Führungskräfte ausmacht.* Reihe Harvard Business Manager, Frankfurt am Main 2004, S. 83-97, hier S. 95 f.
58 Eidenschink, Klaus: »Warum Führen Stress verursacht«, in: *Wirtschaft & Weiterbildung.* November/Dezember 2003, S. 32-35, hier S. 34.
59 Eidenschink, Klaus: »Mit Widersprüchen leben. Oder: Führen ist immer Stress«, in: *Wirtschaft & Weiterbildung.* Januar 2004, S. 24–27, hier S. 27.
60 Stahl, »Stützen des Unternehmens«, S. 31.
61 Neuland, Michèle: »Aller Anfang ist schwer«, in: *Harvard Business Manager*, Juni 2004, S. 8–10.
62 Eidenschink, »Mit Widersprüchen leben. Oder: Führen ist immer Stress«, S. 24.
63 Eidenschink, Klaus: »Die Kunst, sich führen zu lassen«, in: *Süddeutsche Zeitung*, vom 18. Juni 2004, S. 22.
64 Kellerman, Barbara: »Die dunkle Seite der Macht«, in: *Harvard Business Manager.* September 2004, S. 90–97, hier S. 97.

65 Ludeman, Kate; Erlandson, Eddi: »Das Alpha-Tier zähmen«, in: *Harvard Business Manager.* August 2004, S. 60–73, hier S. 62.
66 Ebd., S. 70.
67 Bernecker, Tobias; Reiß, Michael: »Kommunikation im Wandel. Kommunikation als Instrument des Change Managements im Urteil von Chance Agents«, in: *Zeitschrift Führung + Organisation.* 71/2002, S. 352–359.
68 Larkin, TJ; Larkin, Sandar : »Reaching and Changing Frontline Employees«, in: *Harvard Business Review.* 74/1996, S. 95–104, hier S. 102.
69 Thun, Friedemann Schulz von; Ruppel, Johannes; Stramann, Roswitha: *Miteinander reden: Kommunikationspsychologie für Führungskräfte.* Reinbek bei Hamburg 2003, S. 17.
70 Ebd., S. 20.
71 Gergs, Hans-Joachim; Trinczek, Rainer: »Kommunikation als Schlüsselfaktor des Change-Managements. Eine soziologisch inspirierte Analyse«, in: *PR Magazin – Das Magazin der Kommunikationsbranche.* 3/2005, S. 49–56.
72 Noelle-Neumann, Elisabeth: »The Spiral of Silence. A Theory of Public Opinion«, in: *Journal of Communication.* 24/1974, S. 43–51.
73 Perlow, Leslie; Williams, Stephanie: »Tötet Schweigen Ihr Unternehmen?«, in: *Harvard Business Manager.* August 2003, S. 57–65, hier Seite 62 f.
74 Schulz von Thun, Ruppel, Stramann, *Miteinander reden*, S. 34.
75 Ebd., S. 40–41.
76 Ebd., S. 101.
77 Brink, Alexander: *VBR Value-Based-Responsibility. Teil 1: Theoretischer Ansatz zur Integration ethischer Aspekte in die wertorientierte Unternehmensführung.* München und Mering 2002. Vergleiche auch den Online-Newsletter »Comeback der Werte«, F.A.Z. Hochschulanzeiger/access, Juli 2002, www.access.de.
78 Ehren, Harald: »Wenn Moral-Apostel mogeln«, in: , 18. März 2005, Seite A2.
79 Ebd.
80 Sommer, Christiane: »Was ist was wert?«, in: *Brand eins.* 08/2000, siehe auch unter www.brandeins.de.
81 Bittelmeyer, Andrea: »Die schwierigen Fragen stellen«, in: *Manager Seminare.* April 2005, S. 46–52.
82 Buchhorn, Werle, »Haben Sie das Vorstands-Gen?« S. 220
83 Siehe dazu auch Covey, *Die effektive Führungspersönlichkeit*, S. 27–28.
84 Grün, Klaus Jürgen: *Über das Gelingen einer Wirtschaftsethik.* Online-Fachartikel, abrufbar unter www.ethikverband.de (Stand April 2005).
85 Wieland, Josef; Fürst, Michael: *WerteManagementSysteme in der Praxis. Erfahrungen und Ausblicke. Empirische Ergebnisse einer Längsstudie. Endfassung.* KIeM Working Paper Nr. 04/2003, abrufbar unter www.kiem.fh-konstanz.de.
86 Ebd., S. 26.
87 Ebd., S. 11.
88 Ebd., S. 27.

89 »Eine hitzige Debatte. Gespräch mit Sam Palmisano«, in: *Harvard Business Manager,* Mai 2005, S. 112-130, hier S. 116.
90 Ebd., S. 114.
91 Ebd., S. 116.
92 Ebd., S. 125.
93 Ebd., S. 130.
94 Wieland, Fürst, *WerteManagementSysteme in der Praxis*, S. 17.
95 Wieland, Fürst, *WerteManagementSysteme in der Praxis*, S. 20.
96 Lay, Rupert: *Ethik für Manager.* Düsseldorf 1996, S. 36.

Literaturverzeichnis

Adorno, Theodor W.: *Negative Dialektik.* Frankfurt am Main 1966

Bea, Franz Xaver; Haas, Jürgen: *Strategisches Management.* Stuttgart 2001

Brandes, Dieter: *Alles unter Kontrolle? Die Wiederentdeckung einer Führungsmethode.* Frankfurt/New York 2004

Brink, Alexander: *VBR Value-Based-Responsibility. Teil 1: Theoretischer Ansatz zur Integration ethischer Aspekte in die wertorientierte Unternehmensführung.* München und Mering 2002

Buckingham, Marcus; Coffman, Curt: *Erfolgreiche Führung gegen alle Regeln. Wie Sie wertvolle Mitarbeiter gewinnen, halten und fördern. Konsequenzen aus der weltweit größten Langzeitstudie des Gallup-Institutes.* Frankfurt/New York 2001

Covey, Stephen R.: *Die effektive Führungspersönlichkeit. Management by principles.* Frankfurt/New York 1999

Goldfuß, Jürgen W.: *Erfolg durch professionelles Delegieren. So entlasten Sie sich selbst und fördern Ihre Mitarbeiter.* Frankfurt/New York 2003

Gröger, Manfred: *Projektmanagement: Abenteuer Wertvernichtung. Eine Wirtschaftlichkeitsstudie zum Projektmanagement in deutschen Organisationen.* München 2004

Hugo-Becker, Annegret; Becker, Henning: *Psychologisches Konfliktmanagement. Menschenkenntnis, Konfliktfähigkeit, Kooperation.* München 2000

Kotter, John P.: *A force for change – How leadership differs from managment.* New York 1990

Kotter, John P.: *Erfolgsfaktor Führung.* Frankfurt/New York 1989

Lay, Rupert: *Ethik für Manager.* Düsseldorf 1996

Lay, Rupert: *Arbeitslosigkeit, Terror der Ökonomie oder Politikversagen? Der Mensch – Ziel, nicht Mittel der Politik.* Wilhelmsfeld 1998

Lay, Rupert: *Dialektik für Manager. Methoden des erfolgreichen Angriffs und der Abwehr.* München 1983

Lay, Rupert: *Die Ängste unserer Manager. Großer Mann – ganz klein*. Wilhelmsfeld 2002
Lay, Rupert: *Ethik für Wirtschaft und Politik*. München 1982
Lay, Rupert: *Führen durch das Wort*. München 1978
Lay, Rupert: *Gesammelte Werke. Festausgabe zum 65. Geburtstag* (hrsg. von Michael Löhner). Zürich 1994 (zu beziehen über M. Löhner)
Lay, Rupert: *Manager zwischen Egoismus und Weisheit. Drei Beiträge über Weisheit, Wertschöpfung und Egoismus*. Wilhelmsfeld 2003
Lay, Rupert: *Über die alte und neue Unredlichkeit. Wenn Menschen nicht mehr wissen, worüber sie reden*. Wilhelmsfeld 2001
Lay, Rupert: *Unsere Gesellschaft braucht neue Fundamente. Neugestaltung der politischen und ökonomischen Welt*. Wilhelmsfeld 1999
Lay, Rupert: *Wörterbuch zur Ethik des Rupert Lay*. Wilhelmsfeld 2002
Lay, Rupert: *Zwischen Wirtschaft und Christentum*. München 1985
Lay, Rupert; Nagel, Claudia: *Vertrauen und Verantwortung – Verlust und Wiedergewinnung*. Wilhelmsfeld 2004
Mair, Judith: *Schluss mit lustig: Warum Leistung und Disziplin mehr bringen als emotionale Intelligenz, Teamgeist und Soft Skills*. Frankfurt am Main 2002
McGregor, Douglas: *Der Mensch im Unternehmen*. Düsseldorf 1970
Sarges, Werner: »Diagnose von Managementpotential für eine sich immer schneller und unvorhersehbarer ändernde Wirtschaftswelt«, in: Rosenstiel, Lutz von; Wins, Thomas Lang-von (Hg.), *Perspektiven der Potentialbeurteilung*. Göttingen/Bern/Toronto/Seattle 2000
Schulz von Thun, Friedemann; Ruppel, Johannes; Stramann, Roswitha: *Miteinander reden: Kommunikationspsychologie für Führungskräfte*. Reinbek bei Hamburg 2003
Sprenger, Reinhard K.: *Mythos Motivation. Wege aus einer Sackgasse*. Frankfurt/New York 2002
Staufenbiel, Joerg E.; Friedenberger, Thomas: *Karriere Inside Consulting: Die 50 wichtigsten Unternehmen für Bewerber*. Köln 2004
Zaleznik, Abraham: *Führen ist besser als managen*. Freiburg im Breisgau 1990

Nachwort

»Es ist wichtig zu wissen, wovon man spricht, wenn man über etwas redet« und »Das gesprochene Wort bestimmt die Beziehung zwischen Menschen eher als die Absicht«. Diese zwei Sätze bestimmen mit ständig wachsender Erfahrung mein Leben und den Inhalt meiner Arbeit.

Bereits als Jesuitenschüler lernte ich Prof. Dr. Rupert Lay S. J. kennen, der mir im späteren Lebensverlauf Lehrer, Vater, Mentor, Freund, Coach und Schicksalsgefährte wurde. Ich gehöre zu den Menschen, denen sein gigantisches Lebenswerk eine unerschöpfliche und herausfordernde Quelle für mein Arbeitsmotto »Wir wollen, dass Menschen im Umgang miteinander größer werden« bleibt.

Nach dem Fachhochschulabschluss verbrachte ich bis zum 29. Lebensjahr meine Zeit beim Landeskriminalamt in Düsseldorf, erwarb eine Informatikausbildung und hatte als Leiter der Systembetreuung die ersten Lehrtätigkeiten für Verbandsrevisoren an der Sparkassenakademie und für die WestLB. Danach entschied ich mich aus Leidenschaft für die selbstständige Tätigkeit als Trainer für Verhaltensoptimierung im Bereich Gesprächsführung, mit den Themen Verkauf, Führung, Teamarbeit.

In meiner Freizeit arbeitete ich im Museum Alexander König, Bonn, und konnte mein damaliges Hobby, Entomologie, vertiefen, indem ich Carabäiden (Laufkäfer) kategorisierte. Meine private, umfangreiche Insektensammlung erinnert mich stets an Aristoteles, dem wir die ersten notwendigen Bedingungen der Einordnung der Lebewesen verdanken.

Über 20 Jahre besuchte ich die Seminare von Prof. Dr. Rupert Lay, hatte persönliche Ausbildungskontakte mit Prof. Dr. Paul Watzlawick, Prof. Samy Molcho, Horst Rückle, Heinz Goldmann, Organisationspsychologen, Medizinern und vielen Experten. Ebenso schulde ich in hohem Maße Frau Prof. Dr. Gertrud Höhler, Dr. Reinhard K. Sprenger und Prof. Dr. Peter Sloterdijk Dank, deren Arbeit mich weiterhin inspiriert.

Zehn Jahre lang durfte ich das Glück genießen, Pilot einer zweimotorigen Maschine nach Instrumental Flight Rules zu sein und so die Freiheit über den Wolken auch im Blindflug zu spüren. Unvergessen bleibt die Champagnerflasche, die ich mit meinem Tauchfreund Rupert Lay unter Wasser in 25 Meter Tiefe trinken durfte, als wir den 100. Tauchgang feierten.

Vorträge, Seminare und Workshops für sehr viele Branchen konzentrierten meine Arbeit auf das Thema »Kulturberatung«. Meine Frage: »Sind die jetzigen Gewohnheiten im System menschen- und marktgerecht?« wurde zur Arbeitsphilosophie und ich entwickelte Analyseverfahren (Kulturspiegel), Potenzialbestimmungen in der Führungsfähigkeit und zunehmend Coachingsysteme, die den Einzelnen in der Entwicklung der Social-Perfomance unterstützen. Seit zwei Jahren sind es besonders Vorstände der Großkonzerne (Industrie und Dienstleistung) mit und an denen ich lernen darf.

Meine intensiven Auslandserfahrungen – insbesondere in meiner Lieblingswelt Asien – halfen mir, ein praktisches Führungsmodell zu beschreiben, welches sich ständig erweitert und verbessert. Meine Rechtfertigung ist die Pragmatik: Wenn es geht, ist es gut. Führung muss neu gedacht werden. Dieses Buch ist ein Angebot.

Jahrelange Beziehungen und Vernetzungen geben mir die Flexibilität, besondere Situationen mit ausgesuchten Experten kooperativ zu analysieren und zu optimieren. Mit meiner langjährigen Geschäftspartnerin, Frau Elza Rütten, konnte ich vielen Trainern und Beratern Arbeitsbasis für eigene Existenzgründungen sein.

Mein Beruf ist eine lebenslange Herausforderung, weil das Lernen mit jedem Kontakt neu beginnt. Menschen und Gruppen sind gleichwertig, jedoch kaum gleichartig.

Zürich, im Sommer 2005
Michael Löhner

Register